Richard Becker

Vorstufe zur Theoretischen Physik

Reprint

Springer-Verlag Berlin · Heidelberg · New York 1972

ISBN 3-540-05817-6 Springer-Verlag Berlin Heidelberg New York
ISBN 0-387-05817-6 Springer-Verlag New York Heidelberg Berlin

Library of Congress Catalog Card Number 72-77417

Vorstufe zur
Theoretischen Physik

Von

Richard Becker

Dr. phil., o. Professor für Theoretische Physik
an der Universität Göttingen

Mit 94 Abbildungen

Springer-Verlag
Berlin / Göttingen / Heidelberg
1950

Vorwort.

Die mit der Vermehrung unserer Kenntnis verknüpfte Aufspaltung der Wissenschaft in eine ständig wachsende Zahl von Einzeldisziplinen stellt den Unterricht vor immer neue Aufgaben. Die Entwicklung der theoretischen Physik in den letzten Jahrzehnten ist ein besonders eindrucksvolles Beispiel einer durch Spezialisierung gewonnenen Vertiefung unserer Einsicht in die grundlegenden Gesetze des natürlichen Geschehens. Ihr Arbeitsgebiet ist die Verwendung mathematischer Methoden zur Beschreibung physikalischer Tatbestände. In diesem Sinne ist sie eine erfolgreiche Verknüpfung von Mathematik und Physik. Man darf aber die Augen nicht verschließen vor der Tatsache, daß parallel mit dieser Entwicklung eine zunehmende Entfremdung zwischen diesen beiden Fächern eingetreten ist, welche besonders im Unterrichtsbetrieb auf beiden Seiten schmerzlich empfunden wird. Der Mathematiker verweist etwa auftretende physikalische Gesichtspunkte in das Gebiet der theoretischen Physik. Ebenso besteht auf seiten der Experimentalphysik oft die Neigung, eine tiefere mathematische Behandlung der beobachteten Phänomene der „Theorie" zu überlassen. So hat denn der Student, welcher in seinem dritten oder vierten Semester mit der theoretischen Physik anfängt, bis dahin auf der einen Seite in der Experimentalphysik die wichtigsten physikalischen Tatsachen kennengelernt. Auf der andern Seite wurde er in den Grundlehren der Infinitesimalrechnung und in der Technik des Differenzierens und Integrierens unterwiesen. Im allgemeinen bleiben aber beide Disziplinen zwei gänzlich verschiedene Bezirke seiner geistigen Welt. Die charakteristische Schwierigkeit, welche ihm gerade den Anfang der theoretischen Physik erschwert, besteht darin, jene getrennten Bezirke teilweise zur Deckung zu bringen durch das Erlebnis der Identität von mathematischen und physikalischen Aussagen. Es genügt nicht, die Physik als ein Reservoir für mathematische Rechenaufgaben anzusehen oder die Mathematik als eine Technik, welche die zweckmäßige Zusammenfassung von Meßresultaten erleichtert. So nützlich beides in Einzelfällen sein mag, so wird man doch dadurch dem Wesen der theoretischen Physik in keiner Weise gerecht. Hier kommt es darauf an, zu erleben, wie aus der physikalischen Einsicht heraus die mathematische Formulierung erzwungen wird und wie schließlich diese Formulierung überhaupt erst eine klare und unmißverständliche Beschreibung des physikalischen Tatbestandes oder der vermuteten Zusammenhänge ermöglicht. Erst wenn der Student dahin gelangt ist, die mathematische Formulierung nicht als eine zusätzliche Gelehrsamkeit, sondern als den natürlichen Ausdruck des jeweiligen Naturgesetzes anzusehen, erst dann ist er imstande, mit Nutzen und Erfolg theoretische Physik zu treiben. Wenn der Lernende späterhin beim Auffassen von theoretischen Gedankengängen

Schwierigkeiten hat, so liegt die Ursache dafür häufig nicht in der Kompliziertheit dieser Gedankengänge, sondern darin, daß er vorher nicht gelernt hat, eine mathematische Gleichung als Beschreibung eines physikalischen Tatbestandes ernst zu nehmen.

Damit ist die Stelle gekennzeichnet, an welcher dieses Buch helfen möchte. Es will nur eine Vorstufe zur theoretischen Physik sein. An Hand von einigen speziellen Kapiteln soll der Leser zu jenem Erlebnis geführt werden, welches die Vorbedingung für ein weiteres erfolgreiches Studium ist. Die getroffene Auswahl ist natürlich ganz willkürlich. Das erste Kapitel handelt von der Mechanik, wobei diejenige des Massenpunktes durchaus im Vordergrund steht. Das Kapitel Schwingungen und Wellen entwickelt am einfachen Beispiel der linearen Kette einerseits einige nützliche mathematische Methoden und Begriffe (Eigenwerte und Eigenvektoren im n-dimensionalen Raum), andrerseits wird der Übergang zum Kontinuum vorgeführt. In mathematischer Hinsicht ist dies der anspruchsvollste Teil. Die Wärmelehre (3. Kapitel) mit ihrer Dreiteilung in Wärmeleitung, Thermodynamik und Statistik erscheint mir besonders geeignet zur Einführung in die erfolgreiche Verflechtung von Mathematik und Physik. Neben der Analysis sind es die Grundbegriffe der Wahrscheinlichkeitsrechnung, welche hier entscheidend in die physikalische Beschreibung eingreifen. In dem mathematischen Schlußkapitel werden einige Dinge hervorgehoben, deren Beherrschung nach meiner Erfahrung für den werdenden Physiker besonders wichtig ist.

An der Fertigstellung des Buches ist mein Mitarbeiter Dr. Leibfried ganz wesentlich beteiligt. Indem ich ihm für seine unermüdliche Hilfe und Aufmunterung herzlichst danke, bürde ich ihm zugleich einen Teil der Verantwortung dafür auf, daß ich diesen pädagogischen Versuch bereits in der vorliegenden Form herausgebe.

Göttingen, im November 1949. **R. Becker.**

Inhaltsverzeichnis.

I. Aus der Mechanik.

II. Schwingungen und Wellen.

I. Aus der Mechanik.

A. Geradlinige Bewegung eines Massenpunktes.

1. Geschwindigkeit, Beschleunigung, Newtons Grundgesetz.

Die *geradlinige Bewegung eines Massenpunktes* sei das erste Beispiel, an dem wir uns das für die ganze theoretische Physik kennzeichnende Ineinandergreifen von physikalischer Anschauung und mathematischer Formel klarmachen wollen. Physikalisch denken wir bei dem Wort Massenpunkt immer an irgendein materielles Objekt, dessen Bewegung wir insoweit beschreiben wollen, als wir angeben, an welcher Stelle es sich zu einem bestimmten Zeitpunkt befindet. Jedes materielle Objekt hat eine endliche Ausdehnung; es kann also auch rotieren und Deformationen erleiden. Solange wir es als Massenpunkt beschreiben, verzichten wir jedoch auf Aussagen über Rotationen und Deformation, beschränken unsere Aussagen vielmehr auf solche über Bewegung eines Punktes, in der Regel des Schwerpunktes. In diesem Sinne können wir die Bewegung eines geworfenen Steines, eines fahrenden Eisenbahnzuges oder auch eines ganzen Himmelskörpers als diejenige eines „Massenpunkts" behandeln. — Wir kennen die Bewegung des Massenpunktes vollständig, wenn wir für jede Zeit die Stelle angeben können, an welcher er sich befindet. Die Angabe kann z. B. vorliegen in Form einer Tabelle, einer Kurve, einer mathematischen Formel. Beim Eisenbahnzug kann man die Zahlenangaben des Kursbuches als eine solche Tabelle ansehen. Wesentlich übersichtlicher ist der im internen Bahnbetrieb benutzte graphische „Fahrplan". In einem Koordinatensystem mit der Zeit als Abszisse und dem Ort als Ordinate trägt man über den verschiedenen Zeiten diejenigen Orte ab, an denen der Zug sich gerade befindet. Wenn man annimmt, daß zwischen den einzelnen Zeiten nichts Abnormes passiert, kann man die so erhaltenen Punkte durch eine Kurve verbinden und behaupten, daß man daraus für jede beliebige Zeit den zugehörigen Ort „richtig" abliest. Wir sehen an der so erhaltenen Kurve der Fig. 1: Der Zug stand von 0 bis 1 Uhr still bei km 0. Um 1 Uhr setzt er sich allmählich in Bewegung. Um 1 Uhr 5 hat er eine konstante Geschwindigkeit erreicht. Um 2 Uhr bremst er ab und kommt um 2 Uhr 10 bei km 33 wieder zum Stehen. Der Anblick unserer Kurve vermittelt uns nicht nur eine Kenntnis des Ortes, sondern, wie wir eben sahen, darüber hinaus eine Vorstellung von der momentanen Geschwindigkeit des Zuges sowie auch seiner Beschleunigung. (Das Anfahren ist eine positive, das Bremsen eine negative Beschleunigung.) Mit dieser Kurve sind wir aber bereits nahe bei der mathematischen Beschreibung der Bewegung.

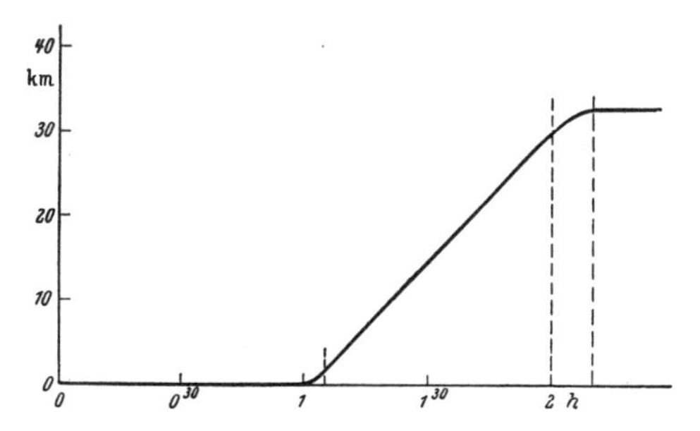

Fig. 1. Graphischer Fahrplan eines Eisenbahnzuges, der um 1 Uhr 0 bei km 0 abfährt und um 2 Uhr 10 bei km 33 ankommt.

Mathemathisch beschreiben wir die Bewegung durch Angabe des Ortes x als Funktion der Zeit t. Wenn wir sagen, x sei eine Funktion von t, oder in der symbolischen Ausdrucksweise $x = x(t)$, so meinen wir damit, daß eine Vorschrift existiert, welche innerhalb eines bestimmten Zeitintervalls jedem Wert t einen Wert x zuordnet. Diese Vorschrift kann gegeben sein in Form einer Tabelle, einer Kurve oder einer mathematischen Formel. Nur die letztere gibt einen exakten und vollständigen Zusammenhang, während die Tabelle nur für diskrete Werte von t den zugehörigen x-Wert liefert, die Kurve dagegen stets nur von beschränkter Genauigkeit sein kann.

Die *Geschwindigkeit* ist der Quotient aus dem zurückgelegten Weg und der dazu benötigten Zeit. In Fig. 1 hat der Zug zwischen 1^h 5 min und 2^h die Strecke von km 2 bis km 30 zurückgelegt, also eine Geschwindigkeit von $\frac{28}{0,92} = 30,5$ km/st. Die Steilheit der Weg-Zeit-Kurve mißt die Geschwindigkeit. In mathematischer Formulierung: Ist t eine bestimmte Zeit, τ ein bestimmtes an t anschließendes Zeitintervall, $x(t)$ der Ort zur Zeit t, dagegen $x(t+\tau)$ der Ort zur Zeit $t+\tau$, so haben wir als Geschwindigkeit während der Zeit τ den Bruch

$$\frac{x(t+\tau) - x(t)}{\tau}. \tag{1.1}$$

Der Anblick unserer Kurve (Fig. 1) zeigt aber weiter, daß diese Erklärung der Geschwindigkeit nur auf dem geradlinigen Abschnitt sinnvoll ist. Während des Anfahrens von 1^h bis 1^h 5 min dagegen ändert sich die Geschwindigkeit dauernd, sie wird selbst eine Funktion der Zeit. Wie kann man die Geschwindigkeit in einem bestimmten Zeitmoment messen? Wenn Sie sich das überlegen, so sind Sie gezwungen, die Differentialrechnung zu erfinden, auch wenn Sie vorher noch gar nichts von ihr gehört haben. Offenbar gibt (1.1) nur die mittlere Geschwindigkeit in dem an t anschließenden Intervall τ. Um die Geschwindigkeit zur Zeit t selbst zu haben, wird man aber das Intervall τ so klein wie möglich machen, in der Überzeugung, daß in einem hinreichend kleinen Zeitintervall τ die Geschwindigkeit sich praktisch kaum geändert haben kann. Auf diese Weise kommen wir zu der Erklärung

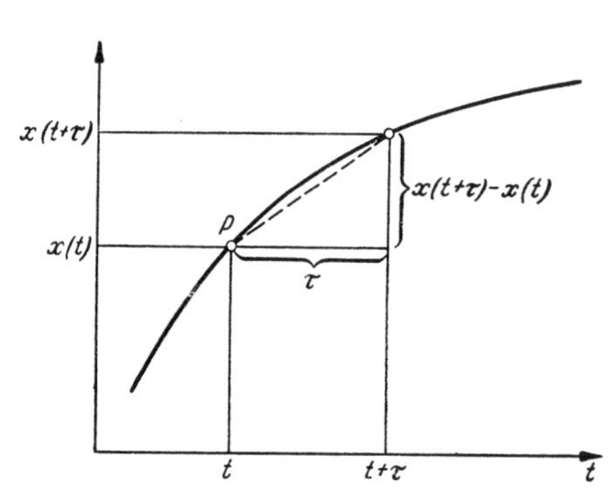

Fig. 2. Zur Definition der Geschwindigkeit nach (1.2).

$$v(t) = \lim_{\tau \to 0} \frac{x(t+\tau) - x(t)}{\tau}. \tag{1.2}$$

Das ist aber genau die Definition des Differentialquotienten der Funktion $x(t)$ nach t, $v = dx/dt$. (Für dx/dt pflegt man auch $\dot{x}$ zu schreiben.) Der Übergang von der mittleren Geschwindigkeit zur momentanen Geschwindigkeit ist gleichbedeutend mit dem Übergang von der Sekante (Fig. 2) zur Tangente. Das anschauliche Ablesen der momentanen Geschwindigkeit aus der Kurve der Fig. 1 ermöglicht also das Zeichnen der Kurve für $v(t) = dx/dt$. Beispiele für diesen Zusammenhang werden später in großer Zahl folgen.

Die *Beschleunigung* ist die Zunahme der Geschwindigkeit mit der Zeit. Hier wiederholt sich, wenn man von der Kurve $v(t)$ ausgeht, die obige Überlegung, also

$$\text{Beschleunigung} = \lim_{\tau \to 0} \frac{v(t+\tau) - v(t)}{\tau} = \frac{dv}{dt} = \frac{d^2x}{dt^2}. \tag{1.3}$$

Die Beschleunigung ist also gegeben durch die Steilheit der $v(t)$-Kurve oder die Krümmung der $x(t)$-Kurve.

Das *Grundgesetz der Mechanik* besagt, daß ein Massenpunkt ohne äußere Einwirkung seine Geschwindigkeit unverändert beibehält, daß also die Funktion $v(t)$ durch einen für alle Zeiten festen Zahlenwert gegeben ist, d. h. es ist $v(t + \tau) - v(t) = 0$ für jedes τ. Erst eine äußere Einwirkung, welche wir als „Kraft" bezeichnen, führt zu einer Änderung der Geschwindigkeit, also nach (1.3) zu einer von Null verschiedenen Beschleunigung dv/dt, welche um so größer ausfällt, je kleiner die träge Masse m des Körpers ist. Nach dem Newtonschen Grundgesetz schreiben wir

$$m \frac{dv}{dt} = K, \tag{1.4}$$

„Masse mal Beschleunigung gleich Kraft".

Es ist viel darüber diskutiert worden, ob in dieser Gleichung die „Kraft" als neue physikalische Größe auftritt oder ob nicht in (1.4) der Buchstabe K lediglich eine Abkürzung für den Ausdruck $m \frac{dv}{dt}$ bedeutet. Im letzteren Fall enthielte (1.4) überhaupt keine physikalische Aussage. Zu einer solchen wird sie erst durch weitere Angaben über K, etwa darüber, wie K vom Ort oder von der Zeit abhängt. Nur durch eine solche zusätzliche Angabe erhält Gl. (1.4) einen Inhalt, indem sie uns eine Aussage über die Beschleunigung und damit den Verlauf der Weg-Zeit-Kurve vermittelt.

2. Die Kraft ist eine Funktion des Ortes allein.

Die für uns zunächst wichtigsten Fälle sind diejenigen, in denen K nur vom Ort abhängt, an welchem der Massenpunkt sich befindet. Als spezielle Fälle betrachten wir zunächst die *konstante Kraft* sowie die *elastische Kraft*. Bei der konstanten Kraft hat K einen festen, vom Ort unabhängigen Zahlenwert. Das ist der Fall beim senkrechten Wurf, bei welchem nur die nach abwärts gerichtete Schwerkraft von der Größe mg auf den Körper wirkt. Gleichbedeutend mit „Schwerkraft" ist das Gewicht des Körpers. Es ist eine Eigentümlichkeit der Schwerkraft, daß sie der trägen Masse m genau proportional ist und daß sich daher aus der Bewegungsgleichung (1.4) der Faktor m auf beiden Seiten heraushebt. Für die Bewegung beim senkrechten Wurf haben wir also

$$\frac{d^2x}{dt^2} = -g. \tag{1.5a}$$

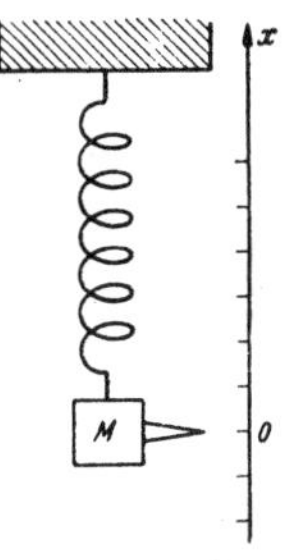

Fig. 3. Eine elastisch gebundene Masse M mit Ruhelage bei $x=0$.

Die *elastische Kraft* ist dadurch gekennzeichnet, daß sie der Entfernung des Massenpunktes aus einer als „Ruhe-Lage" bezeichneten Stelle proportional ist. Wir können sie z. B. dadurch realisieren, daß wir die Masse am Ende einer elastischen Wendel befestigen, deren anderes Ende fest eingeklemmt ist (Fig. 3). Befindet sich die Ruhelage speziell bei $x = 0$, so wird also die Bewegung des Massenpunktes unter der Wirkung einer elastischen Kraft beschrieben durch

$$m \frac{d^2x}{dt^2} = -bx, \tag{1.5b}$$

wo b eine Konstante ist, welche die „Härte" der elastischen Bindung kennzeichnet. Drittens betrachten wir den allgemeinen Fall, daß die Kraft irgendwie als Funktion des Ortes gegeben ist, also

$$m \frac{d^2 x}{d t^2} = K(x), \tag{1.5c}$$

wo $K(x)$ nun eine *gegebene* Funktion des Ortes ist.

Gleichungen vom Typus (1.5a) bis (1.5c) sind kennzeichnend für die Arbeitsweise der theoretischen Physik. In allen drei Fällen suchen wir nach einer Beschreibung der Bewegung unseres Massenpunktes, d. h. wir suchen x als Funktion von t. Unsere *Naturgesetze* (1.5a) bis (1.5c) liefern zwar nicht direkt diese gesuchte Funktion, sie geben vielmehr nur eine spezielle Eigenschaft derselben, nämlich ihre zweite Ableitung, also die Krümmung der x-t-Kurve. Sie kennzeichnen damit deren Verhalten in der unmittelbaren Umgebung eines beliebig herausgegriffenen Zeitpunktes. Dieses Verhalten ist aber — und das verleiht diesen Gleichungen eine so große Bedeutung — gänzlich unabhängig von den speziellen Versuchsbedingungen, im Fall des senkrechten Wurfes (1.5a) etwa unabhängig vom Anfangsort und der Anfangsgeschwindigkeit. Andererseits muß man diese Anfangsgrößen natürlich kennen, wenn man etwas über die weitere Bewegung voraussagen will. Tatsächlich steht es mir frei, dem Massenpunkt zu einer bestimmten Zeit, etwa $t = 0$, von einem willkürlich gewählten Ort $x = x_0$ eine beliebige Geschwindigkeit $v = v_0$ zu erteilen. Dann wird durch die Gl. (1.5) der weitere Ablauf der Bewegung eindeutig festgelegt. Diese Situation überblicken wir am besten, wenn wir versuchen, eine Lösung der Bewegungsgleichung, z. B. von (1.5b), hinzuzeichnen. Zu dem Zweck können wir zu einer beliebigen Zeit t_1 von der Stelle x_1 aus (Punkt A der Fig. 4) mit einer ebenfalls beliebigen Geschwindigkeit v_1 starten. Wir würden dann etwa zur Zeit t_2 den Punkt B mit $x(t_2) = x_2$ erreichen. Nun schreiben wir die Gl. (1.5b) in der Form $dv = -\frac{b}{m} x\, dt$, ersetzen für die Zwecke der Zeichnung dt durch das endliche Intervall $t_2 - t_1$ und haben damit in $dv = -\frac{b}{m} x(t_2 - t_1)$ eine Aussage darüber, um wieviel die Geschwindigkeit in B von derjenigen in A verschieden sein muß, wenn wir für x die Strecke x_2 einsetzen. Die weitere Bewegung (bis $t = t_3$) wird also nicht mit der alten Geschwindigkeit CD/BD erfolgen, sondern mit der etwas kleineren $C'D/BD$, wobei durch $|dv| = CC'/BD = b x/m\,(t_2 - t_1)$ die Abweichung der neuen Geschwindigkeit von der alten gegeben ist. So fortfahrend, würde man einen abschnittweise geraden (geknickten) Verlauf erhalten, welcher sich dem wahren Verlauf offenbar um so mehr annähert, je kleiner man die Intervalle $t_2 - t_1$, $t_3 - t_2$, usw. wählt. Dieser Tatbestand findet rechnerisch seinen Ausdruck darin, daß bei der Integration von (1.5) zwei verfügbare Konstanten auftreten, welche man den Anfangsbedingungen anpassen kann.

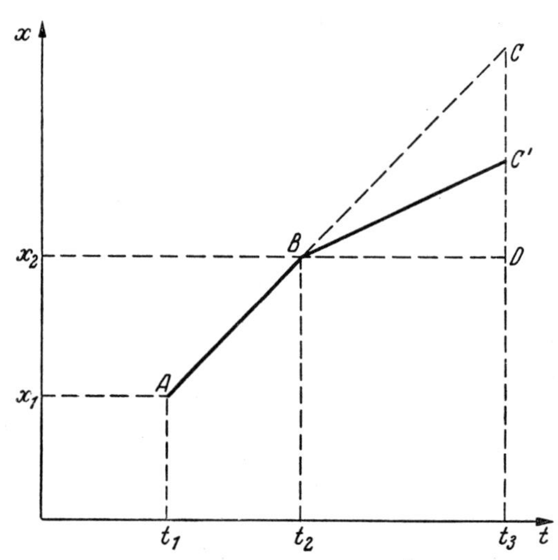

Fig. 4. Zur schrittweisen Konstruktion der Lösung $x(t)$ der Gl. (1.5b).

Die durch (1.5a) oder (1.5b) gestellte Aufgabe lautet also: Suche die allgemeinste Funktion $x(t)$, durch welche die beiden Seiten der Gl. (1.5a) bzw. (1.5b) zur gleichen Funktion von t werden. Diese Lösung lautet im Fall von (1.5a):

$$v(t) = -gt + v_0; \quad x(t) = -\tfrac{1}{2} gt^2 + v_0 t + x_0. \tag{1.6a}$$

Die Diskussion dieser Funktion wird wesentlich erleichtert, wenn man rechts die „quadratische Ergänzung" $v_0^2/2g$ subtrahiert und addiert. Man hat dann

$$x(t) = x_0 + \frac{v_0^2}{2g} - \frac{g}{2}\left(t - \frac{v_0}{g}\right)^2,$$

aus welcher man z. B. unmittelbar abliest: Der höchste Punkt, welcher erreicht werden kann, liegt bei $x = x_0 + \frac{v_0^2}{2g}$. Er wird zur Zeit $t = \frac{v_0}{g}$ erreicht. *Überzeugen Sie sich selbst,* daß die *Gestalt* der Kurve $x(t)$ gänzlich unabhängig von x_0 und v_0 ist und daß durch diese Größen lediglich die Lage der Kurve in der x-t-Ebene festgelegt wird.

Im Fall der elastischen Bindung (1.5b) kommt es darauf an, eine Funktion $x(t)$ zu finden, welche beim zweimaligen Differenzieren bis auf den Faktor $-\frac{b}{m}$ wiederhergestellt wird. Bezeichnen wir zur Abkürzung

$$\frac{b}{m} = \omega^2,$$

so haben die Funktionen $\sin\omega t$ und $\cos\omega t$ diese Eigenschaft. Da überdies (1.5b) homogen-lin ar in x ist, so ist mit $x_1(t)$ und $x_2(t)$ auch $A\,x_1(t) + B\,x_2(t)$ eine Lösung (A und B zwei beliebige Konstante). Diejenige Lösung, welche für $t = 0$ in $x = x_0$ und $dx/dt = v_0$ übergeht, lautet also

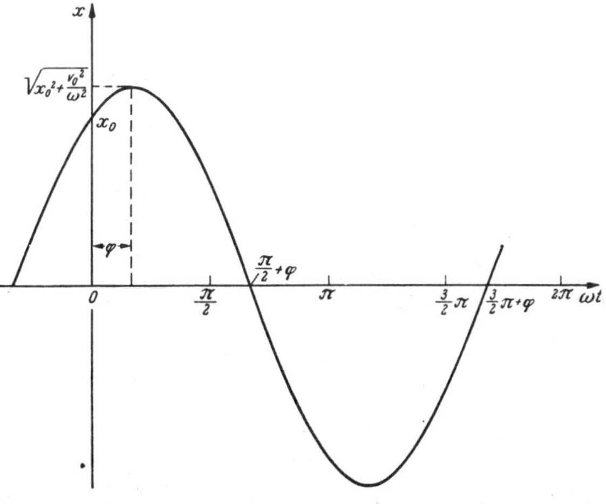

Fig. 5. Verlauf der durch (1.6b) beschriebenen elastischen Schwingung als Funktion von $\omega(t)$.

$$x(t) = x_0 \cos\omega t + \frac{v_0}{\omega}\sin\omega t. \tag{1.6b}$$

Das Aufzeichnen der hierdurch gegebenen Kurve wird wesentlich erleichtert durch die Bemerkung, daß $\cos(\alpha - \beta) = \cos\alpha\cos\beta + \sin\alpha\sin\beta$ ist. Setzen wir $\alpha = \omega t$ sowie $\cos\beta = \frac{x_0}{\sqrt{x_0^2 + v_0^2/\omega^2}}$ und $\sin\beta = \frac{v_0/\omega}{\sqrt{x_0^2 + v_0^2/\omega^2}}$ (es ist stets $\cos^2\beta + \sin^2\beta = 1$!), so lautet (1.6b) auch

$$x(t) = \sqrt{x_0^2 + \frac{v_0^2}{\omega^2}}\cdot\cos(\omega t - \varphi); \qquad \operatorname{tg}\varphi = \frac{v_0}{\omega x_0}.$$

Die $x(t)$-Kurve ist also eine einfache cos-Kurve mit der Amplitude $\sqrt{x_0^2 + v_0^2/\omega^2}$ und der Kreisfrequenz $\omega = \sqrt{b/m}$. Sie erreicht ihr erstes Maximum zur Zeit $t = \varphi/\omega$. (Vgl. Fig 5.) *Diskutieren Sie die Spezialfälle* $x_0 = 0$, sowie $v_0 = 0$. Eine wichtige Kontrolle von (1.6b) ist z. B.: Wie sieht $x(t)$ für kleine Werte von t aus,

d. h. für den Fall $\omega t \ll 1$? Bei Entwicklung von (1.6b) nach Potenzen von ωt und Abbrechen beim ersten Glied erhält man einfach $x = x_0 + v_0 t$. Was bedeutet diese Gleichung geometrisch? Doch offenbar die Tangente an die $x(t)$-Kurve für $t = 0$.

Machen Sie selbst folgenden Versuch: Hängen Sie eine Spiralfeder oder ein Gummiband senkrecht auf und messen deren Länge. Dann befestigen Sie am unteren Ende ein Gewicht oder einen Stein und messen die dadurch hervorgerufene Dehnung s. Damit haben Sie die Konstante b der Gl. (1.5b) gemessen. Nunmehr berechnen Sie nach (1.5b), mit welcher Frequenz der in solcher Weise elastisch aufgehängte Stein auf und ab tanzen muß, wenn man ihn etwas anzupft und dann losläßt. Danach führen Sie diesen Versuch aus, indem Sie die Frequenz wirklich auszählen. Vergleichen Sie die Messung mit der Rechnung!

3. Der Energiesatz.

Die Bewegungsgleichungen (1.5) gestatten eine Umformung, welche dem Anfänger als ein harmloser technischer Kunstgriff erscheinen mag. In Wahrheit ist diese Umformung für die gesamte Physik von so großer Tragweite, daß man sie gar nicht gründlich genug betrachten kann. Sie besteht einfach darin, *daß man die Bewegungsgleichung mit der Geschwindigkeit $v = dx/dt$ multipliziert* und beachtet, daß dann auf der linken Seite der Gleichung $mv\frac{dv}{dt} = \frac{d}{dt}\left(\frac{m}{2}v^2\right)$ erscheint, also die zeitliche Änderung der „kinetischen Energie". Aber auch die rechte Seite wird zu einem Differentialquotienten nach t; bei der elastischen Bindung (1.5b) ist z. B. $x \cdot \frac{dx}{dt} = \frac{d}{dt}\left(\frac{x^2}{2}\right)$. Somit folgt aus (1.5a):

$$\frac{d}{dt}\left(\frac{m}{2}v^2 + mgx\right) = 0 \quad \text{(senkrechter Wurf)}, \tag{1.7a}$$

aus (1.5b) dagegen

$$\frac{d}{dt}\left(\frac{m}{2}v^2 + \frac{b}{2}x^2\right) = 0 \quad \text{(elastische Bindung)}. \tag{1.7b}$$

Die hier neben $\frac{m}{2}v^2$ auftretende Ortsfunktion (mgx beim senkrechten Wurf, $\frac{b}{2}x^2$ bei der elastischen Bindung) heißt potentielle Energie, für die wir die allgemeine Bezeichnung $U(x)$ einführen. Die Gl. (1.7) besagen, daß die Summe aus potentieller und kinetischer Energie sich mit der Zeit nicht ändert. Sie behält während der ganzen Bewegung denjenigen Zahlenwert, welchen sie zu Beginn der Bewegung hatte:

$$E = \frac{m}{2}v^2 + U(x) = \frac{m}{2}v_0^2 + U(x_0).$$

Überzeugen Sie sich an Hand der speziellen Bewegungen (1.6a) und (1.6b) durch direktes Ausrechnen, daß die Größe $\frac{m}{2}v^2 + U(x)$ tatsächlich einen von t unabhängigen Wert besitzt!

Die Gl. (1.7a) und (1.7b) sind die einfachste Form von „Erhaltungssätzen", denen wir immer begegnen werden. „Erhaltungssatz" für eine Größe A bedeutet hier immer $dA/dt = 0$. A behält während der Bewegung einen festen, durch die Anfangsbedingungen vorgeschriebenen Wert. Manche Fragen über den Ablauf der Bewegung werden durch den Energiesatz besonders einfach beantwortet. Zum Beispiel: Ein Stein fällt aus der Höhe $x = h$. Welche Geschwindigkeit hat er am Erdboden ($x = 0$) erreicht? Hier ist die Energie $E = mgh$, denn bei $x = h$ sollte doch $v = 0$ sein. Bei $x = 0$ ist aber $E = \frac{m}{2} v^2$, also muß $\frac{m}{2} v^2 = mgh$ oder $v = \sqrt{2gh}$ sein. *Oder:* Einer elastisch gebundenen Masse wird von ihrer Ruhelage (bei $x = 0$) aus durch einen Stoß die Geschwindigkeit v_0 erteilt. Wie groß ist die Amplitude x_1 der entstehenden elastischen Schwingung? Aus der Konstanz von $\frac{m}{2} v^2 + \frac{b}{2} x^2$ folgt sogleich $\frac{m}{2} v_0^2 = \frac{b}{2} x_1^2$ oder auch $x_1 = \frac{v_0}{\omega}$ (mit der Abkürzung $\omega = \sqrt{b/m}$).

Eine allgemeine Form des Energiesatzes (ohne die spezielle Annahme, daß K eine Funktion des Ortes x sei) erhalten wir aus der ursprünglichen Newtonschen Gl. (1.4) durch Multiplizieren mit v:

$$\frac{d}{dt}\left(\frac{m}{2} v^2\right) = K v. \tag{1.8a}$$

Betrachten wir dt als eine endliche, wenn auch sehr kleine Größe, so können wir (1.8a) mit dt multiplizieren und $v dt = dx$ setzen, wo dx der in der Zeit dt zurückgelegte Weg ist. Dann wird aus (1.8a)

$$d\left(\frac{m}{2} v^2\right) = K\,dx, \tag{1.8b}$$

wo nun die Zeit nicht mehr explizit vorkommt. Es ist für das Verständnis entscheidend, daß man solche Formeln nicht nur hinschreiben, sondern ihren Inhalt in deutschen Sätzen erläutern kann. In (1.8b) nennen wir *$K dx$ die von der Kraft K bei der Verschiebung des Massenpunktes um die Strecke dx geleistete Arbeit* und entnehmen dann aus (1.8b): Bei der Bewegung des Massenpunktes von x nach $x + dx$ nimmt die kinetische Energie um die von der Kraft auf dem Weg dx geleistete Arbeit zu. Materiell die gleiche Aussage enthält natürlich (1.8a), nur daß hier auf der rechten Seite nicht die Arbeit $K dx$ steht, sondern der Quotient Arbeit/Zeit $= K dx/dt$, welchen wir als *Leistung* bezeichnen. (1.8a) besagt also, daß die Änderungsgeschwindigkeit der kinetischen Energie gleich der Leistung der wirkenden Kraft ist.

Beachten Sie, daß (1.8a) und (1.8b) zunächst noch keinen Erhaltungssatz liefern, denn sie enthalten keine Aussage über die zeitliche Konstanz irgendeiner Größe. Erst wenn wir hinsichtlich der Größe K die Spezialisierung einführen, daß etwa K als Funktion von x gegeben sei, läßt sich daraus eine potentielle Energie $U(x)$ entnehmen von der Art, daß $\frac{m}{2} v^2 + U(x)$ sich im Laufe der Zeit nicht ändert. Wie hängt dann $U(x)$ mit $K(x)$ zusammen? Die zeitliche Änderung von $U(x)$ ist offenbar gegeben durch $\frac{dU}{dt} = \frac{dU}{dx} \cdot \frac{dx}{dt} = \frac{dU}{dx} \cdot v$. Unsere allgemeine Gl. (1.8a) nimmt also dann die Form

$$\frac{d}{dt}\left(\frac{m}{2} v^2 + U(x)\right) = 0 \tag{1.9a}$$

an, wenn

$$K(x) = -\frac{dU}{dx} \tag{1.9b}$$

ist, wenn also die *Kraft gleich der negativen Ableitung von U nach x ist.* In dieser Weise haben wir oben in (1.7a) und (1.7b) für die einfachen Fälle (1.5a) und (1.5b) tatsächlich bereits die potentielle Energie ermittelt. Ist umgekehrt die Kraft als Funktion von x gegeben, so folgt aus (1.9b) als potentielle Energie an der Stelle x

$$U(x) = -\int_{x_0}^{x} K\,dx. \tag{1.10}$$

Dabei kann die untere Grenze x_0 des Integrals noch beliebig gewählt werden, entsprechend der Tatsache, daß eine additive Konstante bei U an der Gültigkeit von (1.9b) nichts ändert. Es steht uns frei, einem beliebig gewählten Punkt x_0 die potentielle Energie Null zuzuschreiben, d. h. die potentielle Energie von ihm aus zu zählen. Nur der *Unterschied* der potentiellen Energie zwischen zwei Orten hat eine physikalische Bedeutung. Sehen Sie die durch (1.10) gegebene Verknüpfung der *potentiellen Energie* mit dem dort eingeführten Begriff der *Arbeit?* Fassen Sie bitte in Gedanken den Massenpunkt an und bewegen Sie ihn langsam von x_0 nach x! Dabei müssen Sie die Kraft K überwinden, also selbst die Kraft $-K$ auf den Massenpunkt ausüben. Bei der Verschiebung dx müssen Sie also selbst die Arbeit $-K\,dx$ leisten; durch Summation über die auf den einzelnen Wegabschnitten dx geleistete Arbeit ergibt sich: Die in (1.10) erklärte *potentielle Energie* bedeutet *die Arbeit, welche Sie aufwenden müssen, um den Massenpunkt von x_0 nach x zu verschieben.* Setzen wir etwa in den Fällen (1.5a) und (1.5b) $x_0 = 0$, so erhalten wir diese Arbeit im Fall der Schwerkraft $U(x) = mgx$, bei der elastischen Bindung dagegen $U(x) = \frac{1}{2}\,b x^2$. Sie müssen beim Anblick dieser Formeln die soeben beschriebene Arbeit in Ihrer Muskulatur fühlen, sonst haben Sie den Begriff der potentiellen Energie nicht verstanden.

4. Ein Molekülmodell.

Das zweiatomige Molekül diene als Beispiel für die Anwendung der bisherigen Überlegungen. Wir wissen, daß in einem solchen Molekül die beiden Atome in einem gewissen Abstand aneinander gebunden sind, daß sie gegeneinander um diesen Abstand als Ruhelage schwingen können (etwa mit der aus dem Absorptionsspektrum zu entnehmenden Kreisfrequenz $\omega_0 = 2\pi\nu_0$) und daß eine bestimmte, meist in Kalorien angegebene Arbeit D (Dissoziationsarbeit) nötig ist, um die beiden Atome voneinander zu trennen. Wir suchen einen bequemen Ausdruck für die potentielle Energie als Funktion des Abstandes x, welche uns ein solches Verhalten liefert. Damit wir nur von einem Massenpunkt (etwa dem Atom B) zu reden brauchen, denken wir uns das Atom A künstlich bei $x = 0$

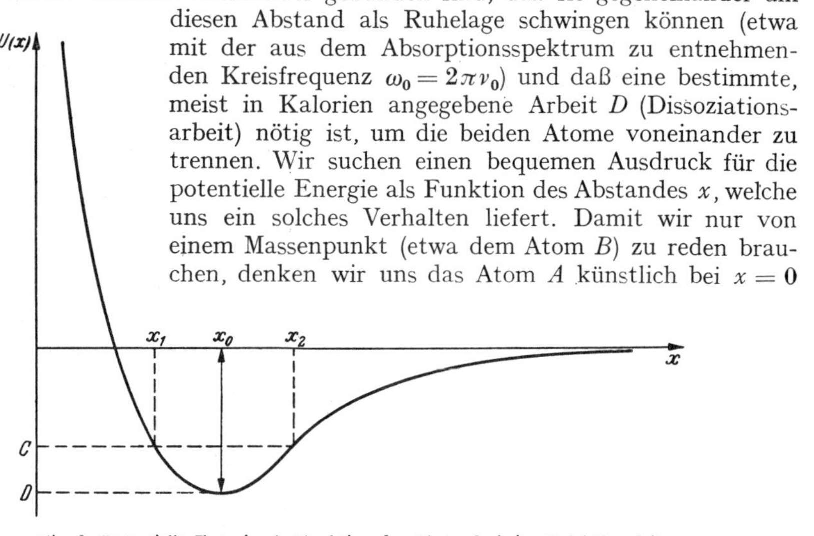

Fig. 6. Potentielle Energie als Funktion des Abstands beim Molekülmodell.

festgehalten und nur das Atom B beweglich. x sei weiterhin der Ort von B, $K = -\frac{dU}{dx}$ also die an der Stelle x auf B wirkende Kraft. Den willkürlich wählbaren Nullpunkt von U wollen wir diesmal ins Unendliche ($x \to \infty$) verlegen. Dann muß $U(x)$ qualitativ den in Fig. 6 gegebenen Verlauf haben: Bei $x = x_0$ muß $U = -D$ werden (also negativ!), denn nach Voraussetzung muß ich ja die Arbeit $D = U(\infty) - U(x_0)$ leisten, um die Atome voneinander zu trennen. Ferner muß $U(x)$ bei $x = x_0$ ein Minimum haben, damit dieser Punkt zu einer

Gleichgewichtslage wird. K ist also positiv, d. h. abstoßend dort, wo U mit x abfällt, negativ da, wo U ansteigt. Betrachten Sie die Kurve $U(x)$ als eine Berg-und-Tal-Bahn: Das Atom B hat die Tendenz, bergab zu rollen, also von jeder Stelle der Kurve aus zu dem Punkt $x = x_0$ hin. [Ergänzen Sie selbst die Fig. 6 durch Einzeichnen der Kurve für $K(x)$ und überzeugen Sie sich davon, daß B von jeder Stelle aus nach $x = x_0$ hin getrieben wird.] Aus der einmal gezeichneten Kurve $U(x)$ können wir aber noch viel mehr ablesen. Angenommen, das Atom B werde an die Stelle x_1 geschoben und dort losgelassen. Dann wird seine weitere Bewegung völlig durch den Energiesatz $\frac{m}{2} v^2 + U(x) = \text{const}$ beschrieben. Es bewegt sich zunächst unter der Einwirkung der Kraft K nach rechts, wobei an jeder Stelle x seine kinetische Energie durch den „Höhenverlust" $U(x_1) - U(x)$ gegeben ist. Die Geschwindigkeit kann also erst wieder zu Null werden, wenn die potentielle Energie (etwa an der Stelle $x = x_2$) ihren ursprünglichen Wert wieder erreicht hat $U(x_2) = U(x_1)$. Es kann aber auch diese Stelle nicht überschreiten, da die kinetische Energie ihrer Natur nach nicht negativ werden kann. Somit muß B zwischen den Punkten x_1 und x_2 hin und her oszillieren. Natürlich werden diese Schwingungen nicht sinusförmig sein, da ja der Verlauf von $K(x)$ im allgemeinen nicht geradlinig ist, wie es nach (1.5b) zum Zustandekommen einer solchen Schwingung erforderlich wäre. Beschränken wir uns aber auf Oszillationen genügend kleiner Amplitude, so haben die Schwingungen stets sinusförmigen Verlauf mit einer bestimmten Frequenz ω_0, deren Zusammenhang mit der Funktion $U(x)$ wir noch herausarbeiten wollen. Zu dem Zweck entwickeln wir $U(x)$ in der Nähe von $x = x_0$ nach Potenzen von $(x - x_0)$ und lassen höhere als quadratische Glieder weg.

$$U(x) = U(x_0) + \left(\frac{dU}{dx}\right)_0 (x - x_0) + \frac{1}{2}\left(\frac{d^2 U}{dx^2}\right)_0 (x - x_0)^2. \tag{1.11a}$$

Nach Voraussetzung hat aber U an der Stelle x_0 ein Minimum, also ist $(dU/dx)_0 = 0$. Somit erhalten wir für die Kraft $K(x)$ in der Nähe von x_0:

$$K(x) = -\frac{dU}{dx} = -\left(\frac{d^2 U}{dx^2}\right)_0 \cdot (x - x_0). \tag{1.11b}$$

Damit wird aber die Bewegungsgleichung

$$m\frac{d^2 x}{dt^2} = -\left(\frac{d^2 U}{dx^2}\right)_0 (x - x_0).$$

Setzen wir hier $x - x_0 = \xi$ als neue Variable, so erhalten wir für $\xi(t)$ (das ist der Abstand von der Ruhelage x_0) die mit (1.5b) gleichlautende Differentialgleichung

$$m\frac{d^2 \xi}{dt^2} = -\left(\frac{d^2 U}{dx^2}\right)_0 \xi,$$

aus welcher Sie, wenn Sie (1.5b) und (1.6b) verstanden haben, unmittelbar entnehmen, daß die Oszillationen um x_0 mit der Kreisfrequenz

$$\omega_0 = \sqrt{\frac{1}{m}\left(\frac{d^2 U}{dx^2}\right)_0}$$

erfolgen müssen. Wir sehen, wie sich tatsächlich aus der einen Funktion $U(x)$ die drei wichtigen und experimentell feststellbaren Größen x_0, D und ω_0 ergeben. *Überlegen Sie,* was die oben für kleine Werte von $x - x_0$ benutzten Näherungen (1.11a) und (1.11b) *geometrisch* bedeuten. [Approximation der $U(x)$-Kurve durch eine Parabel, der $K(x)$-Kurve durch eine Gerade!] Zur vollen Durchfühung dieser Überlegungen braucht man noch irgendeinen formelmäßigen Ansatz für $U(x)$.

Häufig benutzt wird hier ein Ansatz der Form

(1.12a) $$U(x) = \frac{a}{x^p} - \frac{b}{x^q}, \quad (p > q \text{ und } q \text{ etwa gleich } 1, 2 \text{ oder } 3)$$

welcher aus einem „abstoßenden Teil $\frac{a}{x^p}$ und einem „anziehenden Teil" $-\frac{b}{x^q}$ zusammengesetzt ist. q sei dabei eine kleine ganze Zahl, p wesentlich größer als q (etwa gleich 8 oder 12). Dann hat U wirklich den gewünschten Verlauf: Bei sehr großen x-Werten ist allein $-\frac{b}{x^q}$ merklich, bei sehr kleinen dagegen überwiegt das positive Glied $\frac{a}{x^p}$. *Rechnen Sie mit diesem $U(x)$ die Größen x_0, D und ω_0 wirklich aus.* Wir schreiben hier gleich das Resultat hin, wobei wir im Interesse der Übersichtlichkeit den Bruch q/p neben 1 vernachlässigt haben:

(1.12b) $$\frac{a}{x_0^p} = \frac{q}{p}\frac{b}{x_0^q}; \quad D = \frac{b}{x_0^q}; \quad \omega_0^2 = \frac{1}{m}\frac{p\,q\,b}{x_0^{q+2}} = \frac{p\,q\,D}{m\,x_0^2}.$$

Natürlich ist bei einem so rohen Modell eine genaue Übereinstimmung mit der Erfahrung nicht zu erwarten. Trotzdem rate ich Ihnen dringend, sich zu überzeugen, ob die Größenordnung wenigstens vernünftig herauskommt, vielleicht am Beispiel des HCl-Moleküls, bei welchem man im Sinne unseres Ansatzes das Cl-Ion ruhend ansehen kann und für den anziehenden Teil der potentiellen Energie $-\frac{b}{x^q}$ einfach die Coulombsche Anziehung $-\frac{e^2}{x}$ zwischen den beiden Ionen Cl^- und H^+ der Ladung $+e$ und $-e$ einsetzt. *Probieren Sie,* was etwa für D und ω_0 herauskommt, wenn man $x_0 = 1 \cdot 10^{-8}$ cm oder $x_0 = 3 \cdot 10^{-8}$ cm und $p = 8$ einsetzt. Tatsächlich sollte ω_0 im kurzwelligen Ultrarot liegen.

Nachdem wir soweit das mechanische Verhalten unserer Molekülmodelle untersucht haben, sei noch ein über die eigentliche Mechanik hinausgehender physikalischer Gesichtspunkt angeführt. Nach der Quantentheorie kann ein Oszillator der Frequenz ω_0 nur die diskreten Energiewerte $\frac{1}{2}\hbar\omega_0$, $\frac{3}{2}\hbar\omega_0, \ldots \left(n + \frac{1}{2}\right)\hbar\omega_0, \ldots$ besitzen. (Hierbei ist $\hbar = h/2\pi$ und h das Plancksche Wirkungsquantum.) Es gibt also zwei für unser Molekül charakteristische Energien: die Anregungsenergie $\hbar\omega_0$ der kleinsten Schwingung und die Dissoziationsenergie $D - \frac{1}{2}\hbar\omega_0 = D'$. Besitzt nun ein aus solchen Molekülen bestehendes Gas die Temperatur T, so steht zur Anregung bzw. zur Dissoziation im Mittel die thermische Energie kT zur Verfügung (k Boltzmannsche Konstante; $\frac{3}{2}kT$ gleich mittlere Translationsenergie eines Moleküls). Für die Frage, ob eine Anregung der Schwingungen oder gar eine Dissoziation erfolgt, ist also das Verhältnis $kT/\hbar\omega_0$ oder kT/D' entscheidend. Solange $kT \ll \hbar\omega_0$ ist, können keine Oszillationen angeregt werden; ist dagegen $kT > D'$, so wird das Molekül meist in seine Atome dissoziiert sein.

5. Bewegung mit Reibung.

Bisher haben wir uns bei der Behandlung der Bewegungsgleichung (1.4) $m\frac{d^2x}{dt^2} = K$ auf den Fall beschränkt, daß K als Funktion des Ortes x gegeben war. Dann ließ sich stets eine potentielle Energie $U = -\int K\,dx$; $K = -\frac{dU}{dx}$ angeben, mit dem Erfolg, daß aus der Bewegungsgleichung der Erhaltungssatz $\frac{d}{dt}\left(\frac{m}{2}v^2 + U(x)\right) = 0$ folgte. Wir wollen jetzt einer etwa vorhandenen Reibung in möglichst einfacher Weise Rechnung tragen, indem wir die Reibung als eine bremsende Kraft einführen, welche der Geschwindigkeit entgegengesetzt gerichtet und ihr überdies proportional ist; das gibt eine *Reibungskraft* $-\varrho v = -\varrho\frac{dx}{dt}$. (Dieser in v lineare Ansatz für die Reibung ist bei nicht zu schneller

Bewegung in einer zähen Flüssigkeit mit der Erfahrung in guter Übereinstimmung, es sei aber bemerkt, daß er z. B. bei der Bremsung eines schnell fliegenden Geschosses durch die Luft nicht mehr richtig ist.) Überzeugen wir uns zunächst, wie sich ein solcher Zusatz bei unseren beiden einfachsten Kraftansätzen (1.5a) und (1.5b) auswirkt. Beim *freien Fall* wird jetzt

$$m \frac{dv}{dt} = -m g - \varrho v. \tag{1.13}$$

Es ist lehrreich, diese Gleichung zunächst ohne weitere Rechnung zu diskutieren: Für die Frage, ob v zunimmt oder abnimmt, ist das Vorzeichen der rechten Seite entscheidend. Die rechte Seite ist gleich Null für $v = -\frac{mg}{\varrho}$. Wenn der Stein sich mit der Geschwindigkeit mg/ϱ abwärts bewegt, so ist $dv/dt = 0$; es ist diejenige Geschwindigkeit, bei welcher sich die Schwerkraft und die Reibungskraft kompensieren. Nunmehr schreiben wir (1.13) in der Form:

$$\frac{dv}{dt} = -\frac{\varrho}{m}\left(v + \frac{mg}{\varrho}\right). \tag{1.13a}$$

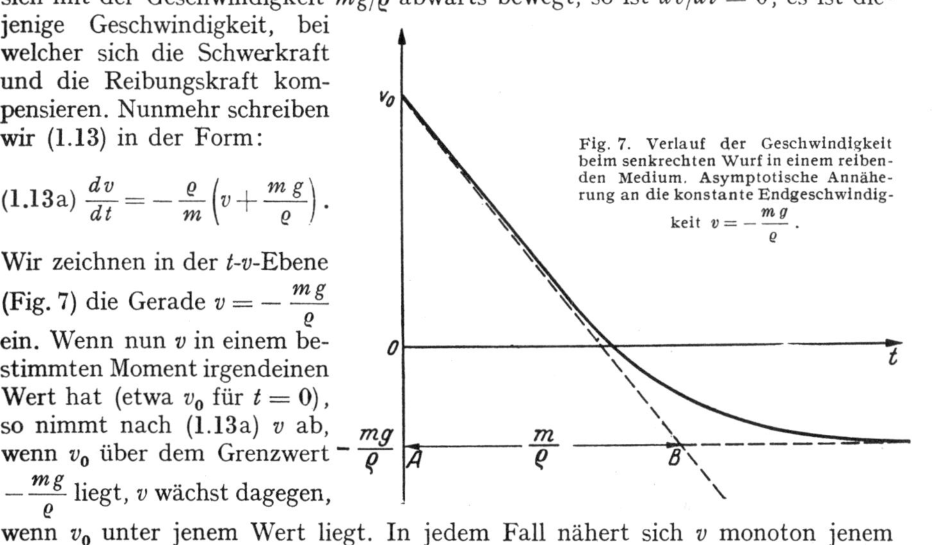

Fig. 7. Verlauf der Geschwindigkeit beim senkrechten Wurf in einem reibenden Medium. Asymptotische Annäherung an die konstante Endgeschwindigkeit $v = -\frac{mg}{\varrho}$.

Wir zeichnen in der t-v-Ebene (Fig. 7) die Gerade $v = -\frac{mg}{\varrho}$ ein. Wenn nun v in einem bestimmten Moment irgendeinen Wert hat (etwa v_0 für $t = 0$), so nimmt nach (1.13a) v ab, wenn v_0 über dem Grenzwert $-\frac{mg}{\varrho}$ liegt, v wächst dagegen, wenn v_0 unter jenem Wert liegt. In jedem Fall nähert sich v monoton jenem Grenzwert. $v(t)$ muß also etwa den in Fig. 7 gezeichneten Verlauf haben. Auch die Größenordnung der Zeit τ, welche bis zur (praktischen) Erreichung des Grenzwertes verstreicht, können wir noch ohne Rechnung aus (1.13a) ablesen. Diese Gleichung gibt doch unmittelbar die Richtung der Tangente v_0-B an die v-t-Kurve an. Deren Abschnitt A-$B = m/\varrho$ ist ein recht brauchbares Maß für die bis zum Erreichen der Endgeschwindigkeit verstreichende Zeit $\tau = m/\varrho$. So kann man aus der Gl. (1.13) bereits eine Menge Aussagen ableiten, ohne daß es nötig war, die Gleichung wirklich zu lösen. Allerdings macht im vorliegenden Fall auch die strenge Lösung keine Schwierigkeit. Man braucht nur $v + \frac{mg}{\varrho} = w$ als neue Variable einzuführen und hat dann leicht die Lösung

$$v(t) + \frac{mg}{\varrho} = C e^{-\frac{\varrho}{m} t},$$

wo die Integrationskonstante C sich aus der Anfangsbedingung $(v(0) = v_0)$ bestimmt: $v_0 + \frac{mg}{\varrho} = C$. Die gesuchte Kurve (in Fig. 7 bereits als Vermutung eingezeichnet!) ist also gegeben durch

$$v(t) = -\frac{mg}{\varrho} + \left(v_0 + \frac{mg}{\varrho}\right) e^{-\frac{\varrho}{m} t}. \tag{1.13b}$$

Kontrollieren Sie selbst, daß diese Funktion $v(t)$ wirklich den erwarteten Verlauf hat. Eine wichtige weitere Kontrolle: Bei Abwesenheit der Reibung (also im Fall $\varrho = 0$) muß natürlich das altbekannte $v(t) = v_0 - gt$ herauskommen. In unserer Gl. (1.13b) gibt aber $\varrho = 0$ zunächst ein Unglück, weil ja dann mg/ϱ unendlich groß wird. *Warnung für Ungeübte:* In solchen Fällen darf man nicht einfach $\varrho = 0$ setzen, sondern muß hübsch langsam ϱ immer kleiner und kleiner werden lassen. Wenn aber ϱ sehr klein ist, so darf man $e^{-\frac{\varrho}{m}t} = 1 - \frac{\varrho}{m}t$ setzen, und dann löst sich bereits alles in Wohlgefallen auf! Will man auch noch die Kurve für $x(t)$ bei gegebenem Anfangswert $x(0) = x_0$ haben, so hat man mit dem durch (1.13b) gebenenen $v(t)$ nur das Integral $x(t) = x_0 + \int\limits_0^t v\,dt$ zu berechnen.

Eine andere Schreibweise von (1.13b), nämlich

$$v(t) = v_0 e^{-\frac{\varrho}{m}t} - \frac{mg}{\varrho}\left(1 - e^{-\frac{\varrho}{m}t}\right),$$

zeigt v als zusammengesetzt aus der Anfangsgeschwindigkeit v_0 und der Endgeschwindigkeit mg/ϱ, jede mit einer Funktion von t multipliziert. *Machen Sie sich selbst* an Hand einer Skizze den zeitlichen Verlauf dieser beiden Bestandteile klar!

Auch bei der *elastischen Bindung* (1.5b) wollen wir die Wirkung der Reibung durch eine zusätzliche bremsende Kraft $-\varrho v$ beschreiben. Dann wird die Bewegungsgleichung $m\frac{d^2x}{dt^2} = -bx - \varrho\frac{dx}{dt}$, oder

$$\frac{d^2x}{dt^2} + \frac{\varrho}{m}\frac{dx}{dt} + \frac{b}{m}x = 0. \tag{1.14}$$

Diese Differentialgleichung der gedämpften Schwingung ist Ihnen sicher schon vorgekommen, so daß hier einige Andeutungen genügen mögen. Man löst (1.14) *entweder* durch den Ansatz

$$x(t) = e^{-\delta t}\cos\omega t,$$

wo nun die Konstanten δ und ω so zu bestimmen sind, daß mit diesem $x(t)$ die Gl. (1.14) für jeden Wert von t erfüllt ist. *Oder* aber — und das ist der rechnerisch bequemere Weg — man setzt versuchsweise $x = e^{\alpha t}$ in (1.14) ein, wodurch man für α die quadratische Gleichung

$$\alpha^2 + \frac{\varrho}{m}\alpha + \frac{b}{m} = 0$$

mit den Lösungen

$$\left\{\begin{aligned} \alpha_1 &= -\frac{1}{2}\frac{\varrho}{m} + i\sqrt{\frac{b}{m} - \left(\frac{\varrho}{2m}\right)^2}, \\ \alpha_2 &= -\frac{1}{2}\frac{\varrho}{m} - i\sqrt{\frac{b}{m} - \left(\frac{\varrho}{2m}\right)^2} \end{aligned}\right. \tag{1.15}$$

erhält. Die allgemeine Lösung von (1.14) lautet somit

$$x(t) = Ae^{\alpha_1 t} + Be^{\alpha_2 t} \tag{1.15a}$$

mit den beiden Integrationskonstanten A und B. Allerdings ist hier die Kürze der Rechnung damit erkauft, daß $x(t)$ zunächst als komplexe Funktion erscheint. Nach dem bekannten Satz $e^{\alpha i} = \cos\alpha + i\sin\alpha$ können Sie aber leicht x in Real- und Imaginärteil zerlegen. *Überzeugen Sie sich selbst,* daß dann sowohl der Realteil wie auch der Imaginärteil, jeder für sich, eine Lösung von (1.14) darstellt. *Führen Sie diese Diskussion selbst durch.*

Energiesatz und Reibung. Um zu sehen, was bei Anwesenheit von Reibung aus dem Energiesatz wird, wählen wir gleich die allgemeinere Bewegungsgleichung $m\frac{d^2x}{dt^2} = K(x)$ mit einer beliebig vom Ort abhängigen Kraft und ergänzen diese durch eine Reibungskraft $-\varrho v$. Führen wir die zu $K(x)$ gehörige potentielle Energie $U(x)$ ein $\left(K = -\frac{dU}{dx}\right)$, so lautet unsere Gleichung mit Reibung

$$m\frac{d^2x}{dt^2} + \frac{dU}{dx} = -\varrho v.$$

Durch Multiplikation mit v geht die linke Seite in der oben (S. 7) ausführlich erörterten Weise über in die zeitliche Zunahme der mechanischen Energie E, das ist die Summe aus kinetischer und potentieller Energie. Wir erhalten also jetzt

$$\frac{d}{dt}\left(\frac{m}{2}v^2 + U(x)\right) = -\varrho v^2. \tag{1.16}$$

Solange also überhaupt eine Bewegung erfolgt (d. h. solange $v \neq 0$ ist), nimmt die mechanische Energie $E = \frac{1}{2}mv^2 + U$ dauernd ab! Das ist ein Ergebnis von großer Tragweite. Die Stellung, welche man dazu einnimmt, hängt wesentlich davon ab, ob man sich lediglich für das Spezialgebiet Mechanik interessiert oder ob man das Ganze der Physik im Auge hat. Vom Standpunkt der reinen Mechanik wird man sagen, daß bei Wirkung der Reibung der Energiesatz nicht mehr gilt. Seine Gültigkeit ist eben auf solche Fälle beschränkt, in denen die *ganze* wirkende Kraft durch $-\frac{dU}{dx}$ dargestellt werden kann. Als Physiker dagegen weiß man, daß Energie unter keinen Umständen verlorengehen kann. In unserem Fall ist sie durch den Zaun, welcher die „Zone Mechanik" umgrenzt, entwichen und in die „Zone Wärmelehre" geraten; sie wird sich durch eine Erwärmung des Mediums, in welchem Reibung erfolgt, bemerkbar machen. Ist nämlich c die Wärmekapazität der ganzen Versuchsanordnung, also $c\,dT$ die Wärmemenge, welche erforderlich ist, um den Massenpunkt mitsamt der reibenden Flüssigkeit um dT Grad zu erwärmen, so wird bei der betrachteten Bewegung die Temperatur T sich in der Zeit dt solcherweise erhöhen, daß

$$c\,dT = \varrho v^2 dt = \varrho v\,dx$$

ist. „Die von der Reibungskraft auf dem Wege dx geleistete Arbeit $\varrho v\,dx$ erscheint als Erhöhung der Wärmeenergie cT." Setzt man also gemäß der letzten Gleichung $\varrho v^2 = c\frac{dT}{dt}$, so erhält (1.16) die Gestalt eines Erhaltungssatzes, nämlich

$$\frac{d}{dt}\left(\frac{m}{2}v^2 + U(x) + cT\right) = 0. \tag{1.16a}$$

„Erst die Summe an mechanischer und Wärmeenergie ist zeitlich konstant."

Durch (1.16) wird noch eine weitere wichtige Tatsache handgreiflich vor Augen gerückt, nämlich die Nicht-Umkehrbarkeit der mit Reibung verknüpften Bewegung. Die mechanische Energie nimmt ja stets ab und niemals zu, ganz gleichgültig, welche Anfangsbedingungen wir wählen. Diese Nicht-Umkehrbarkeit ist erst durch das Reibungsglied $\left(\text{etwa } \frac{\varrho}{m}\frac{dx}{dt} \text{ in Gl. (1.14)}\right)$ hereingekommen, während die vorher an Hand von (1.5a) bis (1.5c) behandelten Vorgänge durchaus umkehrbar waren. Das bedeutet anschaulich: Photographiert man etwa einen durch (1.5c) beschriebenen Vorgang kinematographisch, so kann man den entstandenen Film sowohl vorwärts wie auch rückwärts ablaufen lassen, in beiden Fällen bekommt man einen möglichen Ablauf des mechanischen Vorgangs. Der

Mathematiker sagt in seiner lakonischen Ausdrucksweise: „Zugleich mit $x(t)$ ist auch $x(-t)$ eine Lösung der Differentialgleichung (1.5c).“ Das kommt dadurch heraus, daß in (1.5c) nur die zweite Ableitung, nämlich d^2x/dt^2, vorkommt, nicht aber die erste Ableitung dx/dt, bei welcher eine Vorzeichenänderung von t das Vorzeichen umkehren würde. Sobald aber die Reibung wirksam wird, also etwa die Bewegungsgleichung lautet

$$m\frac{d^2x}{dt^2} = K(x) - \varrho\frac{dx}{dt}, \tag{1.17}$$

würde der rückwärts laufende Film einen durchaus naturwidrigen Vorgang zeigen: Im Fall der Schwingung in der reibenden Flüssigkeit würde man sehen, daß auf Kosten des Wärmeinhalts der Flüssigkeit die Schwingung zu immer größeren Amplituden angefacht wird. Tatsächlich ist $x(-t)$ keine Lösung von (1.17), wenn $x(t)$ eine Lösung ist. An dieser Nicht-Umkehrbarkeit erkennen wir zum zweitenmal das Eingreifen der Prinzipien der Wärmelehre in unseren mechanischen Vorgang. Die Umschreibung von (1.16) auf (1.16a) trug dem ersten Hauptsatz der Wärmelehre (Erhaltung der Gesamtenergie) Rechnung. Und soeben sind wir dem zweiten Hauptsatz begegnet, nach welchem zwar mechanische Energie beliebig in Wärme umgewandelt werden kann, während rückwärts die Umwandlung von Wärme in mechanische Arbeit nur in äußerst beschränktem (und später genau zu erörterndem) Umfang möglich ist. —Noch allgemeiner kann man sagen: Hinsichtlich des Bewegungsgesetzes $m\frac{d^2x}{dt^2} = K(x)$ gibt es keinen grundsätzlichen Unterschied zwischen Vergangenheit und Zukunft. Ein solcher tritt jedoch auf, sobald man dieser Gleichung das Reibungsglied $-\varrho\frac{dx}{dt}$ zufügt.

Nach diesen Abschweifungen kehren wir wieder zur braven Mechanik im engeren Sinn zurück.

6. Die Kraft hängt explizit von der Zeit ab.

Wir wollen jetzt zulassen, daß in der Newtonschen Gleichung $m\frac{d^2x}{dt^2} = K$ die Kraft nicht allein vom Ort und eventuell der Geschwindigkeit, sondern außerdem noch direkt von der Zeit t abhängt, indem eine von „außen her“ regulierte Kraft $f(t)$ auf den Massenpunkt einwirkt. Ein in der Atomphysik wichtiger Fall ist etwa der, daß auf ein elastisch gebundenes Elektron eine Lichtwelle einwirkt. In diesem Fall ist $f = eE(t)$, wo E die mit der Lichtwelle verknüpfte elektrische Feldstärke und e die Ladung des Elektrons bedeutet. Ein besonders einfacher Fall liegt dann vor, wenn die gegebene Kraft $f(t)$ auf einen sonst freien Massenpunkt wirkt. Dann läßt sich die Gleichung $m\frac{d^2x}{dt^2} = f(t)$ durch zweimalige Integration direkt erledigen: $v = v_0 + \frac{1}{m}\int_0^t f(t)\,dt$ und $x = x_0 + \int_0^t v(t)\,dt$. Ist speziell die Kraft harmonisch, also etwa $f(t) = a\cos\omega t$, so wird $v = v_0 + \frac{a}{m\omega}\sin\omega t$ und $x = x_0 + v_0 t + \frac{a}{m\omega^2}(1 - \cos\omega t)$. Die unter der Einwirkung der Kraft $a\cos\omega t$ entstehende Bewegung unseres Massenpunktes ist also zu beschreiben als eine durch die Anfangsbedingungen vorgegebene Translation $x_0 + v_0 t$, welche überlagert wird von einer Oszillation der Amplitude $a/m\omega^2$; diese erfolgt genau im Takt der erregenden Kraft, ist ihr aber gerade entgegengesetzt gerichtet! Infolge der Massenträgheit ist die Phase der Bewegung um 180° gegen diejenige der Kraft verschoben. Auf diese merkwürdige Antiresonanz kommen wir nachher (S. 16 und 21) wieder zurück.

Als nächsten Fall nehmen wir den des elastisch gebundenen Massenpunktes:

$$m \frac{d^2 x}{d t^2} = -b x + f(t). \tag{1.18}$$

Die Aufgabe, eine diese Gleichung befriedigende allgemeine Funktion $x(t)$ zu finden, ist bereits hoffnungslos kompliziert, wenn man keinen besonderen Kunstgriff anwendet. Wir werden so vorgehen, daß wir zunächst zwei ganz spezielle Funktionen $f(t)$ angeben, für welche die Lösung leicht anzugeben ist. Das sind die beiden Fälle der harmonischen Kraft sowie der stoßartig wirkenden Kraft. Erst später werden wir — nach dem Prinzip „divide et impera" — zeigen, daß sich die Lösungen für ein beliebig gegebenes $f(t)$ als eine Überlagerung von lauter solchen einfachen Fällen beschreiben lassen.

a) Elastische Bindung mit periodischer Kraft. Für die aus (1.18) folgende Gleichung

$$m \frac{d^2 x}{d t^2} + b x = a \cos \omega t \tag{1.19}$$

läßt sich sofort eine Lösung angeben auf Grund der Vermutung, daß auch der Massenpunkt eine Oszillation vom Typus $x = A \cos \omega t$ ausführen wird. Nach Einsetzen in (1.19) hebt sich der Faktor $\cos \omega t$ heraus; (1.19) wird damit zu einer einfachen Gleichung für die Amplitude A der erzwungenen Schwingung. Man erhält somit als Lösung

$$x(t) = \frac{a}{-m \omega^2 + b} \cos \omega t .$$

Unter Einführung der durch $\omega_0 = \sqrt{b/m}$ gegebenen Eigenfrequenz des Massenpunktes schreiben wir dafür

$$x(t) = \frac{a}{m(\omega_0^2 - \omega^2)} \cdot \cos \omega t . \tag{1.19a}$$

Diese Lösung kann aber noch nicht vollständig sein, da sie keinerlei verfügbare Konstante enthält, wir aber doch die Anfangsbedingungen (also etwa x_0 und v_0 für $t = 0$) willkürlich vorgeben können. Hier hilft die Bemerkung, daß wir zu dem bisher gefundenen $x(t)$ noch eine beliebige Lösung der „homogenen" Gleichung $m\ddot{x} + b x = 0$ hinzufügen können, ohne daß $x(t)$ aufhört, eine Lösung von (1.19) zu sein. Mit der alten Abkürzung $\omega_0 = \sqrt{b/m}$ haben wir also *die allgemeine Lösung von* (1.19)

$$x(t) = C_1 \cos \omega_0 t + C_2 \sin \omega_0 t + \frac{a}{m(\omega_0^2 - \omega^2)} \cos \omega t , \tag{1.19b}$$

wo nun die beiden Konstanten C_1 und C_1 zur Befriedigung der Anfangsbedingungen zur Verfügung stehen. (1.19b) beschreibt die Bewegung als zusammengesetzt aus einer allein durch die Anfangsbedingungen gegebenen freien Schwingung und einer von diesen Anfangsbedingungen unabhängigen erzwungenen Schwingung. Wir werden in der weiteren Diskussion den ersteren Bestandteil ignorieren, also einfach mit der „partiellen Lösung" (1.19a) rechnen. Das ist physikalisch dadurch begründet, daß es in der Natur keine ganz reibungsfreie Bewegung gibt, daß also die freie Schwingung, auch wenn sie im ersten Augenblick vorhanden war, im Laufe der Zeit abgedämpft wird. Einige Zeit nach dem „Einschalten" der periodischen Kraft wird daher die erzwungene Schwingung (1.19a) allein übrigbleiben.

Zeichnen Sie sich die Amplitude $A = \frac{a}{m(\omega_0^2 - \omega^2)}$ *als Funktion der erregenden Frequenz* ω *auf!* Diese Kurve verdient die allergenaueste Betrachtung. Zunächst die beiden Grenzfälle: Im Fall $\omega \ll \omega_0$ haben wir die einfache statische, von ω

unabhängige Amplitude $A = a/m\omega_0^2 = a/b$. Dagegen spielt im anderen Grenzfall $\omega \gg \omega_0$ die elastische Bindung überhaupt keine Rolle mehr; es wird $A = -\frac{a}{m\omega^2}$, wie vorhin beim freien Massenpunkt. Beachten Sie, wie diese beiden Grenzfälle direkt aus der Gleichung (1.19) abgelesen werden können: Bei ganz langsamen Vorgängen spielt die Massenträgheit keine Rolle, das Glied $m\frac{d^2x}{dt^2}$ kann also ignoriert werden. Dagegen ist für sehr schnelle Vorgänge allein die Trägheit entscheidend, so daß hier die elastische Bindung bx vernachlässigt werden kann. Zwischen den beiden Grenzfällen liegt das Gebiet der Resonanz, in welchem ω in die Nähe von ω_0 kommt. Dabei wächst die Amplitude über alle Grenzen und wird für $\omega = \omega_0$ unendlich groß. Bei der Betrachtung dieses Grenzfalles scheiden sich die Wege des Mathematikers und des Physikers. Der Mathematiker konstatiert einfach, daß A an dieser Stelle unendlich groß wird, und versucht sich mit diesem Faktum abzufinden. Der Physiker dagegen wird dieses Resultat für unsinnig erklären und bemerken, daß angesichts dieses Ergebnisses die zugrunde gelegte Gleichung (1.19), aus welcher sich das Unglück ergeben hat, nicht richtig sein kann. In der Tat gibt es in der ganzen Welt keine elastische Kraft bx, welche für unendlich groß werdende x immer noch unverändert wirksam bleibt. Zudem ist jede wirkliche Bewegung mit einer — wenn auch kleinen — Reibung verknüpft. Also ergänzen wir (1.19) durch ein Reibungsglied $-\varrho\frac{dx}{dt}$! Wir erhalten dann die Gleichung

(1.20) $$m\frac{d^2x}{dt^2} + \varrho\frac{dx}{dt} + bx = a\cos\omega t.$$

Sie wird gelöst durch eine erzwungene Schwingung in der Form

(1.20a) $$x(t) = A\cos(\omega t - \varphi),$$

wo nun φ eine Phasenverschiebung gegen die erregende Kraft bedeutet. *Setzen Sie selbst* (1.20a) in (1.20) ein, entwickeln $\cos(\omega t - \varphi) = \cos\omega t\cos\varphi + \sin\omega t\sin\varphi$ und sorgen dafür, daß (1.20) sowohl für $\omega t = 0$ wie auch für $\omega t = \pi/2$ erfüllt ist. Sie sehen dann, daß (1.20a) wirklich eine Lösung von (1.20) ist, wenn

(1.20b) $$A = \frac{-a}{\sqrt{m^2(\omega_0{}^2 - \omega^2)^2 + \varrho^2\omega^2}}; \quad \operatorname{tg}\varphi = \frac{\omega\varrho/m}{\omega_0{}^2 - \omega^2}$$

gesetzt wird. *Wie verlaufen jetzt die Amplitude A und die Phase φ als Funktionen von ω?* Wie groß ist die „Halbwertsbreite" der $A(\omega)$-Kurve, das ist dasjenige Intervall $\Delta\omega$, innerhalb dessen $A(\omega)$ größer ist als die Hälfte seines Maximalwertes? Führen Sie dabei die Abkürzung $\delta = \varrho/2m$ ein und richten Sie Ihre Aufmerksamkeit besonders auf den Fall kleiner Dämpfung, d. h. $\delta \ll \omega_0$.

b) Elastische Bindung mit Stoßkraft. (Die ballistische Lösung der Schwingungsgleichung.) Nach Betrachtung der periodischen Kraft behandeln wir nun die Gleichung

(1.21) $$m\frac{d^2x}{dt^2} + \varrho\frac{dx}{dt} + bx = f(t)$$

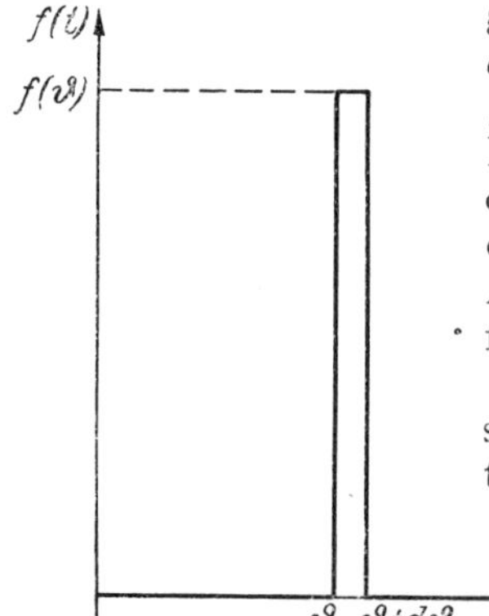

Fig. 8. Zeitlicher Verlauf einer „Stoßkraft".

für den entgegengesetzten Fall, nämlich den, daß $f(t)$ nur während einer ungeheuer kurzen Zeit, etwa $t = \vartheta$ bis $t = \vartheta + d\vartheta$, einwirkt und hier den Wert $f(\vartheta)$ besitzt (Fig. 8). Sonst soll sie dauernd gleich Null sein. x und $v = dx/dt$

sollen dabei bis zur Zeit ϑ, d. h. also bis zum Einsetzen der Kraft gleich Null sein. Der Massenpunkt wird dann während der sehr kurzen Zeit $d\vartheta$ eine stoßartige Beschleunigung erfahren und danach von der Zeit $\vartheta + d\vartheta$ ab mit der in diesem Moment erreichten Geschwindigkeit v_ϑ, von der Ruhelage startend, eine freie Schwingung ausführen, wie wir sie bereits aus (1.15a) kennen. Diejenige Lösung $x(t)$ der homogenen Gleichung, für welche im Moment $t = \vartheta$ sowohl $x = 0$ wie auch $dx/dt = v_\vartheta$ ist, können wir danach sogleich angeben:

$$(1.22) \quad x(t) = \frac{v_\vartheta}{\omega_1} e^{-\delta(t-\vartheta)} \sin \omega_1 (t - \vartheta) \text{ mit } \delta = \frac{\varrho}{2m} \text{ und } \omega_1 = \sqrt{\omega_0^2 - \left(\frac{\varrho}{2m}\right)^2}.$$

Scheuen Sie nicht die Mühe, sich davon zu überzeugen, daß damit wirklich sowohl die Differentialgleichung wie auch die Anfangsbedingungen für $t = \vartheta$ erfüllt sind. Es bleibt also nur noch v_ϑ aus der Gl. (1.21) zu berechnen. Das geht aber sehr einfach, indem wir (1.21) über die Zeit von ϑ bis $\vartheta + d\vartheta$ integrieren:

$$m v_\vartheta + \varrho x_\vartheta + b \int_\vartheta^{\vartheta + d\vartheta} x\, dt = \int_\vartheta^{\vartheta + d\vartheta} f(t)\, dt.$$

Es ist nämlich allgemein

$$\int_a^c \frac{d^2 x}{dt}\, dt = \int_a^c \frac{dv}{dt}\, dt = v(c) - v(a)$$

(lies v zur Zeit c minus v zur Zeit a). v_ϑ und x_ϑ sollen als Abkürzung für v und x zur Zeit $\vartheta + d\vartheta$ stehen. Wenn wir nun das Intervall $d\vartheta$ immer kleiner machen, jedoch so, daß das Produkt $f(\vartheta)\, d\vartheta$ einen endlichen Wert behält, so bleibt v_ϑ sicher unter einer endlichen Grenze, der in $d\vartheta$ zurückgelegte Weg $x_\vartheta \cong v_\vartheta d\vartheta$ wird aber beliebig klein, so daß auf der linken Seite unserer Gleichung nur der erste Summand übrigbleibt:

$$(1.23) \qquad m v_\vartheta = f(\vartheta)\, d\vartheta.$$

Durch das Produkt Kraft mal Zeit, nämlich $f d\vartheta$, wird also der *Impuls* $m v_\vartheta$ bestimmt, mit welchem unser Massenpunkt seine Bewegung anfängt. Damit ist die Lösung unseres ballistischen Problems fertig. (1.22) ergibt jetzt:

$$(1.24) \qquad x(t) = \frac{f(\vartheta)\, d\vartheta}{m\, \omega_1} e^{-\delta(t-\vartheta)} \sin \omega_1 (t - \vartheta).$$

Merken Sie, wie es kam, daß diese Lösung so einfach zu finden war? Wir haben nämlich gar nicht die ganze komplizierte Gleichung (1.21) zu behandeln brauchen, sondern nur zwei viel einfachere Gleichungen: Für $t > \vartheta + d\vartheta$ war nämlich $f(t) = 0$, während für $\vartheta < t < \vartheta + d\vartheta$ sowohl das Reibungsglied ϱv wie auch die elastische Bindung bx praktisch unwirksam waren.

c) Die Kraft ist eine beliebige Zeitfunktion. Mit unserer ballistischen Lösung haben wir zugleich den viel allgemeineren Fall erledigt, daß in (1.21) $f(t)$ beliebig als Funktion der Zeit gegeben ist! Dazu brauchen wir nämlich nach dem Schema der Fig. 9 nur den vorgegebenen Funktionsverlauf in lauter Einzelimpulse zu zerhacken, auf jeden Einzelimpuls, welcher von ϑ bis $\vartheta + d\vartheta$ wirksam ist, die Lösung (1.24) anzuwenden und schließlich die Wirkung aller Einzelimpulse aufzusummieren. Im Limes $d\vartheta \to 0$ ist diese Summation natürlich gleichbedeutend mit einer Integration nach ϑ. Ist also $f(t)$ von der fernen Vergangenheit her ($t \to -\infty$) bis zur Gegenwart irgendwie vorgegeben, so lautet die zugehörige

Lösung von (1.21)

(1.25)
$$x(t) = \frac{1}{\omega_1 m} \int_{-\infty}^{t} f(\vartheta)\, e^{-\delta(t-\vartheta)} \sin \omega_1 (t-\vartheta)\, d\vartheta\,,$$

wo δ und ω_1 die in (1.22) angegebene Bedeutung haben.

Überzeugen Sie sich durch direktes Einsetzen in (1.21), daß durch (1.25) diese Gleichung wirklich befriedigt wird. *Eine weitere Kontrolle* von (1.25) besteht darin, daß die Formel für den Fall der periodischen Kraft ($f(\vartheta) = a \cos \omega\vartheta$) natürlich auf unser altes Ergebnis (1.20a, b) führen muß. Die erforderliche Integration wird wesentlich erleichtert durch Benutzung komplexer Größen, indem Sie $\cos\alpha = \frac{e^{i\alpha} + e^{-i\alpha}}{2}$ und $\sin\alpha = \frac{e^{i\alpha} - e^{-i\alpha}}{2i}$ einführen. Dann hat man nur über einfache Exponentialfunktionen vom Typ $e^{\beta\vartheta}$ mit irgendwelchen komplexen Zahlen β zu integrieren.

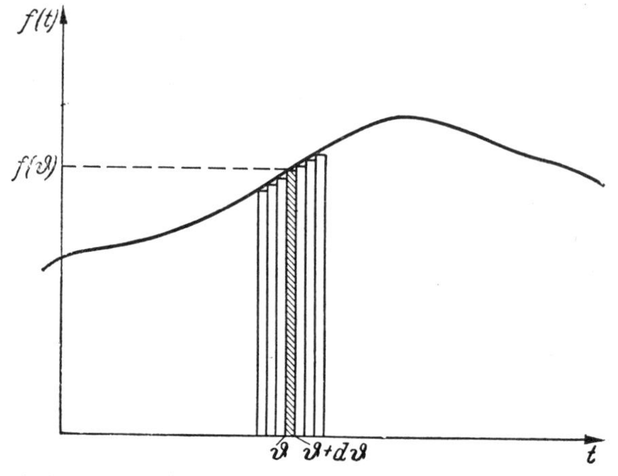

Fig. 9. Zerlegung einer als Zeitfunktion gegebenen Kraft $f(t)$ in eine Folge von Stoßkräften $f(\vartheta)\, d\vartheta$.

Die allgemeine Lösung von (1.21) läßt sich auch dadurch gewinnen, daß wir von der Lösung für eine periodisch wirkende Kraft ausgehen und die willkürlich gegebene Funktion $f(t)$ als Überlagerung von lauter periodischen Funktionen vom Typus $e^{i\omega t}$ mit verschiedenen Werten ω beschreiben. Zur Durchführung dieser Rechnung braucht man allerdings den Entwicklungssatz von Fourier sowie den Cauchyschen Integralsatz aus der Theorie der komplexen Funktionen. Wenn Ihnen diese Begriffe noch gänzlich fremd sind, so überschlagen Sie die nächsten beiden Seiten. Der Fourier-Satz besagt, daß unter sehr allgemeinen Voraussetzungen eine beliebig gegebene Funktion $f(t)$ sich mit Hilfe einer Funktion $g(\omega)$ darstellen läßt durch

(1.26a)
$$f(t) = \int_{-\infty}^{+\infty} g(\omega)\, e^{i\omega t}\, d\omega\,.$$

Dabei ist $g(\omega)$ gegeben durch

(1.26b)
$$g(\omega) = \frac{1}{2\pi} \int_{-\infty}^{+\infty} f(\vartheta)\, e^{-i\omega\vartheta}\, d\vartheta\,.$$

(Wir haben hier aus Zweckmäßigkeitsgründen die Integrationsvariable t durch ϑ ersetzt.) Setzt man dieses $g(\omega)$ wieder in (1.26a) ein, so resultiert nach Vertauschen der Integrationsfolge

(1.26c)
$$f(t) = \int_{-\infty}^{+\infty} f(\vartheta) \left(\frac{1}{2\pi} \int_{-\infty}^{+\infty} e^{i\omega(t-\vartheta)}\, d\omega \right) d\vartheta\,.$$

Diese Schreibweise des Fourierschen Doppelintegrals wird bei den Mathematikern sicher Anstoß erregen, weil die durch Einklammerung hervorgehobene

Funktion (ich ersetze für den Moment $\vartheta - t$ durch z)

$$\delta(z) = \frac{1}{2\pi} \int_{-\infty}^{+\infty} e^{i\omega z}\, d\omega$$

überhaupt nicht existiert, denn ersetzt man zunächst die Grenzen $\pm\infty$ durch die endlichen Zahlen $\pm W$, so ergibt eine einfache Integration zunächst $\frac{2 \sin W z}{2\pi z}$, welche sich (bei fest gewähltem z!) im Limes $W \to \infty$ überhaupt keinem vernünftigen Grenzwert nähert, sondern immer wieder um die Werte $\pm \frac{1}{\pi z}$ oszilliert. Nur an der Stelle $z = 0$, wo sie den Wert W/π besitzt, geht sie mit wachsendem W monoton ins Unendliche. Wie kommt es, daß sie trotzdem in dem Doppel-

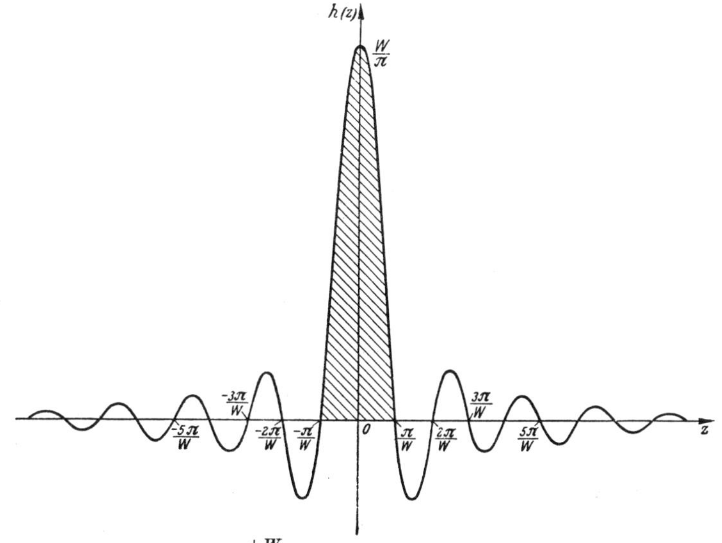

Fig. 10. Verlauf der Funktion $h(z) = \frac{1}{2\pi} \int_{-W}^{+W} e^{i\omega z}\, d\omega$, welche im Limes $W \to \infty$ in die „Funktion" $\delta(z)$ übergeht.

integral (1.26c) eine sinnvolle Bedeutung hat? Um das zu sehen, machen wir uns zunächst für endliches (aber sehr großes) W eine Skizze (Fig. 10) der Funktion $h(z) = \frac{\sin W z}{\pi z}$. Deren Nullstellen liegen bei $z = \pm \frac{\pi}{W}, \pm \frac{2\pi}{W} \cdots$ usw. Bei wachsendem W schießt die Mitte immer mehr in die Höhe, während die Nullstellen immer enger zusammenrücken, aber so, daß der schraffierte Flächeninhalt der mittleren Zacke annähernd konstant bleibt. Er ist praktisch gleich 1. Wird nun diese Funktion $h(z)$ mit einer beliebigen Funktion $f(z)$ multipliziert und das Produkt über z integriert, so gibt bei extrem großem W die mittlere Zacke der $h(z)$-Kurve allein gerade den Beitrag $f(0) \int h\, dz = f(0)$, während die seitlichen Zacken mit ihrem schnellen Wechsel von + nach − keinen Beitrag mehr geben. Sie radieren im limes $W \to \infty$ die Funktion $f(z)$ aus. So entsteht die Formel

$$\int_{-\infty}^{+\infty} f(z)\, \delta(z)\, dz = f(0).$$

Die Funktion $\delta(z)$ schneidet aus der ganzen Funktion $f(z)$ gerade den Wert $f(0)$ heraus. Dieser Exkurs sollte den Inhalt der Formel (1.26c), für deren strenge

Begründung auf die Fachliteratur verwiesen sei, Ihrem Gefühl näherbringen.

Nunmehr läßt sich die Lösung von (1.21) mit der durch (1.26a) erklärten Funktion $f(t)$ leicht hinschreiben. Dazu setzen wir auch $x(t)$ als Fourier-Integral

$$x(t) = \int_{-\infty}^{+\infty} A(\omega)\, e^{i\omega t}\, d\omega$$

in (1.21) ein und finden die Amplitudenfunktion

$$A(\omega) = \frac{g(\omega)}{-m\omega^2 + i\varrho\omega + b}.$$

Mit den alten Abkürzungen $b/m = \omega_0^2$ und $\varrho/2m = \delta$ also

$$x(t) = \frac{1}{m} \int_{-\infty}^{+\infty} \frac{g(\omega)}{\omega_0{}^2 + 2i\delta\omega - \omega^2}\, e^{i\omega t}\, d\omega.$$

Setzen wir darin den Wert (1.26b) für $g(\omega)$ ein, so wird

$$x(t) = \frac{1}{2\pi m} \int_{-\infty}^{+\infty} f(\vartheta)\, d\vartheta \int_{-\infty}^{+\infty} \frac{e^{i\omega(t-\vartheta)}\, d\omega}{\omega_0{}^2 + 2i\delta\omega - \omega^2}. \tag{1.27}$$

Als letzten Schritt zur Herleitung von (1.25) müssen wir hier noch die Integration nach ω wirklich durchführen. Wir betrachten dieses Integral in der komplexen ω-Ebene. Es ist zunächst entlang der reellen Achse von $-\infty$ bis $+\infty$ zu erstrecken. Der Integrand hat einfache Pole an den Nullstellen des Nenners, also mit $\omega_1 = \sqrt{\omega_0^2 - \delta^2}$ bei $\omega = -\omega_1 + i\delta$ und $\omega = \omega_1 + i\delta$. Das sind die Punkte P_1 und P_2 in Fig. 11. Zur Anwendung des Cauchyschen Residuensatzes müssen wir den Integrationsweg zu einem geschlossenen Weg ergänzen, etwa durch einen Halbkreis vom Radius R, welcher (im Limes $R \to \infty$) das rechte Ende des offenen Weges mit dem linken Ende verknüpft. Und zwar muß dieser Halbkreis bei positiven Werten von $t - \vartheta$ in der oberen, bei negativen $t - \vartheta$ dagegen in der unteren Halbebene verlaufen, damit durch den Faktor $e^{i\omega(t-\vartheta)}$ der Beitrag des Halbkreises zum Integral in jedem Fall verschwindet. Den solcherweise geschlossenen Weg können wir nun nach Cauchy auf die von ihm umlaufenen Pole zusammenziehen. Dabei ergibt sich: Im Fall $\vartheta > t$ liegen die Pole P_1 und P_2 außerhalb des Integrationsweges, das Integral wird also zu Null. Im Fall $\vartheta < t$ dagegen bleibt je ein einfacher Umlauf um P_1 und P_2 übrig, deren Beiträge nach der Formel

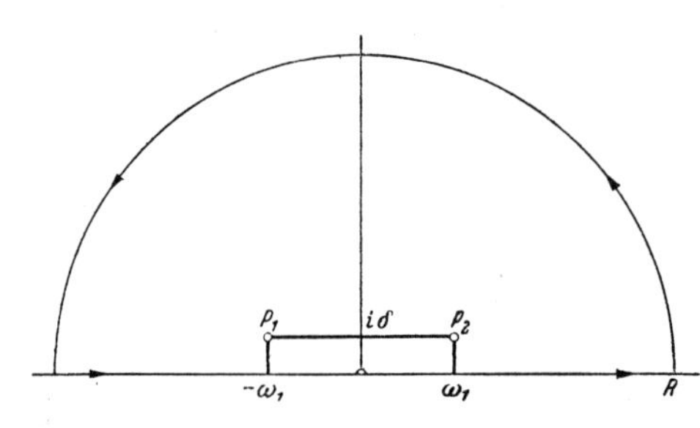

Fig. 11. Ausführung eines Integrals in der komplexen ω-Ebene.

$$\oint \frac{f(z)}{z - z_0}\, dz = 2\pi i\, f(z_0)$$

sofort anzugeben sind. Für den Fall von 2 Polen z_0 und z_1 ergibt die gleiche Formel

$$\oint \frac{f(z)\, dz}{(z - z_0)(z - z_1)} = 2\pi i \left(\frac{f(z_0)}{z_0 - z_1} + \frac{f(z_1)}{z_1 - z_0} \right) = \frac{2\pi i}{z_1 - z_0} \left(f(z_1) - f(z_0) \right).$$

Indem wir den Nenner unseres Integranden in seine beiden Faktoren aufspalten, haben wir also für $\vartheta < t$

$$-\int_{-\infty}^{+\infty} \frac{e^{i\omega(t-\vartheta)}\,d\omega}{(\omega - i\delta + \omega_1)(\omega - i\delta - \omega_1)} = -2\pi i\, e^{-\delta(t-\vartheta)}\,\frac{2i\sin\omega_1(t-\vartheta)}{2\omega_1}$$
$$= \frac{2\pi}{\omega_1} e^{-\delta(t-\vartheta)} \sin\omega_1(t-\vartheta)\,.$$

Berücksichtigen wir außerdem, daß das gleiche Integral für $\vartheta > t$ Null ergibt, so geht (1.27) genau in (1.25) über, wie es sein sollte. Wir haben bei dieser Gelegenheit einen Einblick in einige wichtige Rechenmethoden der mathematischen Physik getan, nämlich das Fouriersche Doppelintegral, die δ-Funktion und das Integrieren in der komplexen Zahlenebene.

d) Die mittlere Leistung der erregenden Kraft. Bei Verschiebung des Massenpunktes um dx leistet die Kraft $f(t)$ die Arbeit $f(t)\,dx$. Die Leistung ergibt sich daraus durch Division mit der zugehörigen Zeit dt, also Leistung $L = f\frac{dx}{dt}$. Die Leistung der harmonischen Kraft $a\cos\omega t$ in (1.20) beträgt also

$$L = a\cos\omega t\frac{dx}{dt} = m\frac{d^2x}{dt^2}\frac{dx}{dt} + bx\frac{dx}{dt} + \varrho\left(\frac{dx}{dt}\right)^2 = \frac{d}{dt}\left(\frac{1}{2}mv^2 + \frac{1}{2}bx^2\right) + \varrho v^2. \tag{1.28}$$

Sie wird, wie diese Gleichung lehrt, verbraucht zur Änderung der kinetischen und potentiellen Energie sowie zur Deckung des Reibungsverlustes ϱv^2 (z. B. zur Erwärmung des reibenden Mediums). Die mittlere Leistung erhalten wir durch Mittelung über eine große Zeit T. Wir deuten Mittelung durch einen über die Funktion gesetzten Querstrich an: Ist $g(t)$ als Funktion der Zeit gegeben, so ist also der Mittelwert definiert zu:

$$\overline{g(t)} = \frac{1}{T}\int_0^T g(t)\,dt. \tag{1.29}$$

Für periodische Vorgänge genügt Mittelung über eine Periode, dabei wird der Mittelwert eines Differentialquotienten stets gleich Null. Speziell wird:

$$\overline{\frac{dg(t)}{dt}} = 0 \tag{1.29a}$$

und

$$\overline{\sin\omega t} = \overline{\cos\omega t} = \overline{\sin\omega t\cos\omega t} = 0\,,\quad \overline{\sin^2\omega t} = \overline{\cos^2\omega t} = \tfrac{1}{2}\,. \tag{1.29b}$$

Setzen wir in (1.28) x nach (1.20a) ein, so resultiert als mittlere Leistung wegen (1.29b):

$$\overline{L} = \frac{aA\omega}{2}\sin\varphi = \varrho\,\overline{v^2}.$$

Diese Beziehung kann man wegen (1.29a) auch unmittelbar aus (1.28) ablesen.

e) Eine optische Anwendung (Dispersionskurve). Die soeben durchgeführte Behandlung der erzwungenen elastischen Schwingung ist von grundlegender Bedeutung für die Beschreibung des optischen Verhaltens durchsichtiger Materie. Diese können wir häufig kennzeichnen durch die Annahme, daß die einzelnen Moleküle elastisch gebundene Elektronen enthalten, welche unter der Wirkung des Lichtes erzwungene Schwingungen ausführen. Bei einer Verschiebung des Elektrons (Ladung e) um die Strecke x erhält das Molekül ein Dipolmoment $p = ex$. Ist andererseits $E\cos\omega t$ der zeitliche Verlauf der elektrischen Feldstärke, so ist $eE\cos\omega t$ die wirkende Kraft. Für das Dipolmoment des einzelnen Moleküls erhalten wir somit aus (1.19a)

$$p(t) = \frac{e^2}{m(\omega_0^2 - \omega^2)}\,E\cos\omega t.$$

Das so gekennzeichnete Dipolmoment macht sich optisch als Abweichung des Brechungsindex n von 1 ($n = 1$ ist der Brechungsindex des Vakuums) bemerkbar. Bedeutet N die Zahl der Moleküle im cm^3, so wird, wie man in der Optik zeigt, $n^2 - 1 = 4\pi \frac{N e^2}{m(\omega_0^2 - \omega^2)}$. Wir haben damit also bereits eine Formel für die Abhängigkeit des Brechungsindex n von der Frequenz (Farbe) ω des benutzten Lichtes vor uns, wenigstens insoweit, als das Verhalten sich durch eine einzige Sorte von Elektronen der Resonanzfrequenz ω_0 beschreiben läßt. Wir sehen, daß der Brechungsindex mit wachsendem ω bis zur Resonanzstelle ω_0 anwächst. In der Regel liegt ω_0 im ultravioletten Teil des Spektrums. Nach deren Überschreitung wird er kleiner als 1, um sich dann für extrem hohe Frequenzen (Röntgenstrahlen) der 1 von unten her anzunähern. Tatsächlich ist z. B. Glas für Röntgenstrahlen „optisch dünner" als das Vakuum, es zeigt für hinreichend flach auftreffende Strahlen Totalreflexion. Die Resonanzstelle $\omega \approx \omega_0$ macht sich durch Absorption des einfallenden Lichtes bemerkbar. Zu ihrer Beschreibung muß man eine Art von Reibung [etwa nach Gl. (1.20)] einführen; durch diese ergibt sich dann auch die Halbwertsbreite der Absorptionslinie. Sie sehen, wie tief bereits diese einfache mechanische Fragestellung in die Probleme der Atomphysik hineinführt.

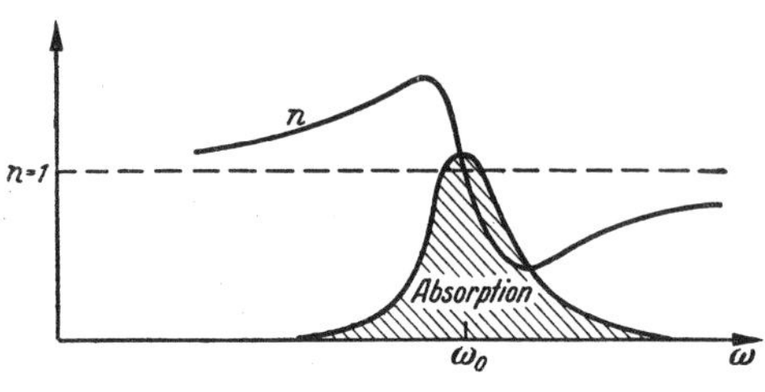

Fig. 12. Verlauf des Brechungsindex n und der Absorption in der Umgebung der Resonanzstelle.

B. Ein Massenpunkt im Raum.

1. Polarkoordinaten, Skalarprodukt, Bewegungsgleichung.

Der Ort eines Massenpunktes m im Raume wird durch drei Zahlen angegeben, etwa durch die drei rechtwinkligen Koordinaten x, y, z. Wenn er sich im Raum bewegt, so gehören zu verschiedenen Zeiten verschiedene Werte dieser drei Koordinaten. Das bedeutet: *x, y und z sind Funktionen der Zeit.* Eine vollständige und erschöpfende Beschreibung der Bewegung ist geleistet, wenn wir diese drei Zeitfunktionen $x(t)$, $y(t)$ und $z(t)$ angeben können. Die Ableitungen dieser Funktionen nach der Zeit, also die Größen $v_x = dx/dt$, $v_y = dy/dt$, $v_z = dz/dt$, nennen wir die *Komponenten der Geschwindigkeit* nach den drei Koordinatenachsen. Entsprechend heißen die zweiten Ableitungen $dv_x/dt = d^2x/dt^2$ usw. die *Komponenten der Beschleunigung.*

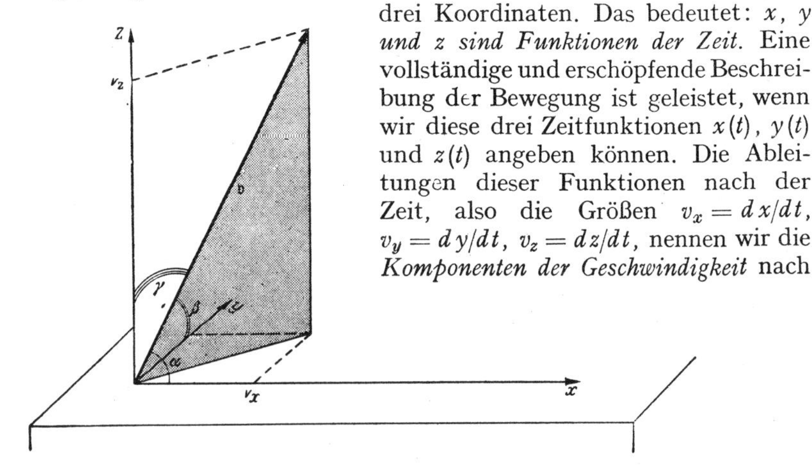

Fig. 13. Zerlegung des Vektors $\mathfrak{v}$ in Komponenten.

Geschwindigkeit und Beschleunigung sind gerichtete Größen. Im Gegensatz zur geradlinigen Bewegung sind sie nicht mehr durch eine, sondern erst durch drei Zahlenangaben gekennzeichnet. Man pflegt sie geometrisch durch einen „Vektor" zu veranschaulichen, das ist ein Pfeil, dessen Richtung und Länge mit der Richtung und dem Betrag der zu kennzeichnenden Größe übereinstimmt. Wir bezeichnen Vektoren durchgehend mit deutschen Buchstaben, also etwa den Geschwindigkeitsvektor mit $\mathfrak{v}$ und den Kraftvektor mit $\mathfrak{K}$. Aus den Komponenten v_x, v_y, v_z eines Vektors $\mathfrak{v}$ (Fig. 13) ergibt sich der Betrag v zu $v = \sqrt{v_x^2 + v_y^2 + v_z^2}$. Seine Richtung kann man zahlenmäßig festlegen durch die Winkel α, β, γ, welche er mit den drei Achsen des Koordinatensystems einschließt: $\cos\alpha = v_x/v$, $\cos\beta = v_y/v$, $\cos\gamma = v_z/v$. Stets ist $\cos^2\alpha + \cos^2\beta + \cos^2\gamma = 1$. Auch den Ort x, y, z kennzeichnet man häufig durch einen „Ortsvektor", das ist ein vom Nullpunkt das Koordinatensystems zu dem betreffenden Ort hingezeichneter Pfeil. Im Gegensatz zum Geschwindigkeits- und Beschleunigungsvektor ist aber der Ortsvektor von der Lage des Koordinatennullpunkts abhängig.

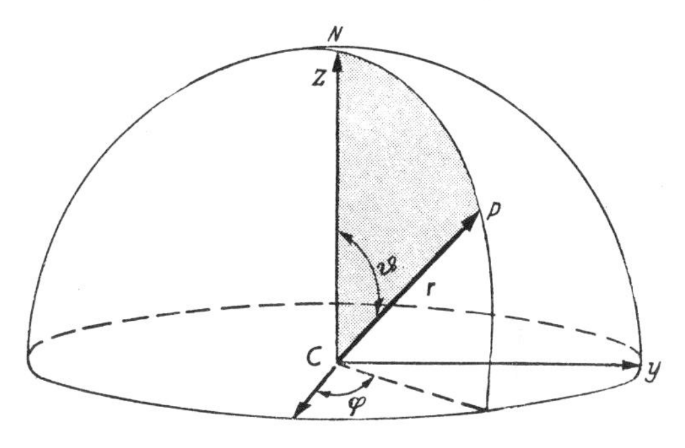

Fig. 14. Zur Definition der Polarkoordinaten r, ϑ, φ.

Räumliche Polarkoordinaten und *das Skalarprodukt.* Um die Lage eines Punktes P im Raume zu beschreiben, kann man anstatt der drei rechtwinkligen Koordinaten auch andere Zahlenangaben benutzen. Unter diesen spielen die Polarkoordinaten r, ϑ, φ in der Physik eine besondere Rolle. Dabei gibt r den Abstand von einem festgewählten Zentrum C an. Durch die Zahl r wird also eine Kugel um C festgelegt. Eine feste durch C gehende Gerade wählen wir als Achse des Koordinatensystems; sie durchsticht die Kugel an zwei Punkten (Nordpol N und Südpol). Ferner schneiden wir durch eine — die Achse enthaltende — Ebene auf unserer Kugel einen Nullmeridian heraus. Nunmehr kennzeichnen wir die Lage unseres Punktes auf dieser Kugel durch seinen Winkelabstand ϑ vom Nordpol ($\vartheta = 0$ ist der Nordpol, $\vartheta = \pi/2$ der Äquator, $\vartheta = \pi$ der Südpol), d. h. also seinen Breitengrad. Mit φ kennzeichnen wir die geographische Länge, also den Winkel, welchen sein Meridian mit dem Nullmeridian einschließt. Zeichnen wir dazu ein rechtwinkliges Koordinatensystem mit der z-Achse in Richtung von C zum Nordpol und der x-Achse im Nullmeridian, so sind die Koordinaten x, y, z des betrachteten Punktes mit den Polarkoordinaten verknüpft durch

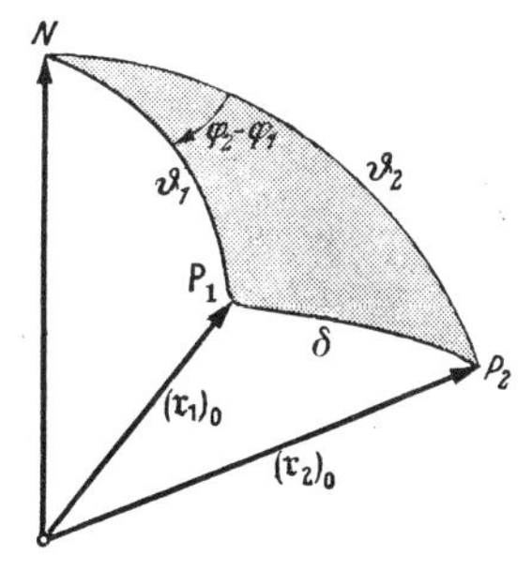

Fig. 15. Zur Berechnung des von den Einheitsvektoren $(\mathfrak{r}_1)_0$ und $(\mathfrak{r}_2)_0$ eingeschlossenen Winkels δ.

$$(1.30) \qquad \begin{cases} x = r \sin\vartheta \cos\varphi, \\ y = r \sin\vartheta \sin\varphi, \\ z = r \cos\vartheta. \end{cases}$$

Wir nennen den Ortsvektor speziell einen Einheitsvektor $(\mathfrak{r})_0$, wenn seine Länge $r = 1$ ist. Ihm entspricht ein Punkt der Einheitskugel. $x/r, y/r, z/r$ (mit $r = \sqrt{x^2 + y^2 + z^2}$) ist daher stets ein Einheitsvektor. Wir betrachten nun zwei Einheitsvektoren $(\mathfrak{r}_1)_0 = (x_1/r_1, y_1/r_1, z_1/r_1)$ und $(\mathfrak{r}_2)_0 = (x_2/r_2, y_2/r_2, z_2/r_2)$ und fragen speziell nach dem von ihnen eingeschlossenen Winkel δ (Fig. 15). Für ihn liefert die sphärische Trigonometrie — angewandt auf das Dreieck $N P_1 P_2$ — den Wert

$$\cos\delta = \cos\vartheta_1 \cos\vartheta_2 + \sin\vartheta_1 \sin\vartheta_2 \cos(\varphi_2 - \varphi_1)$$
$$= \cos\vartheta_1 \cos\vartheta_2 + \sin\vartheta_1 \cos\varphi_1 \sin\vartheta_2 \cos\varphi_2 + \sin\vartheta_1 \sin\varphi_1 \sin\vartheta_2 \sin\varphi_2 .$$

Nach der Zuordnung (1.30) zwischen rechtwinkligen und Polarkoordinaten wird also

$$\cos\delta = \frac{x_1 x_2 + y_1 y_2 + z_1 z_2}{r_1 r_2}. \tag{1.31}$$

Das *Skalarprodukt* zweier Vektoren A_x, A_y, A_z und B_x, B_y, B_z ist definiert als das Produkt $A B \cos\delta$, wo δ den von beiden eingeschlossenen Winkel bedeutet. Es ist also zugleich das Produkt des einen von beiden mit der Projektion des anderen auf ihn. Für das Skalarprodukt entnehmen wir aus (1.31) die Darstellung

$$A B \cos\delta = A_x B_x + A_y B_y + A_z B_z . \tag{1.32}$$

Seine wichtigste Anwendung findet es in der Mechanik in dem Ausdruck *Kraft mal Weg* für die von einer Kraft geleistete *Arbeit*. Hier ist stets das Skalarprodukt gemeint.

Das Linienelement. Ändern sich r, ϑ, φ um die sehr kleinen Größen dr, $d\vartheta$, $d\varphi$, so ist damit nach (1.30) eine Änderung von x, y, z um dx, dy, dz verknüpft. Zum Beispiel wird

$$dx = dr \sin\vartheta \cos\varphi + r \cos\vartheta \, d\vartheta \cos\varphi - r \sin\vartheta \sin\varphi \, d\varphi .$$

Für die Länge ds der bei dieser Verschiebung zurückgelegten Strecke gilt $ds^2 = dx^2 + dy^2 + dz^2$. Man findet dafür

$$ds^2 = dr^2 + r^2 d\vartheta^2 + r^2 \sin^2\vartheta \, d\varphi^2. \tag{1.33}$$

Bestätigen Sie dieses Ergebnis geometrisch durch Betrachtung des kleinen Quaders, dessen drei Kanten durch die Änderung von r allein, von ϑ allein und von φ allein bestimmt sind.

Sind weiterhin r, ϑ und φ als Funktion der Zeit gegeben, so folgt aus (1.33) nach Division mit dt^2 für die Geschwindigkeit v

$$v^2 = \dot{r}^2 + r^2 \dot{\vartheta}^2 + r^2 \sin^2\vartheta \, \dot{\varphi}^2. \tag{1.34}$$

Beschreiben Sie die durch

$$x = a \cos\omega t, \qquad y = a \sin\omega t, \qquad z = 0 \tag{1.35a}$$

gegebene Bahn sowie Größe und Richtung der Geschwindigkeit und Beschleunigung, indem Sie an jede Stelle der Bahn einen entsprechenden Pfeil anheften; achten Sie insbesondere auf die Beziehung zwischen Beschleunigungsvektor und Ortsvektor. Lösen Sie die gleiche Aufgabe für den Fall, daß $y(t)$ eine Phasenverschiebung φ und eine andere Amplitude hat, also

$$x = a \cos\omega t; \qquad y = b \sin(\omega t - \varphi); \qquad z = 0. \tag{1.35b}$$

Setzen Sie darin beispielsweise $\varphi = 0$ oder $\pi/4$ oder $\pi/2$.

Die *Newtonsche Bewegungsgleichung* im Raume erhalten wir, indem wir die Kraft ebenfalls in ihre drei Komponenten K_x, K_y, K_z zerlegen und nun die bei der geradlinigen Bewegung bewährte Gl. (1.4) auf die drei Komponenten der Beschleunigung einzeln anwenden:

$$\boxed{m \frac{d^2 x}{dt^2} = K_x, \qquad m \frac{d^2 y}{dt^2} = K_y, \qquad m \frac{d^2 z}{dt^2} = K_z}. \tag{1.36}$$

Das sind die Grundgleichungen für alle weiteren Überlegungen dieses Abschnitts. Zunächst zwei einfache Anwendungen, welche sich unmittelbar an die früheren Betrachtungen zum senkrechten Wurf und zur elastischen Bindung anschließen.

Bei der *Wurfbewegung* im Schwerefeld der Erde ist, wenn wir die Richtung der z-Achse unseres Koordinatensystems senkrecht nach oben legen, die z-Komponente der Kraft gleich $-mg$, während die x- und y-Komponenten dagegen gleich Null sind. Die resultierenden Bewegungsgleichungen

$$\frac{d^2 x}{dt^2} = 0, \quad \frac{d^2 y}{dt^2} = 0, \quad \frac{d^2 z}{dt^2} = -g \tag{1.37}$$

lassen sich unmittelbar integrieren. Dabei treten 6 willkürlich wählbare Integrationskonstante auf (nämlich 2 für jede der 3 Gleichungen), entsprechend der Tatsache, daß wir etwa zur Zeit $t = 0$ von einer beliebig gegebenen Stelle x_0, y_0, z_0 aus mit der Geschwindigkeit $(v_x)_0, (v_y)_0, (v_z)_0$ werfen können. Die weitere Bahnkurve wird dann durch (1.37) eindeutig festgelegt. Man erhält

$$x = x_0 + (v_x)_0 t; \quad y = y_0 + (v_y)_0 t; \quad z = z_0 + (v_z)_0 t - \tfrac{1}{2} g t^2. \tag{1.37a}$$

Diskutieren Sie selbst die durch (1.8a) beschriebene Wurfbewegung, indem Sie z. B. setzen $x_0 = y_0 = z_0 = 0$; $(v_x)_0 = v_0 \cos\alpha$; $(v_y)_0 = 0$; $(v_z)_0 = v_0 \sin\alpha$. Ermitteln Sie Wurfweite, Wurfhöhe, Flugzeit in ihrer Abhängigkeit von der Anfangsgeschwindigkeit v_0 und dem Abschußwinkel α.

Bei *der elastischen Bindung* an den Nullpunkt des Koordinatensystems ist die Kraft stets auf diesen Punkt hin gerichtet und dem Abstand von ihm proportional. Sie fällt also bis auf einen negativen Zahlenfaktor $-b$ mit dem Ortsvektor x, y, z zusammen. Unsere Grundgleichungen besagen in diesem Fall

$$m\frac{d^2 x}{dt^2} = -bx; \quad m\frac{d^2 y}{dt^2} = -by; \quad m\frac{d^2 z}{dt^2} = -bz. \tag{1.38}$$

Auch diese Gleichungen lassen sich im Anschluß an den geradlinigen Fall (S. 5) unmittelbar integrieren; wieder ergeben sich 6 Integrationskonstante zur Anpassung der Lösung an die Anfangsbedingungen. *Diskutieren Sie selbst* die entstehende Bahnkurve, am besten zunächst mit einfachen Anfangsbedingungen, wie z. B. $y_0 = 0$, $z_0 = 0$, $(v_x)_0 = 0$, $(v_z)_0 = 0$.

Wir sahen, daß die allgemeine Lösung der räumlichen Bewegungsgleichungen (1.37) und (1.38) sich sofort hinschreiben ließ, wenn man diejenige der entsprechenden geradlinigen Bewegung kennt. Diese Gleichungen stellen aber einen höchst seltenen Ausnahmefall dar. Ihre Behandlung war deswegen so einfach, weil in ihnen die Koordinaten „separiert" waren, indem K_x nur von x abhängig war, dagegen unabhängig von y und z usw. Daher konnten wir die erste der drei Gleichungen $m\frac{d^2 x}{dt^2} = K_x$ integrieren, ohne uns um die beiden anderen Koordinaten y und z zu kümmern. Im allgemeinen ist aber K_x eine Funktion von allen drei Koordinaten x, y, z. Die drei Gleichungen (1.36) sind dann in einer recht undurchsichtigen Weise miteinander verfilzt, so daß ihre Lösung nur unter Verwendung besonderer Kunstgriffe gelingt. Von diesen gründet sich der weitaus wichtigste auf den *Energiesatz*, ein weiterer auf den Satz vom *Drehimpuls*.

2. Der Energiesatz.

Im eindimensionalen Fall fanden wir $d\left(\frac{m}{2} v^2\right) = K\,dx$; in Worten: „Anwachsen der kinetischen Energie bei Bewegung von x nach $x + dx$ ist gleich der von K auf dem Weg dx geleisteten Arbeit. Wie sieht der entsprechende Satz bei der räumlichen Bewegung aus? Dazu berechnen wir auch hier das Anwachsen der kinetischen Energie $\frac{1}{2}mv^2$, nämlich

$$\frac{d}{dt}\frac{1}{2}m(v_x^2+v_y^2+v_z^2)=m\left(v_x\frac{dv_x}{dt}+v_y\frac{dv_y}{dt}+v_z\frac{dv_z}{dt}\right).$$

Diesen Ausdruck bekommen wir aber aus (1.36), wenn wir die drei Gl. (1.36) der Reihe nach mit v_x, v_y, v_z multiplizieren und addieren:

$$\text{(1.39a)}\qquad \frac{d}{dt}\left(\frac{1}{2}mv^2\right)=K_xv_x+K_yv_y+K_zv_z.$$

Nach Multiplikation mit der kleinen Zeit dt wird also

$$\text{(1.39b)}\qquad d(\tfrac{1}{2}mv^2)=K_xdx+K_ydy+K_zdz.$$

Wir nennen wieder den rechts stehenden Ausdruck die *von der Kraft* K_x, K_y, K_z *auf dem Weg* dx, dy, dz *geleistete Arbeit.* Sie ist als Skalarprodukt aus Kraft und Weg gleich dem *Produkt* $Kds\cos\alpha$, *wo* K *und* ds *die Beträge von Kraft und Weg sind und* α *der von ihnen eingeschlossene Winkel.* Im Fall der eindimensionalen Bewegung war α entweder gleich 0 (K und ds parallel) oder gleich π (K und ds entgegengesetzt).

Wir fragen nun weiter im Anschluß an (1.39a): Läßt sich hier eine potentielle Energie $U(x, y, z)$, also eine Funktion des Ortes, angeben, von der Art, daß die Summe aus kinetischer und potentieller Energie konstant ist, daß also gilt

$$\text{(1.40)}\qquad \frac{d}{dt}\left(\frac{m}{2}v^2+U\right)=0\,?$$

Diese Gleichung wäre mit (1.39a) identisch, wenn

$$\text{(1.41)}\qquad \frac{dU}{dt}=-K_xv_x-K_yv_y-K_zv_z$$

gelten würde. Machen Sie sich gründlich klar, was dU/dt bedeutet: Ein mit dem Massenpunkt bewegter Beobachter sei zur Zeit t am Ort x, y, z. Dann ist er zur Zeit $t+dt$ am Ort $x+v_xdt$, $y+v_ydt$, $z+v_zdt$. Da U als Funktion des Ortes gegeben ist, beobachtet er also eine Änderung von U um $dU=U(x+v_xdt,\ldots)-U(x,\ldots)$. Für sehr kleine dt folgt daraus im Limes $dt\to 0$:

$$\frac{dU}{dt}=\frac{\partial U}{\partial x}v_x+\frac{\partial U}{\partial y}v_y+\frac{\partial U}{\partial z}v_z.$$

Ein Vergleich mit der vorhergehenden Gl. (1.41) ergibt also: Der Energiesatz der Form (1.40) gilt immer dann, wenn sich zu den gegebenen Kraftkomponenten $K_x,\ldots$ eine Funktion U finden läßt, so daß

$$\text{(1.42)}\qquad \frac{\partial U}{\partial x}=-K_x,\qquad \frac{\partial U}{\partial y}=-K_y,\qquad \frac{\partial U}{\partial z}=-K_z.$$

Hier begegnen wir einem ganz fundamentalen Unterschied gegenüber der eindimensionalen Bewegung. Während dort zu der beliebig gegebenen Kraft $K(x)$ stets eine potentielle Energie $U(x)=-\int\limits_{x_0}^{x}Kdx$ gehörte, ist davon bei der räumlichen Bewegung nicht mehr die Rede. Die Gl. (1.42) fordern vielmehr eine spezielle Relation zwischen den Kraftkomponenten, denn wegen der Vertauschbarkeit der Reihenfolge bei mehrfacher partieller Differentiation $\left(\frac{\partial^2 U}{\partial x\partial y}=\frac{\partial^2 U}{\partial y\partial x}\right)$ verlangen die Gleichungen (1.42)

$$\text{(1.43)}\qquad \frac{\partial K_y}{\partial x}-\frac{\partial K_x}{\partial y}=0;\qquad \frac{\partial K_z}{\partial y}-\frac{\partial K_y}{\partial z}=0;\qquad \frac{\partial K_x}{\partial z}-\frac{\partial K_z}{\partial x}=0.$$

Eine potentielle Energie kann also höchstens dann existieren, wenn die Kraftkomponenten die Relationen (1.43) befriedigen. Man nennt soche Kräfte „Potentialkräfte" oder auch „wirbelfreie" Kräfte. Wir werden in IV, B 2 zeigen, daß die Bedingungen (1.43) nicht nur notwendig, sondern auch hinreichend sind für die Existenz einer potentiellen Energie.

Bei Gültigkeit von (1.42) können wir auch die Arbeit angeben, welche man aufwenden muß, um einen Massenpunkt gegen die wirkende Kraft entlang eines endlichen Weges, etwa von A nach B in Fig. 16, zu verschieben. Auf dem Wegabschnitt ds mit den Komponenten dx, dy, dz hat man gegen diese Kraft die Arbeit

$$-K_x dx - K_y dy - K_z dz = dU$$

zu leisten, bei Summation über alle Wegelemente von A bis B also

$$-\int_A^B (K_x dx + K_y dy + K_z dz) = \int_A^B dU = U(B) - U(A) \tag{1.44}$$

(lies U an der Stelle B minus U an der Stelle A).

Wir sehen: *Bei einer Potentialkraft ist die Arbeit zur Verschiebung längs eines gegebenen Weges nur vom Anfangs- und Endpunkt des Weges abhängig, nicht aber von dessen Verlauf zwischen diesen beiden Punkten.* (In Fig. 16 würde man z. B. für den gestrichelten Weg die gleiche Arbeit aufzuwenden haben wie auf dem ausgezogenen.) Weiterhin ist die aufzuwendende Arbeit gleich dem Zuwachs der potentiellen Energie (Differenz der Werte von U im Endpunkt und Anfangspunkt). Durch Auffinden der potentiellen Energie haben wir zwar die Bewegungsgleichungen (1.36) noch nicht gelöst, wohl aber haben wir — als Schritt auf diesem Wege — bereits eine allgemeine Aussage über die Bewegung. Wenn nämlich Anfangsgeschwindigkeit v_0 und Anfangsort x_0, y_0, z_0 gegeben sind, so ist auch die Energie $\frac{1}{2} m v_0^2 + U(x_0, y_0, z_0)$ bekannt.

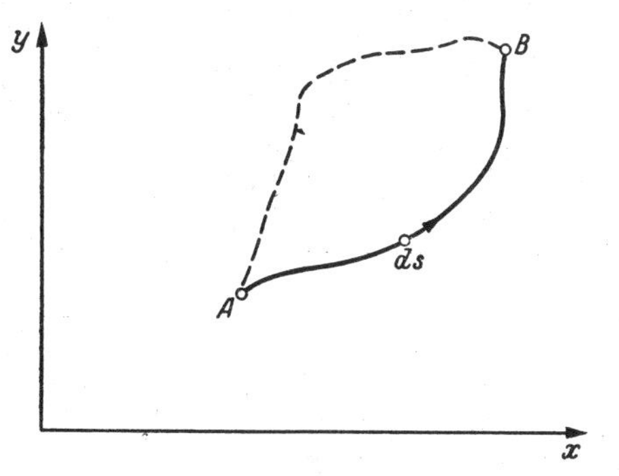

Fig. 16. Zwei verschiedene von A nach B führende Wege zur Berechnung der Arbeit.

Wenn nun der Massenpunkt im Laufe seiner Bewegung den Punkt x_1, y_1, z_1 erreicht, so können wir aus (1.40) entnehmen, daß er diesen Punkt mit einer durch

$$\frac{1}{2} m v_1^2 + U(x_1, y_1, z_1) = \frac{1}{2} m v_0^2 + U(x_0, y_0, z_0)$$

festgelegten Geschwindigkeit v_1 passiert. Dagegen gibt der Energiesatz noch keine Auskunft darüber, ob der Punkt x_1, y_1, z_1 wirklich erreicht wird. Auch über die Richtung von v_1 sagt er nichts aus.

Ein besonders wichtiger Fall der Potentialkraft ist die *Zentralkraft*. Das ist eine Kraft, welche von einem festen Zentrum S weg (oder auch nach ihm hin) gerichtet ist und deren Betrag nur vom Abstand r von diesem Zentrum abhängt. Ihr Betrag hat also auf einer Kugel mit dem anziehenden Zentrum als Mittelpunkt überall den gleichen, nur von r abhängigen Wert $K(r)$. Wir verabreden, daß wir $K(r)$ positiv zählen wollen, wenn es sich um eine abstoßende Kraft handelt. Wählen wir das Kraftzentrum zum Nullpunkt unseres Koordinatensystems, so fällt also die Richtung der Zentralkraft mit derjenigen des Ortsvektors (x, y, z) zusammen. Die Komponenten der Kraft lauten dann

$$K_x = K(r)\frac{x}{r}; \quad K_y = K(r)\frac{y}{r}; \quad K_z = K(r)\frac{z}{r}. \tag{1.45}$$

Kontrollieren Sie an Hand von (1.43), daß diese Kraft wirklich wirbelfrei ist. Dabei haben Sie natürlich $r = \sqrt{x^2 + y^2 + z^2}$ als Funktion von x, y, z aufzufassen! Beachten Sie die wichtigen Relationen $\partial r/\partial x = x/r$; $\partial r/\partial y = y/r$ usw.

Die zur Kraft gehörige potentielle Energie ist nun leicht anzugeben. Beschränkt man sich zunächst auf eine Bewegung in Richtung des Fahrstrahles von A (Abstand r_0 von S) nach B (Abstand r von S), dann fallen ja die Richtungen von Kraft und Weg zusammen, so daß wir für die gegen $K(r)$ aufzuwendende Arbeit erhalten

$$U(r) - U(r_0) = -\int_{r_0}^{r} K(r)\,dr. \tag{1.46}$$

Dabei steht uns die Wahl einer additiven Konstante zur potentiellen Energie noch frei. Wir können z. B. ihren Wert $U(r_0)$ an der Stelle r_0 noch willkürlich annehmen. Die für diesen speziellen Weg gewonnene Funktion $U(r)$ ist schon wirklich die zu (1.45) gehörige potentielle Energie! Aus (1.46) folgt nämlich

$$K(r) = -\frac{dU}{dr}.$$

Für unser, nur von r abhängiges U wird also nach der Kettenregel:

$$\frac{\partial U}{\partial x} = \frac{dU}{dr}\frac{\partial r}{\partial x} = \frac{dU}{dr}\frac{x}{r} = -K(r)\frac{x}{r},$$

also wirklich $\partial U/\partial x = -K_x$, $\partial U/\partial y = -K_y, \ldots$, wie es in (1.42) gefordert wurde.

Wir stellen gleich ein paar wichtige Spezialfälle von Zentralkräften zusammen:

Elastische Bindung	$K(r) = -b\,r$	$U(r) = \frac{1}{2} b\,r^2$
Massenanziehung zwischen 2 Himmelskörpern (Masse m_1, m_2)	$K(r) = -\gamma \frac{m_1 m_2}{r^2}$	$U(r) = -\gamma \frac{m_1 m_2}{r}$
Coulombsche Abstoßung zweier Ladungen e_1 und e_2	$K(r) = \frac{e_1 e_2}{r^2}$	$U(r) = \frac{e_1 e_2}{r}$

Prägen Sie sich den Verlauf dieser $U(r)$-Kurven gut ein, besonders auch das Vorzeichen: Die Richtung der Kraft ergibt sich stets daraus, daß der Massenpunkt „den Berg herunterrollen möchte".

3. Drehimpuls und Flächengeschwindigkeit.

Die unter der Wirkung einer Zentralkraft $K(r)$ erfolgende Bewegung wird dadurch einer einfachen Behandlung zugängig, daß neben dem Energiesatz $\frac{m}{2}v^2 + U = \text{const}$ noch drei weitere Erhaltungssätze gelten, nämlich diejenigen von der Erhaltung der Komponenten des Drehimpulses. Wenn wir nämlich von den Bewegungsgleichungen

$$m\frac{d^2x}{dt^2} = K(r)\frac{x}{r}; \quad m\frac{d^2y}{dt^2} = K(r)\frac{y}{r}; \quad m\frac{d^2z}{dt^2} = K(r)\frac{z}{r} \tag{1.47}$$

die zweite mit $-z$, die dritte mit y multiplizieren und die beiden so entstandenen Gleichungen addieren, so fällt die Kraft aus der resultierenden Gleichung

$$m\left(y\frac{d^2z}{dt^2} - z\frac{d^2y}{dt^2}\right) = 0$$

überhaupt heraus. Die Gleichung ist aber identisch mit

$$\frac{d}{dt} m \left(y \frac{dz}{dt} - z \frac{dy}{dt} \right) = 0 .$$

Also ändern die drei Größen

$$I_x = m \left(y \frac{dz}{dt} - z \frac{dy}{dt} \right); \quad I_y = m \left(z \frac{dx}{dt} - x \frac{dz}{dt} \right); \quad I_z = m \left(x \frac{dy}{dt} - y \frac{dx}{dt} \right) \tag{1.48}$$

im Laufe der Bewegung den Zahlenwert, welchen sie zu Anfang besaßen, nicht. Die drei Konstanten I_x, I_y, I_z nennt man die Komponenten des Drehimpulses um die drei Koordinatenachsen x, y, z.

Aus (1.48) folgt zunächst, daß die ganze Bewegung in einer Ebene verläuft, welche durch Anfangsort, Anfangsgeschwindigkeit und Kraftzentrum festgelegt ist. Man kann nämlich durch eine geeignete Drehung des Koordinatensystems immer erreichen, daß sowohl der Anfangsort wie auch die Richtung der Anfangsgeschwindigkeit in der x-y-Ebene liegen. Dann sind aber für $t = 0$ sowohl z wie $dz/dt = 0$, also auch die Konstanten I_x und I_y. Unter diesen Umständen ergeben aber die beiden ersten Gleichungen nach Multiplikation mit x bzw. y und Addition $zI_z = 0$. Also ist z dauernd gleich Null, wenn $I_z \neq 0$ ist[1]. Wir können daher, ohne an Allgemeinheit zu verlieren, die x-y-Ebene als Bahnebene wählen und uns auf die Diskussion der einen Gleichung

$$m \left(x \frac{dy}{dt} - y \frac{dx}{dt} \right) = I$$

beschränken. Die geometrische Bedeutung dieser Größe erkennt man am einfachsten beim Übergang zu Polarkoordinaten

$$\begin{aligned} x &= r \cos\alpha; \\ \frac{dx}{dt} &= \frac{dr}{dt} \cos\alpha - r \sin\alpha \frac{d\alpha}{dt}, \\ y &= r \sin\alpha; \\ \frac{dy}{dt} &= \frac{dr}{dt} \sin\alpha + r \cos\alpha \frac{d\alpha}{dt}. \end{aligned} \tag{1.48a}$$

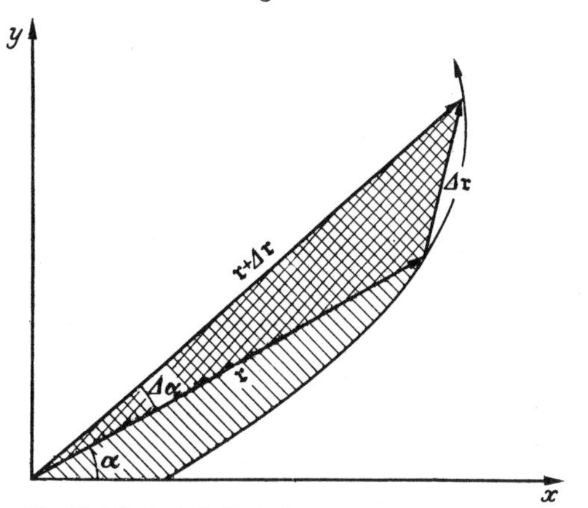

Fig. 17. Die Dreiecksfläche $\frac{1}{2} r^2 \Delta\alpha$ als Zuwachs der vom Fahrstrahl $\mathfrak{r}$ überstrichenen Fläche F.

Es ergibt sich einfach

$$m r^2 \frac{d\alpha}{dt} = I . \tag{1.48b}$$

Daraus liest man sogleich den Zusammenhang mit der *Flächengeschwindigkeit* ab. Es sei $F(t)$ die bis zur Zeit t, etwa ausgehend vom Passieren der x-Achse, vom Fahrstrahl überstrichene Fläche. Mit einer Vergrößerung von α um $\Delta\alpha$ ist ein Flächenzuwachs $\Delta F = \frac{1}{2} r^2 \Delta\alpha$ verknüpft. Das ist die Fläche des schmalen, in Fig. 17 doppelt schraffierten Dreiecks. Nach Division mit der dazu benötigten Zeit Δt wird also im $\lim \Delta t \to 0$

$$\frac{dF}{dt} = \frac{1}{2} r^2 \frac{d\alpha}{dt} = \frac{I}{2m} .$$

Bis auf den Zahlenfaktor $1/2m$ ist also unsere Konstante I identisch mit der Flächengeschwindigkeit. „Konstanz des Drehimpulses" und „Konstanz der

[1] Die Überlegung des Textes läßt sich etwas knapper auch so formulieren: Aus (1.48) folgt, daß stets das Skalarprodukt $x I_x + y I_y + z I_z = 0$ ist. Das bedeutet aber, daß der Ortsvektor die auf dem Drehimpuls senkrechte Ebene, in welcher er sich anfangs befand, nie verlassen kann.

Flächengeschwindigkeit" sind nur zwei verschiedene Bezeichnungen für den gleichen Tatbestand. „Der Fahrstrahl überstreicht in gleichen Zeiten gleiche Flächen." Dies ist das allgemeinste der drei Keplerschen Gesetze. Es gilt für jede Zentralkraft.

Durch die beiden Konstanten $E = \frac{m}{2} v^2 + U(r)$ und $I = m r^2 \frac{d\alpha}{dt}$ ist die Gestalt der Bahn festgelegt. Starten wir z. B. von einem bestimmten Punkt P mit einer bestimmten Geschwindigkeit, so erreichen wir nach der Zeit dt einen um $v\,dt$ davon entfernten Punkt P'. Aus der Konst nz von E ergibt s.ch nun der Betrag von v im neuen Punkt P'. Dann ist aber mit der Konstanz der Flächengeschwindigkeit nur eine ganz bestimmte Richtung von v im Punkt P' verträglich. So legen die Größen E und I Betrag und Richtung der Geschwindigkeit im neuen Punkt P' fest. So kann man grundsätzlich fortfahren und die ganze Bahn konstruieren.

Auch für die Rechnung haben wir mit den beiden Konstanten E und I den Schlüssel zum ganzen Problem in der Hand. Um das zu sehen, führen wir auch in E Polarkoordinaten r, α nach (1.48a) ein $\left(v^2 = \left(\frac{dx}{dt}\right)^2 + \left(\frac{dy}{dt}\right)^2 = \left(\frac{dr}{dt}\right)^2 + r^2 \left(\frac{d\alpha}{dt}\right)^2\right)$. Wir haben dann die Aufgabe, zwei Zeitfunktionen $r(t)$ und $\alpha(t)$ zu finden, welche die beiden Gleichungen

$$\frac{m}{2}\left[\left(\frac{dr}{dt}\right)^2 + r^2\left(\frac{d\alpha}{dt}\right)^2\right] + U(r) = E \quad \text{und} \quad m r^2 \frac{d\alpha}{dt} = I \tag{1.49}$$

mit den festen Werten E und I befriedigen. Hier können wir $d\alpha/dt = I/mr^2$ aus der zweiten in die erste Gleichung einsetzen, welche dadurch zu einer Gleichung für r und dr/dt allein wird. Die Variabeln sind separiert! Man erhält, wenn man nach dr/dt auflöst,

$$\frac{dr}{dt} = \sqrt{\frac{2E}{m} - \frac{2U(r)}{m} - \frac{I^2}{m^2 r^2}}\,. \tag{1.50a}$$

Schreiben wir dazu die zweite Gl. (1.49) in der Form

$$r^2 \frac{d\alpha}{dt} = \frac{I}{m},$$

so hat man nach Division in die vorhergehende Gleichung

$$\frac{1}{r^2}\frac{dr}{d\alpha} = \sqrt{\frac{2Em}{I^2} - \frac{2Um}{I^2} - \frac{1}{r^2}}\,. \tag{1.50b}$$

(1.50a) beschreibt den Abstand r als Funktion t, ohne Rücksicht auf den jeweiligen Wert von α; (1.50b) dagegen liefert r als Funktion von α, d. h. die Bahnkurve ohne Rücksicht auf die Zeit. Bereits ohne weitere Rechnung gewährt (1.50a) einen tiefen Einblick in den Charakter der durch die Konstanten E und I gegebenen Bewegung, und zwar allein durch Ausnutzung des Umstandes, daß der Radikand in (1.50a), also auch die Größe

$$E - U(r) - \frac{I^2}{2mr^2}, \tag{1.51}$$

niemals negativ werden darf. Sie stellt den auf die Radialkomponente entfallenden Teil der kinetischen Energie dar. Wir zeichnen den Verlauf von $U(r) + \frac{I^2}{2mr^2}$ als Funktion von r auf, wie es in Fig. 18 für die elastische Bindung ($U(r) = \frac{1}{2} b r^2$) und in Fig. 19 für die Newtonsche Anziehung $\left(U(r) = -\frac{A}{r}\right)$ geschehen ist. Die entstehende Kurve nennen wir kurz die C-Kurve. Sie bedeutet physikalisch die Summe von potentieller Energie und dem auf die Tangentialkomponente entfallenden Teil der kinetischen Energie.

In Fig 19 ergibt sich der Verlauf der C-Kurve qualitativ bereits aus der Bemerkung, daß in dem Ausdruck $-\frac{A}{r} + \frac{I^2}{2mr^2}$ für sehr große r allein der erste, für sehr kleine r dagegen allein der zweite Summand wesentlich ist. Dazwischen liegt bei $r_0 = \frac{I^2}{mA}$ ein Minimum vom Werte $E' = -\frac{A}{2r_0} = -\frac{A^2 m}{2I^2}$. Zeichnen wir nun eine Parallele zur Aszissenachse mit der Ordinate E (die E-Gerade), so kommen für die Bahn nur solche Werte von r in Betracht, für welche die E-Gerade oberhalb der C-Kurve liegt. Denn nur dort ist (1.51) positiv. Eine Umkehr der Bewegungsrichtung hinsichtlich r, d. h. ein Übergang von positiven zu negativen Werten von dr/dt, ist nur da möglich, wo $dr/dt = 0$ wird, also nach (1.50a) nur an einem Schnittpunkt der E-Geraden mit der C-Kurve. Im Fall der elastischen Bindung (Fig. 18) haben wir somit bei gegebenem Drehimpuls I je nach dem Zahlenwert von E folgende Situation: Der kleinste mögliche Wert E'

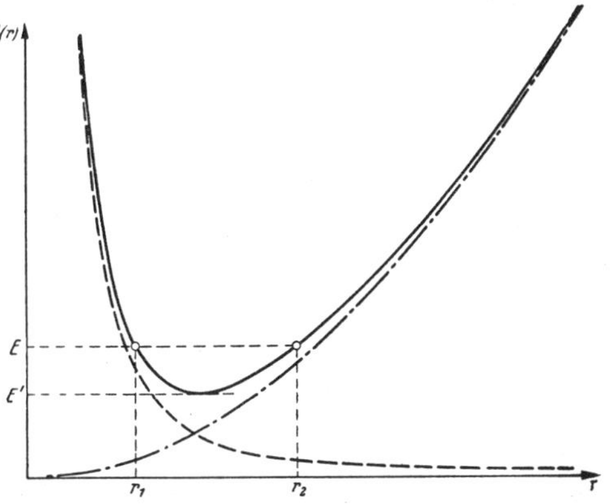

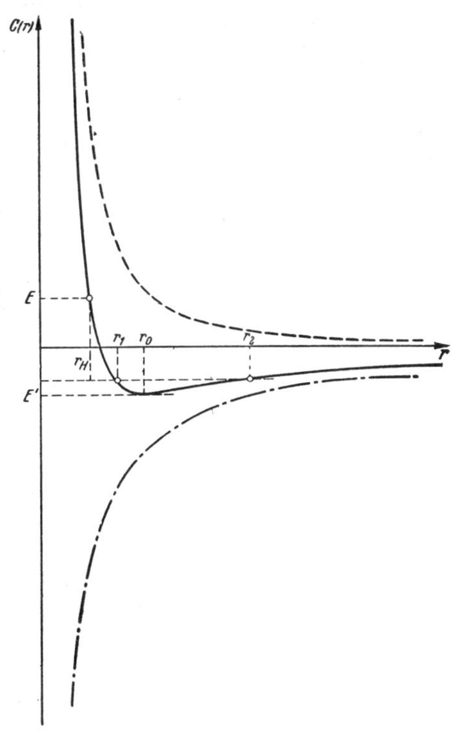

Fig. 18. Elastische Bindung.
– – – – – $I^2/2mr^2$. —·—·—·— $U(r) = {}^1/_2 b r^2$.

Fig. 19. Newtonsche Anziehung.
– – – – – $I^2/2mr^2$. —·—·—·— $U(r) = -A/r$.

Verlauf von $C(r) = \frac{I^2}{2mr^2} + U(r)$ bei der elastischen Bindung (Fig. 18) und der Newtonschen Anziehung (Fig. 19). Bei gegebener Energie E geben die Punkte $C(r) = E$ die Umkehrpunkte r_1 und r_2 der Bahn.

ist derjenige, bei welchem die C-Kurve von der E'-Geraden berührt wird. Es existiert nur dieser eine mögliche r-Wert, die Bahnkurve ist notwendig ein Kreis mit diesem r als Radius. Für jeden größeren Wert von E haben wir zwei Schnittpunkte. Ihnen entsprechen zwei Radien r_1 und r_2, zwischen denen r hin und her oszilliert. Auch im Fall der Newtonschen (oder Coulombschen) Anziehung $U(r) = -\frac{A}{r}$ (Fig. 19) gibt es einen kleinsten Wert $E = E'$, für welchen allein eine Kreisbahn (Radius r_0) möglich ist. Für größere Werte haben wir — solange E noch negativ ist — wieder zwei Schnittpunkte mit der C-Kurve, entsprechend den größten und kleinsten Werten von r (Apheldistanz r_2 und Periheldistanz r_1). Das ist der Fall bei einer Planetenbahn. Sowie aber E positiv wird, haben wir nur noch einen Schnittpunkt mit der C-Kurve. Der Massenpunkt wird sicher als Komet ins Unendliche entweichen; und zwar wird er je nachdem, ob für $t = 0$ dr/dt positiv oder negativ ist, sogleich mit dieser Flucht vom Zentralkörper beginnen oder sich ihm erst bis auf den kürzesten Abstand nähern, bevor er sich für immer entfernt.

Die Zeit, welche zur Ausführung der so beschriebenen Bewegung benötigt wird, sowie der Winkel, welcher dabei vom Fahrstrahl überstrichen wird, lassen sich nach (1.50a) und (1.50b) in Form von Integralen direkt hinschreiben.

4. Die Planetenbahn.

Wir wollen die erforderliche Rechnung für den Fall des Newtonschen Kraftgesetzes

$$K(r) = -\frac{A}{r^2}, \quad U(r) = -\frac{A}{r}$$

wirklich durchführen. Die Form der Gl. (1.50b) legt es nahe, an Stelle von r das Reziproke $1/r = \sigma$ als gesuchte Funktion von α einzufügen, dann lautet (1.50b):

$$-\frac{d\sigma}{d\alpha} = \sqrt{\frac{2Em}{I^2} + \frac{2Am}{I^2}\sigma - \sigma^2}. \tag{1.52}$$

Zur Diskussion führen wir zwei Konstante ein:

$$p = \frac{I^2}{Am} \qquad \varepsilon = \sqrt{1 + \frac{2EI^2}{A^2 m}}. \tag{1.52a}$$

Man nennt p den Halbparameter, ε die numerische Exzentrität der Bahnkurve. Dann lautet (1.52)

$$\left(\frac{d\sigma}{d\alpha}\right)^2 = -\sigma^2 + \frac{2\sigma}{p} + \frac{\varepsilon^2 - 1}{p^2} = -\left(\sigma - \frac{1}{p}\right)^2 + \frac{\varepsilon^2}{p^2}.$$

Man schreibe das in der Form

$$\left(\frac{d\sigma}{d\alpha}\right)^2 + \left(\sigma - \frac{1}{p}\right)^2 = \frac{\varepsilon^2}{p^2},$$

führe $\sigma - \frac{1}{p}$ als gesuchte Funktion ein und denke daran, daß $\sin^2 x + \cos^2 x = 1$ ist. Dann sieht man unmittelbar, daß $\sigma - \frac{1}{p} = \frac{\varepsilon}{p}\cos(\alpha - \vartheta)$ sein muß. Dabei ist ϑ die Integrationskonstante. Über diese verfügen wir so, daß σ für $\alpha = 0$ seinen größten Wert hat ($\vartheta = 0$). Damit haben wir wegen $\sigma = 1/r$ die Bahnkurve in der Form

$$r(\alpha) = \frac{p}{1 + \varepsilon\cos\alpha}. \tag{1.53}$$

Zunächst verschaffen wir uns eine Übersicht über die verschiedenen in (1.53) enthaltenen Typen von Bahnkurven, die sich dadurch unterscheiden, daß ε kleiner oder größer als 1 ist und daß p positiv oder negativ ist. Das Vorzeichen von p ist durch dasjenige von A bestimmt. A ist positiv bei der eigentlichen Newtonschen Anziehung sowie im elektrischen Fall (Kern und Elektron) bei zwei Ladungen entgegengesetzten Vorzeichens. Dagegen wird p negativ bei zwei gleichnamigen Ladungen (Abstoßung). Damit haben wir folgende drei Möglichkeiten:

I)	$p > 0$	Anziehung	II)	$p > 0$	Anziehung	III)	$p < 0$	Abstoßung
	$\varepsilon < 1$	E negativ		$\varepsilon > 1$	E positiv		$\varepsilon > 1$	E positiv

Diesen drei Fällen entsprechen die drei in den Figuren 21, 22 und 23 dargestellten Bahntypen.

Im Fall I haben wir nach (1.53) für jeden Wert von α positive r-Werte. Die Bahn hat für $\alpha = 0$ ihr Perihel mit $r_{\min} = \frac{p}{1+\varepsilon}$ und für $\alpha = \pi$ ihr Aphel mit $r_{\max} = \frac{p}{1-\varepsilon}$. Der große Durchmesser $2a$ der Bahn ist also

$$2a = r_{\min} + r_{\max} = 2\frac{p}{1-\varepsilon^2} = \frac{A}{(-E)}.$$

Im Fall II (Anziehung und E positiv) hat die Bahn wieder ein Perihel bei $\alpha = 0$, also $r_{\min} = \frac{p}{1+\varepsilon}$. Mit wachsendem α wächst aber r über alle Grenzen. Bei dem durch $\cos\alpha_0 = -\frac{1}{\varepsilon}$ gegebenen (stumpfen) Winkel α_0 wird $r = \infty$. Für noch größere α gibt es keine positiven r-Werte mehr.

Im Fall III (Abstoßung) wird r für den gleichen Wert α_0 $\left(\cos\alpha_0 = -\frac{1}{\varepsilon}\right)$ unendlich groß. Positive Werte von r gibt es aber erst für $\alpha > \alpha_0$. Das Perihel liegt jetzt bei $\alpha = \pi$, also bei $r = r_{\min} = \frac{p}{1-\varepsilon} = \frac{(-p)}{\varepsilon - 1}$.

Erst nachdem wir uns qualitativ über den Inhalt der Gl. (1.53) orientiert haben, wollen wir diese auf die übliche Form der Kegelschnittgleichung bringen. Wir schreiben sie dazu in der Form

$$r = p - \varepsilon r \cos\alpha$$

und führen als Nullpunkt unseres Koordinatensystems einen Punkt C ein, welcher in einem vorerst unbestimmten Abstand c links von S liegt. Dann ist nach Fig. 20

$$r\cos\alpha = x - c \quad \text{und} \quad r = \sqrt{(x-c)^2 + y^2}.$$

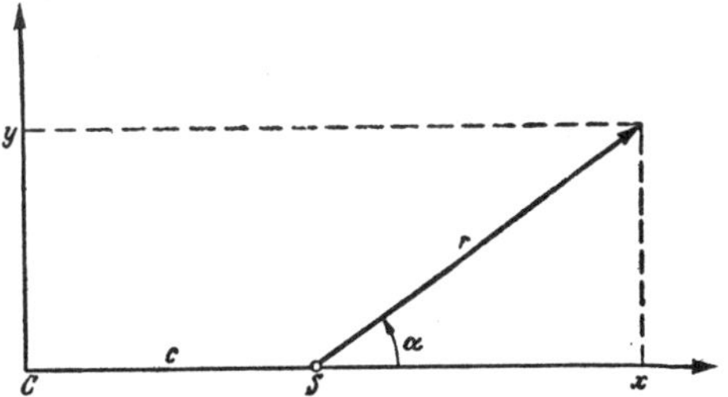

Fig. 20. Übergang von Polarkoordinaten r, α zu kartesischen Koordinaten um das neue Zentrum C.

Wenn wir das einsetzen und quadrieren, so haben wir

$$x^2 - 2xc + c^2 + y^2 = p^2 - 2p\varepsilon(x-c) + \varepsilon^2(x^2 - 2xc + c^2).$$

Jetzt wählen wir c so, daß die in x linearen Glieder sich herausheben, d. h. daß $c = p\varepsilon + \varepsilon^2 c$ ist. Setzt man somit

$$c = \frac{p\varepsilon}{1-\varepsilon^2} \quad \text{und} \quad a = \frac{p}{1-\varepsilon^2}, \tag{1.54}$$

so erhalten wir als Bahnkurve

$$\frac{x^2}{a^2} + \frac{y^2}{a^2 - c^2} = 1, \tag{1.54a}$$

also eine Ellipse oder Hyperbel, je nachdem ob c^2 kleiner oder größer als a^2 ist. Im letzteren Falle ist aber zu beachten, daß zwischen den Kurven (1.53) und (1.54a) doch ein wesentlicher Unterschied besteht, insofern, als der Einfluß des Vorzeichens von p in (1.54a) verlorengegangen ist. (1.54) enthält nämlich beide Äste einer Hyperbel, während wir oben bereits sahen, daß die Bahnkurve nur einen der beiden Äste durchläuft. Die in (1.54) eingeführte Strecke c ist tatsächlich nur in den Fällen I und III positiv, dagegen negativ im Fall II. Daraus ergibt sich die Lage des Kegelschnittzentrums C, wie sie aus den Figuren zu ersehen ist: in Fig. 21 und 23 links von S, in Fig. 22 rechts von S. Nach dieser Übersicht wollen wir die einzelnen Fälle noch etwas näher betrachten:

I) Ellipsenbahn. Sie tritt nur auf bei anziehendem Potential $U(r) = -\frac{A}{r}$, mit positivem A und negativer Gesamtenergie $E = -\frac{A}{r} + \frac{m}{2} v^2$. Durch die beiden Integrationskonstanten Energie E und Drehimpuls I sind die geometrischen Daten der Bahn festgelegt:

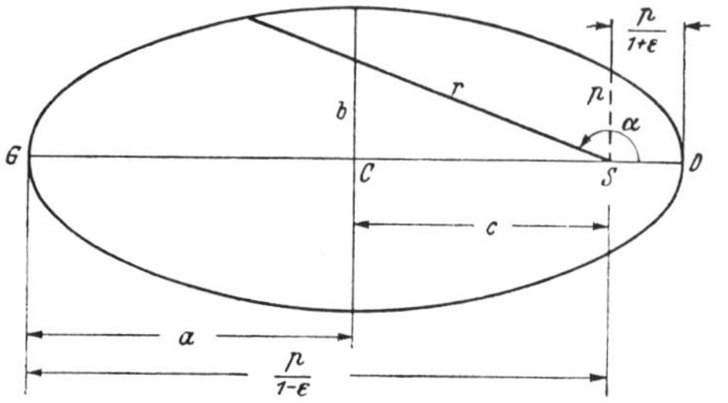

Große Halbachse

$$a = \frac{1}{2} \frac{A}{(-E)}, \tag{1.55}$$

Halbparameter

$$p = \frac{I^2}{A m},$$

kleine Halbachse

$$b = \sqrt{a p} = \frac{I}{\sqrt{2 m (-E)}}.$$

Fig. 21. Fall I. Anziehende Kraft und negative Energie. Bahnellipse mit dem anziehenden Zentrum S als Brennpunkt.

Es ist sehr auffallend, daß a nur von der Energie und p nur vom Drehimpuls abhängt.

Die *Umlaufsdauer* T der Ellipse folgt sogleich aus dem Flächensatz. $I/2m$ ist ja die konstante Flächengeschwindigkeit. Andererseits ist $\pi a b = \pi a \sqrt{a p}$ die Fläche der Ellipse, also wird $\frac{I}{2m} T = \pi a^{3/2} \sqrt{p}$. Nach dem Quadrieren hebt sich wegen $p = \frac{I^2}{A m}$ der Faktor I^2 heraus. Es bleibt

$$\frac{a^3}{T^2} = \frac{A}{m (2\pi)^2}. \tag{1.56}$$

Das ist das dritte Keplersche Gesetz, welches besagt, daß für alle Planetenbahnen der Quotient aus dem Kubus der großen Hauptachsen und dem Quadrat der Umlaufszeiten gleich ist.

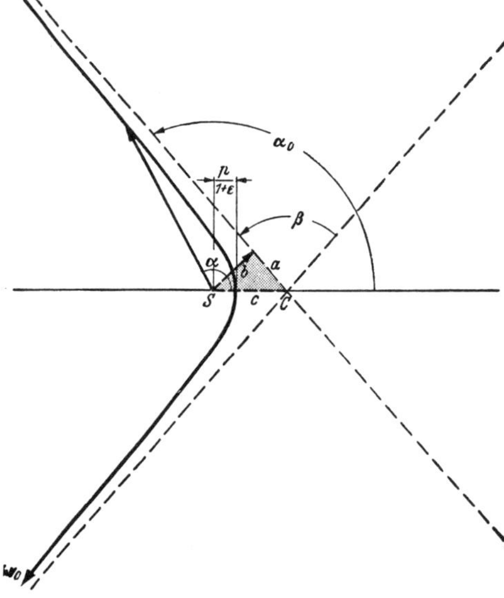

Fig. 22. Fall II. Anziehende Kraft und positive Energie. Hyperbelbahn.

Überzeugen Sie sich selbst, daß dieses Gesetz für den Fall der Kreisbahn unmittelbar aus dem Gleichgewicht zwischen Anziehung und Zentrifugalkraft folgt!

II) Hyperbelbahn bei anziehender Kraft (Kometenbahn). r wird unendlich groß für den durch $\cos \alpha_0 = -\frac{1}{\varepsilon}$ gegebenen (stumpfen) Winkel. Für größere Werte von α existiert kein Wert von r mehr. Die in der Fig. 22 angegebenen Strecken genügen den Relationen

$$p = a(\varepsilon^2 - 1) = \frac{I^2}{a m}, \qquad b = a \sqrt{\varepsilon^2 - 1} = \frac{I}{\sqrt{2 m E}}. \tag{1.57}$$

Bei der Hyperbel ist b der senkrechte Abstand der Asymptoten vom Brennpunkt. Das ist zugleich derjenige Abstand, in welchem ein aus dem Unendlichen mit der Geschwindigkeit v_0 kommender Komet bei geradliniger Fortsetzung seiner Bahn an der Sonne vorbeifliegen würde. Man nennt ihn auch den Stoßparameter. Daraus ergibt sich eine einfache Kontrolle des Ausdrucks (1.57) für b, denn in diesem Fall ist $E = \frac{m}{2} v_0^2$, also nach (1.57) $I = m v_0 b$. Das ist aber wirklich der Drehimpuls des unendlich fernen Kometen in bezug auf die Sonne. Für die Anwendung ist noch die Verknüpfung zwischen dieser Strecke b und dem Asymptotenwinkel α_0 von Bedeutung. Man findet

$$(1.58) \qquad -\operatorname{tg}\alpha_0 = b\frac{2E}{A}.$$

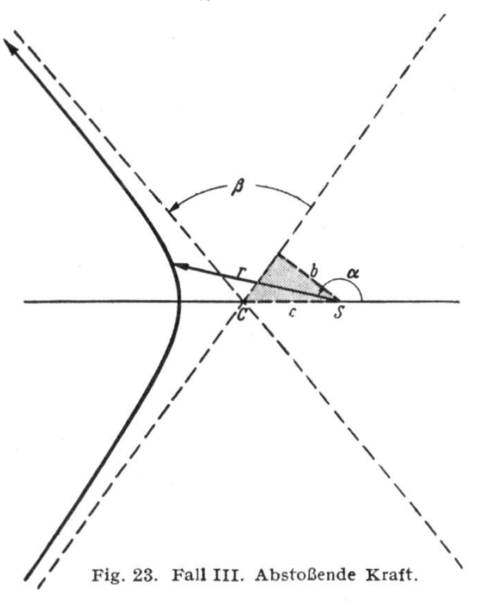

Fig. 23. Fall III. Abstoßende Kraft.

Daraus folgt für den *Winkel* β, *um welchen der Komet beim Vorübergang an der Sonne aus seiner ursprünglichen Bahn abgelenkt wird* (es ist doch $2\alpha_0 = \beta + \pi$, also $\operatorname{tg}\alpha_0 = -\operatorname{ctg}\frac{\beta}{2}$!),

$$(1.58\text{a}) \qquad \operatorname{ctg}\frac{\beta}{2} = b\frac{2E}{A}.$$

III) Hyperbelbahn bei abstoßender Kraft. Jetzt wird A und damit auch p negativ. $r(\alpha)$ wird nur für $\alpha > \alpha_0$ positiv. Das abstoßende Zentrum steht jetzt im Brennpunkt des anderen (nicht durchlaufenen) Hyperbelastes. Der Zusammenhang (1.58a) zwischen Stoßparameter b und Ablenkungswinkel β bleibt unverändert. Er wird besonders einfach durch Einführung des kürzesten Abstandes r_0, auf den der Massenpunkt an das abstoßende Zentrum bei *zentralem* Stoß herankommen würde. Er ist nach dem Energiesatz gegeben durch

$$\frac{A}{r_0} = E,$$

also gilt für die Ablenkung β aus der ursprünglichen Bahn:

$$(1.59) \qquad \operatorname{ctg}\frac{\beta}{2} = 2\frac{b}{r_0}.$$

5. Rutherfords Streuformel und Bohrs Quantenbedingung.

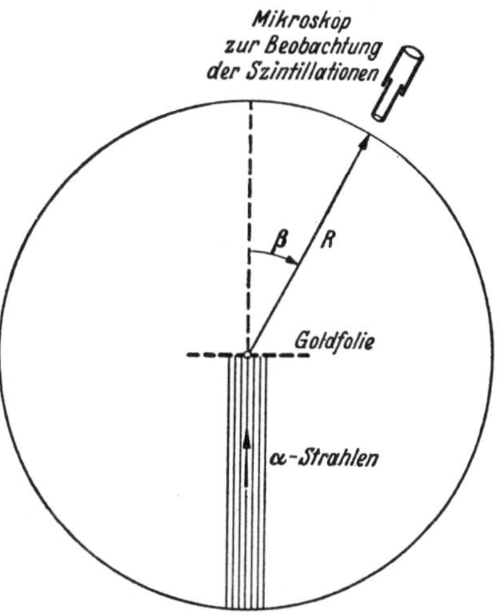

Fig. 24. Streuung von α-Teilchen an einer Goldfolie. Schema der Versuchsanordnung.

Eine häufig benutzte Anwendung der Ablenkungsformel (1.59) ist die *Rutherfordsche Streuformel*: Auf eine dünne Goldfolie (Fig. 24) mit ν Goldatomen pro cm² treffen (in der Figur von unten her) α-Teilchen auf, und zwar Q Teilchen pro sec. Diese werden an der Folie gestreut. Zur Auszählung der um den Winkel β gestreuten Teilchen werden im Abstand R von der Folie die dort auf einem Fluoreszenzschirm der Fläche df ausgelösten Szintillationen mittels eine Mikroskops gezählt. Wir fragen nach *der Zahl* $s(\beta)\,df$ derjenigen Teilchen, welche sekundlich auf die kleine Fläche df auftreffen. Dazu berechnen wir zunächst die Anzahl $Z(b)\,db$ derjenigen unter den Q Teilchen, welche mit einem zwischen b und $b + db$

liegenden Abstand an einem Goldkern vorbeifliegen würden. Denken wir uns jedes Goldatom mit einem Ring vom Radius b und von der Fläche $2\pi b db$ umgeben, so sehen wir, daß von den auf ein cm² einfallenden Teilchen im Durchschnitt der Bruchteil $\nu 2\pi b db$ auf einen solchen Ring treffen wird. Also ist

$$Z(b)\,db = Q\nu 2\pi b db.$$

(Dabei haben wir b als so klein angenommen, daß die zu verschiedenen Goldkernen gehörigen Ringe sich nicht gegenseitig überdecken.) Diese Teilchen werden um einen zwischen β und $\beta + d\beta$ liegenden Winkel abgelenkt, wobei nach (1.59) $d\beta$ durch

$$\frac{1}{\sin^2\frac{\beta}{2}}\,d\beta = \frac{4}{r_0}\,db$$

mit $d\beta$ verknüpft ist. Für die Zahl der im ganzen in den Bereich $d\beta$ gestreuten Teilchen haben wir also $S(\beta)\,d\beta = Z(b)\,db$ oder

$$S(\beta)\,d\beta = Q\nu\, 2\pi\, b\, db$$

$$= Q\nu\, 2\pi \frac{r_0}{2} \operatorname{ctg}\frac{\beta}{2} \cdot \frac{r_0}{4}\, \frac{1}{\sin^2\frac{\beta}{2}}\, d\beta.$$

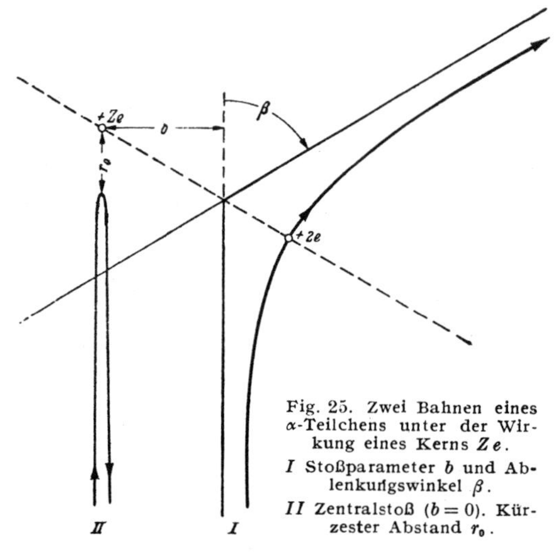

Fig. 25. Zwei Bahnen eines α-Teilchens unter der Wirkung eines Kerns Ze.
I Stoßparameter b und Ablenkungswinkel β.
II Zentralstoß ($b = 0$). Kürzester Abstand r_0.

Diese Teilchen treffen auf der Kugel vom Radius R auf eine Ringfläche zwischen den beiden zu β und $\beta + d\beta$ gehörigen Breitenkreisen von der Fläche $dF = 2\pi R^2 \sin\beta\, d\beta$. Die Flächendichte $s(\beta)$ der Szintillationen ist aber der Quotient $\frac{S(\beta)\,d\beta}{dF}$. Wegen $\sin\beta = 2\sin\frac{\beta}{2}\cos\frac{\beta}{2}$ wird daher

$$s(\beta) = \frac{Q\nu}{R^2}\,\frac{r_0^2}{16\sin^4\frac{\beta}{2}}. \tag{1.60}$$

Darin bedeutet r_0 den kürzesten Abstand, auf den bei zentralem Stoß das α-Teilchen der Ladung ($2e$) an den Goldkern (der Ladung Ze) herankommen kann, nach dem Energiesatz also

$$\frac{2Ze}{r_0} = \frac{m}{2} v_0^2 \quad \text{oder} \quad r_0 = \frac{4Ze^2}{m v_0^2}. \tag{160a}$$

Für den Fall der von RaC emittierten α-Teilchen ($v_0 = 2 \cdot 10^9$ cm/sec), $e = 4{,}77 \cdot 10^{-10}$, $m = \frac{4}{6 \cdot 10^{23}}$ und für Gold ($Z = 79$) findet man z. B.

$$r_0 = 2{,}8 \cdot 10^{-12}\,\text{cm}. \tag{1.60b}$$

(1.60) ist die bekannte Rutherfordsche Streuformel. Ihre weitgehende Bestätigung durch das Experiment bedeutet einen Wendepunkt in der Geschichte der Physik, indem damit bewiesen wurde, daß die positive Ladung Ze auf einen Raum zusammengeballt ist, dessen Linearabmessungen nicht wesentlich größer als r_0 sein kann. Denn in unserer Rechnung steckt doch die Voraussetzung, daß der Kern noch bei dem kürzesten Abstand, auf den ein α-Teilchen an ihn herankommen kann, als Punktladung wirkt.

Die Bedeutung dieses Ergebnisses liegt darin, daß die Ausdehnung des Atoms in der Größenordnung bei 10^{-8} cm liegt, also 10000mal größer ist als der Radius r_0. Danach kann der Bau des Atoms nur so gedeutet werden, daß die Elektronen sich auf Bahnen von etwa 10^{-8} cm Radius um den nahezu punktförmigen Kern bewegen. Die Versuche über die Streuung von α-Teilchen gaben im Jahre 1912 die unmittelbare Veranlassung zur Aufstellung des Bohrschen Atommodells, dessen einfachsten Fall das Wasserstoffatom (Kern $+e$ mit einem Elektron $-e$) darstellt. In ihm muß sich also das Elektron in einer Kepler-Ellipse von der oben betrachteten Art um den Kern bewegen. Dieser Triumph der klassischen Mechanik ist jedoch eng mit ihrem Ende verflochten. Denn die Tatsache der Stabilität des Atoms sowie die Eigenschaften des von ihm emittierten Linienspektrums fordern zusätzliche, der Mechanik bis dahin völlig fremde Annahmen, nämlich diejenige, daß in der Natur nur bestimmte, durch diskrete Werte von Energie E und Drehimpuls I gekennzeichnete Bahnen vorkommen, und daß zwischen diesen ein Übergang nur in sprunghafter, klassisch nicht mehr beschreibbarer Weise möglich ist, wobei die Energiedifferenz zwischen Anfangszustand (E_a) und Endzustand (E_e) durch ein Strahlungsquant gedeckt wird, gemäß der Bohrschen Frequenzbedingung

$$h\nu = E_a - E_e. \tag{1.61}$$

Das Quant $h\nu$ wird dabei emittiert oder absorbiert, je nachdem, ob die Anfangsenergie größer oder kleiner als die Endenergie ist. Die Bohrsche Vorschrift zur Auswahl der „erlaubten" Bahnen sei hier — ohne nähere Begründung — noch in der Form, welche durch Sommerfeld gegeben wurde, kurz angeführt. Sie lautet im Fall der Zentralbewegung: Man bilde zunächst aus der kinetischen Energie $m/2\,[(dr/dt^2 + r^2(d\alpha/dt)^2]$ die Impulse p_r und p_α. Diese sind definiert als die partiellen Ableitungen der kinetischen Energie nach den entsprechenden Geschwindigkeiten, also $p_r = m\frac{dr}{dt}$; $p_\alpha = mr^2\frac{d\alpha}{dt}$. Wenn es nun bei gegebenen Werten der Konstanten der Bewegung (in unserem Fall der Energie E und des Drehimpulses I) gelingt, jeden Impuls als Funktion der zugehörigen Koordinate allein darzustellen, so bilde man die Integrale über einen vollständigen Umlauf, also $\oint p_r dr$ und $\oint p_\alpha d\alpha$. Die erlaubten Werte von E und I sind dann dadurch ausgezeichnet, daß diese Integrale gleich einem ganzzahligen Vielfachen der Planckschen Konstante h sein müssen, also

$$\oint p_r dr = n'h, \quad \oint p_\alpha d\alpha = lh. \qquad (n' \text{ und } l \text{ ganz}) \tag{1.62}$$

In unserem Fall ist p_α mit dem Drehimpuls I identisch, also von α überhaupt nicht abhängig. Da α bei einem Umlauf von 0 bis 2π läuft, so ergibt die zweite Gleichung für die erlaubten Werte I_l des Drehimpulses sogleich

$$I_l = l\frac{h}{2\pi}.$$

Wegen seiner großen Bedeutung für die Atomphysik sei auch das erste der beiden Integrale (1.62) hier explizit angegeben. Nach (1.50a) ist mit $A = Ze^2$ (Kernladung Ze, Elektronenladung $-e$) zu berechnen

$$n'h = \oint dr\sqrt{2mE + 2m\frac{A}{r} - \frac{I^2}{r^2}}.$$

Das Integral läuft dabei zwischen den beiden Nullstellen r_1 und r_2 des Radikanden (vgl. Fig. 19b) einmal hin und zurück. Dabei ist E negativ (Ellipsenbahn!).

Setzen wir $-E = E'$, so haben wir mit den Abkürzungen

$$\gamma = \frac{1}{2}\frac{Ze^2}{E'} \quad \text{und} \quad \beta = \frac{I}{\sqrt{2mE'}}$$

zu berechnen

$$n'h = 2\sqrt{2mE'}\int_{r_1}^{r_2}\frac{dr}{r}\sqrt{-r^2+2\gamma r-\beta^2}.$$

Nach Erweiterung mit der Wurzel läßt sich das Integral in drei Summanden zerlegen:

$$\int_{r_2}^{r_1}\frac{dr}{r}\frac{-r^2+\gamma r+\gamma r-\beta^2}{\sqrt{-r^2+2\gamma r-\beta^2}}$$

$$= \int_{r_1}^{r_2} dr\frac{\gamma - r}{\sqrt{-r^2+2\gamma r-\beta^2}} + \gamma\int_{r_1}^{r_2}\frac{dr}{\sqrt{-r^2+2\gamma r-\beta^2}} - \beta^2\int_{r_1}^{r_2}\frac{dr}{r\sqrt{-r^2+2\gamma r-\beta^2}}.$$

Von diesen gibt das erste $\sqrt{-r^2+2\gamma r-\beta^2}\,\Big|_{r_1}^{r_2} = 0$, das zweite ist direkt elementar auszuwerten und gibt $\gamma\pi$, das dritte nach der Substitution $1/r = \sigma$ ebenfalls und liefert $\beta\pi$. Damit haben wir aber

$$\frac{n'h}{2\pi} = \frac{\sqrt{m}\,Ze^2}{\sqrt{2E}} - I.$$

Setzt man für I den vorher berechneten Wert $l\dfrac{h}{2\pi}$ ein, so erhalten wir (E' war ja gleich $-E$) mit $n' + l = n$:

$$E_n = -\frac{2\pi^2 m Z^2 e^4}{h^2}\frac{1}{n^2} \qquad n = 1, 2, 3, \ldots \tag{1.63}$$

für die erlaubten Energiewerte.

Die erschöpfende Beschreibung des Wasserstoffspektrums wie auch — nach geringen Modifikationen — des Röntgenspektrums der schweren Elemente durch geeignete Kombination von (1.61) und (1.63) bedeutet für die Atomphysik den Beginn einer neuen Epoche unerhörter Fruchtbarkeit. Dieser Erfolg täuschte vielfach darüber hinweg, daß die Einschränkung der klassischen Mechanik durch solche Zusatzforderungen der Art (1.62) (man hat sie gelegentlich Polizeivorschriften genannt) äußerst unbefriedigend ist. Hier brachte erst (vom Jahre 1925 ab) die Quantenmechanik den entscheidenden Fortschritt durch ihren Verzicht auf eine detaillierte Beschreibung der Elektronenbahn im Sinne der makroskopischen „Anschaulichkeit".

6. Zusammenfassung in Vektorform.

In den bisherigen Darstellungen wurde die Vektorrechnung absichtlich vermieden, weil sie dem Anfänger oft mehr schadet als nützt. Sie ist nichts als eine Art Stenographie, mit deren Hilfe man viele physikalische Gleichungen besonders kurz und prägnant hinschreiben kann. Wie die Stenographie bietet sie bei nicht vollständiger Beherrschung die Gefahr von Mißverständnissen. Man lasse sich durch die Eleganz nicht zu sehr imponieren, sondern stelle sich bei einem Wettstreit zwischen Klarheit und Eleganz stets auf die Seite der Klarheit. In den folgenden Abschnitten werden häufig die Abkürzungen der Vektorrechnung benutzt. Sie finden dazu eine kurz gehaltene Einführung im letzten Kapitel.

Wir wollen jetzt die bisherigen Resultate noch einmal in Vektorschreibweise zusammenstellen. Mit den Bezeichnungen

Ortsvektor $\mathfrak{r}$,
Geschwindigkeit $\mathfrak{v} = \dot{\mathfrak{r}}$,
Kraft $\mathfrak{K}$

lautet die Newtonsche Bewegungsgleichung für einen Massenpunkt im Raum

$$m\dot{\mathfrak{v}} = \mathfrak{K}. \tag{1.64}$$

Im Fall des Schwerefeldes ist $\mathfrak{K} = m\mathfrak{g}$ ein konstanter Vektor, das allgemeine Integral von $\dot{\mathfrak{v}} = \mathfrak{g}$ lautet

$$\mathfrak{r}(t) = \mathfrak{r}_0 + \mathfrak{v}_0 t + \tfrac{1}{2}\mathfrak{g}t^2 \tag{1.65}$$

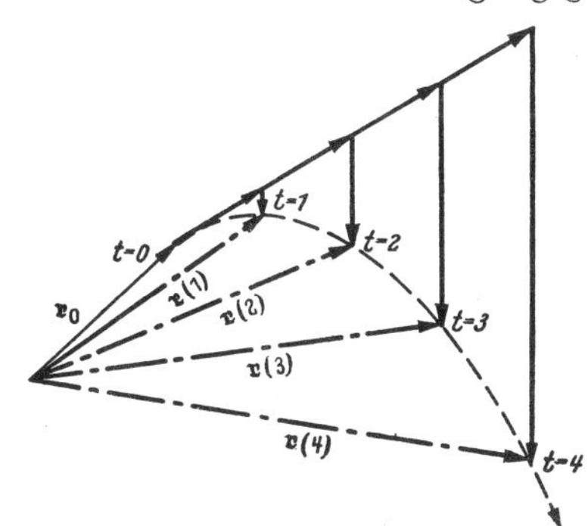

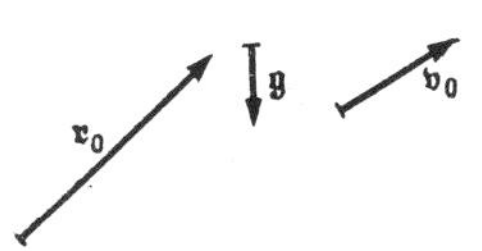

Fig. 26. Beschreibung der Wurfparabel durch Addition von 3 Vektoren: $\mathfrak{r}_0 + \mathfrak{v}_0 t + {}^1/_2\mathfrak{g}t^2$.

mit zwei willkürlich wählbaren Vektoren $\mathfrak{r}_0$ und $\mathfrak{v}_0$. Hier erscheint $\mathfrak{r}(t)$ als Vektorsumme, welche sich unmittelbar für $t = 1, 2, 3, \ldots$ hinzeichnen läßt (Fig. 26).

Skalare Multiplikation von (1.64) mit $\mathfrak{v}$ gibt

$$\frac{d}{dt}\left(\frac{m}{2}v^2\right) = (\mathfrak{K}, \mathfrak{v}), \tag{1.66}$$

also den Zuwachs der kinetischen Energie als Leistung der Kraft.

Vektorielle Multiplikation mit $\mathfrak{r}$ ergibt

$$\frac{d}{dt}m[\mathfrak{r}, \dot{\mathfrak{r}}] = [\mathfrak{r}, \mathfrak{K}], \tag{1.67}$$

also den Zuwachs des Drehimpulses gleich dem Drehmoment von $\mathfrak{K}$. Wenn $\mathfrak{K}$ als Funktion des Ortes gegeben und überdies wirbelfrei ist ($\mathfrak{K} = -\operatorname{grad} U$), so ist $dU/dt = (\operatorname{grad} U, \dot{\mathfrak{r}}) = -(\mathfrak{K}, \mathfrak{v})$, also nach (1.66)

$$\frac{d}{dt}\left(\frac{m}{2}v^2 + U(x, y, z)\right) = 0. \tag{1.68}$$

Wenn $\mathfrak{K}$ eine Zentralkraft ist, d. h. die Richtung von $\mathfrak{r}$ hat, so ist $[\mathfrak{r}, \mathfrak{K}] = 0$, also

$$\frac{d}{dt}m[\mathfrak{r}, \dot{\mathfrak{r}}] = 0. \tag{1.69}$$

Als eine spezielle Anwendung der Vektorrechnung betrachten wir nochmals die Kepler-Ellipse. Wenn wir den Einheitsvektor $\mathfrak{r}_0 = \mathfrak{r}/r$ in Richtung des Fahrstrahles einführen, so wird

$$\dot{\mathfrak{r}} = \dot{\mathfrak{r}}_0 r + \mathfrak{r}_0 \dot{r}. \tag{1.70}$$

Aus der Bewegungsgleichung

$$m\ddot{\mathfrak{r}} = -\frac{A}{r^2}\mathfrak{r}_0 \tag{1.71}$$

folgt durch Vektormultiplikation mit $\mathfrak{r}$, daß der Drehimpuls $\mathfrak{J} = m[\mathfrak{r}, \dot{\mathfrak{r}}] = mr^2[\mathfrak{r}_0, \dot{\mathfrak{r}}_0]$ zeitlich konstant ist. Wir bilden jetzt — und das ist der spezielle Trick! —

$$\frac{d}{dt}[\dot{\mathfrak{r}}, \mathfrak{J}] = m[\ddot{\mathfrak{r}}, r^2[\mathfrak{r}_0, \dot{\mathfrak{r}}]]. \tag{1.72}$$

Entnimmt man nun $m\ddot{\mathfrak{r}}r^2$ aus der Bewegungsgleichung und beachtet, daß $[\mathfrak{r}_0, [\mathfrak{r}_0, \dot{\mathfrak{r}}_0]] = -\dot{\mathfrak{r}}_0$ ist, so sieht man, daß auch der Vektor

(1.73) $$\mathfrak{e} = \frac{1}{A}[\dot{\mathfrak{r}}, \mathfrak{J}] - \mathfrak{r}_0$$

zeitlich konstant ist. Multipliziert man diese Gleichung skalar mit $\mathfrak{r}$, so folgt wegen $(\mathfrak{r}, [\dot{\mathfrak{r}}, \mathfrak{J}]) = (\mathfrak{J}, [\mathfrak{r}, \dot{\mathfrak{r}}]) = I^2/m$:

(1.74) $$r + (\mathfrak{r}, \mathfrak{e}) = \frac{I^2}{mA}.$$

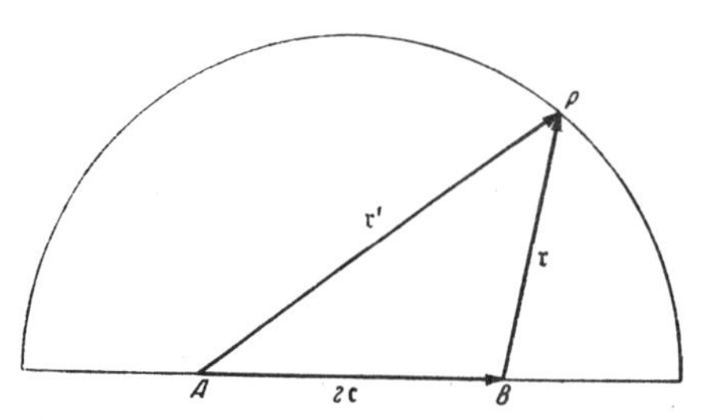

Fig. 27. Zur Behandlung der Ellipsengleichung in Vektorform.

Bezeichnen wir nun mit ε den Betrag von $\mathfrak{e}$ und mit α den Winkel zwischen $\mathfrak{e}$ und $\mathfrak{r}$, setzen ferner $I^2/mA = p$, so haben wir $r(1 + \varepsilon\cos\alpha) = p$, also genau unsere Gl. (1.53).

Auch der Nachweis, daß durch $r + (\mathfrak{r}, \mathfrak{e}) = p$ wirklich eine Ellipse beschrieben wird, gelingt mit der Vektorrechnung in sehr knapper Weise: Seien A und B die durch $2\mathfrak{c}$ getrennten Brennpunkte, $\mathfrak{r}'$ und $\mathfrak{r}$ die von A und B nach P gezogenen Vektoren, so liegt P dann auf einer Ellipse mit der großen Halbachse a, wenn

(1.75) $$r' = 2a - r$$

ist. Außerdem gilt laut Fig. 27

$$\mathfrak{r}' = 2\mathfrak{c} + \mathfrak{r}.$$

Wenn man beide Gleichungen quadriert und subtrahiert, so folgt nach Division durch 4

$$0 = a^2 - c^2 - ar - (\mathfrak{c}, \mathfrak{r})$$

mit $\mathfrak{c}/a = \mathfrak{e}$ und $\dfrac{a^2 - c^2}{a} = p$ also

(1.75a) $$p = r + (\mathfrak{e}, \mathfrak{r}).$$

Das ist aber die gesuchte Gleichung.

C. Der Übergang zur Elektrostatik.

Wenn Sie in der Mechanik des Massenpunktes den Zusammenhang zwischen Kraft $\mathfrak{K}$ und potentieller Energie U sowohl in der differentiellen Form

$$\mathfrak{K} = -\operatorname{grad} U$$

wie auch in der Form des Linienintegrals

$$U_2 - U_1 = -\int_1^2 (\mathfrak{K}, d\mathfrak{r})$$

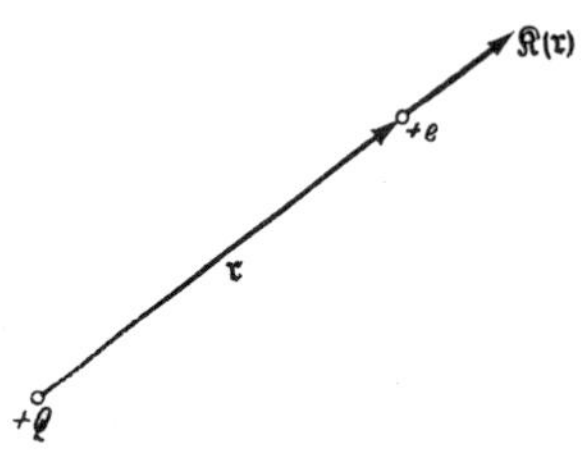

Fig. 28. Die von Q auf e ausgeübte Kraft $\mathfrak{K}$.

voll erfaßt haben, so bietet der Übergang zur Elektrostatik in mathematischer Hinsicht nichts Neues. Neu ist im wesentlichen nur die Ausdrucksweise und die physikalische Blickrichtung. Zunächst erfordert der Begriff der Feldstärke $\mathfrak{E}$ einige Überlegung. Das Grundphänomen ist die Kraft, welche zwei Ladungen, sagen wir Q und e, aufeinander ausüben (Fig. 28). Nach dem Coulombschen Gesetz ist die von Q auf e ausgeübte Kraft

(1.76) $$\mathfrak{K} = \frac{eQ}{r^2}\,\frac{\mathfrak{r}}{r}.$$

Hier ist $\mathfrak{r}$ der von Q nach e weisende Ortsvektor, $\mathfrak{r}/r$ also der Einheitvektor der gleichen Richtung. Zu ihr gehört eine potentielle Energie

$$U = \frac{eQ}{r}. \tag{1.77}$$

Das ist genau dieselbe Situation, wie sie früher (S. 27) für die Newtonsche Zentralkraft ausführlich diskutiert wurde. Die neue Blickrichtung entsteht hier durch die auf Faraday zurückgehende Auffassung vom „elektrischen Feld". Diese hat sich zwar erst in der Elektrodynamik zeitlich veränderlicher Felder (Strahlungsvorgänge) ihre volle Existenzberechtigung erobert, wird aber heute auch zur Beschreibung statischer Vorgänge allgemein benutzt. Sie entspringt wieder einem verfeinerten Gefühl für physikalische Kausalität. Die obige Kraftgleichung würde besagen, daß auf die Ladung e „deswegen" eine Kraft wirkt, weil im Abstande r die Ladung Q vorhanden ist. Die damit behauptete und in der Geschichte der Physik lange Zeit hindurch zäh verteidigte „Fernwirkung" über den Abstand r hin erscheint uns heute höchst unbefriedigend, ganz abgesehen davon, daß die Gl. (1.76) rein experimentell nicht mehr zutrifft, wenn sich die Ladung Q bewegt (Ausbreitung der Wirkung mit Lichtgeschwindigkeit). Statt dessen lesen wir die Gleichung so: Wenn an der Stelle r auf die Ladung e eine Kraft ausgeübt wird, so ist diese Stelle des Raumes durch eben diese Tatsache vor anderen Stellen ausgezeichnet. Die Beschaffenheit des Raumes an dieser Stelle kennzeichnen wir durch die „elektrische Feldstärke" $\mathfrak{E}$. Sie macht sich dadurch bemerkbar, daß auf eine an diese Stelle gebrachte Ladung e die Kraft $\mathfrak{K} = e\mathfrak{E}$ ausgeübt wird. In unserem obigen Beispiel war also $\mathfrak{E} = \frac{Q}{r^2}\frac{\mathfrak{r}}{r}$. Die Existenz der Feldstärke $\mathfrak{E}$ an der betrachteten Stelle ist danach gänzlich unabhängig von der Anwesenheit der Ladung e. Diese spielt nur die Rolle eines „Indikators" oder einer „Probeladung". Mit der Aussage, „an einer bestimmten Stelle herrscht die Feldstärke $\mathfrak{E}$", meint man also: „Wenn man an die Stelle die Ladung e bringen würde, so würde auf diese die Kraft $e\mathfrak{E}$ ausgeübt werden." Die Ursache für diese, durch das Feld $\mathfrak{E}$ gekennzeichnete, abnorme Beschaffenheit des Raumes ist natürlich die Ladung Q, welche in ihrer ganzen Umgebung das Feld $\mathfrak{E} = \frac{Q}{r^2}\frac{\mathfrak{r}}{r}$ erzeugt. An dem materiellen Inhalt der Gl. (1.76) wird dadurch natürlich nichts geändert. Ihre Fruchtbarkeit entfaltet diese zunächst künstlich anmutende begriffliche Unterteilung der einfachen Kräftegleichung in deren zwei, nämlich Erzeugung des Feldes durch Q und Nachweis desselben durch e, erst bei schnell veränderlichen Feldern, welche sich von den erzeugenden Ladungen ablösen können und vermöge ihrer Eigengesetzlichkeit als Lichtwelle den Raum durcheilen.

Eine wichtige Aufgabe der Elektrostatik ist die Beschreibung des von einer gegebenen Ladungsverteilung erzeugten Feldes. Da der Vektor $\mathfrak{E}$ drei Komponenten hat, bedeutet „Beschreibung des Feldes" natürlich Angabe der drei Ortsfunktionen $E_x(x, y, z)$, $E_y(x, y, z)$ und $E_z(x, y, z)$. Diese Aufgabe ist grundsätzlich erledigt, wenn wir zu dem bereits angegebenen Feld einer Punktladung noch die Erfahrungstatsache hinzunehmen, daß die Felder mehrerer Punktladungen sich ungestört „superponieren". Das bedeutet: Wenn von zwei Ladungen Q_1 und Q_2 die eine allein auf eine Probeladung e die Kraft $\mathfrak{K}_1$ ausüben würde, die andere allein dagegen die Kraft $\mathfrak{K}_2$, so üben beide Ladungen bei gleichzeitiger Wirkung die Kraft $\mathfrak{K}_1 + \mathfrak{K}_2$ aus (Kräfteparallelogramm, Fig. 29). Die entsprechende Feldstärke ist also $\mathfrak{E} = \mathfrak{E}_1 + \mathfrak{E}_2$. Die Fortsetzung des Verfahrens für den Fall, daß 3, 4 oder auch sehr viele Punktladungen gegeben sind, liegt auf der Hand.

Die hiernach geforderte Summation über die vielen Einzelfeldstärken $\mathfrak{E}_1, \mathfrak{E}_2, \ldots$ wird nun ungeheuer vereinfacht durch zwei Bemerkungen. Die eine besagt, daß das elektrostatische Feld ein *Potentialfeld* ist. Die andere bezieht sich auf den aus einer geschlossenen Fläche heraustretenden Fluß des $\mathfrak{E}$-Feldes. *Das elektrostatische Potential* φ steht zur Feldstärke $\mathfrak{E}$ in der gleichen Beziehung wie die potentielle Energie U zur Kraft $\mathfrak{K}$: Aus $\mathfrak{E} = -\operatorname{grad}\varphi$ folgt nach Multiplikation mit einer Ladung e und mit $e\mathfrak{E} = \mathfrak{K}$; $e\varphi = U$ unsere alte Beziehung $\mathfrak{K} = -\operatorname{grad} U$.

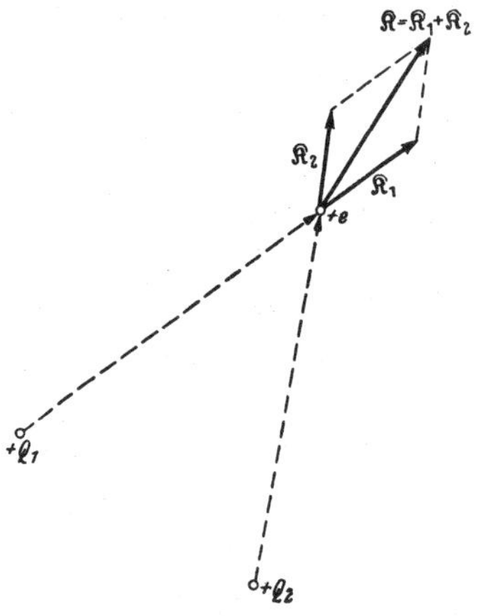

Fig. 29. Die Addition der von 2 Ladungen Q_1 und Q_2 ausgeübten Kräfte.

Wenn man sagt, zwischen zwei Punkten P_1 und P_2 herrscht die Potentialdifferenz (oder die „Spannung") $V = \varphi(P_2) - \varphi(P_1)$, so meint man damit folgendes:

Wenn man eine Ladung e von P_1 nach P_2 bringen will, so hat man dazu — unabhängig vom Weg — die Arbeit eV zu leisten. Bei dieser Überführung hat man nämlich die Kraft $\mathfrak{K} = e\mathfrak{E}$ zu überwinden, also die Arbeit

$$= -\int_1^2 (\mathfrak{K}, d\mathfrak{r}) = -e\int_1^2 (\mathfrak{E}, d\mathfrak{r}) = e\int_1^2 d\varphi = e(\varphi_2 - \varphi_1)$$

aufzuwenden.

Nur in dieser Weise kann man einer Aussage wie: „Zwischen den Stellen 1 und 2 herrscht die Spannung von 100 Volt", einen physikalischen Sinn verleihen.

Die Existenz eines Potentials φ für jedes elektrostatische Feld folgt bereits daraus, daß zum Feld einer Punktladung Q das Potential $\varphi = Q/r$ gehört. Genauer gesagt: Befindet sich die Ladung Q an der Stelle x_1, y_1, z_1, so ist

$$\varphi(x, y, z) = \frac{Q}{\sqrt{(x - x_1)^2 + (y - y_1)^2 + (z - z_1)^2}}.$$

Überzeugen Sie sich, daß daraus mit $\mathfrak{E} = -\operatorname{grad}\varphi$ *wirklich das Feld von Q folgt.* Für das Potential mehrerer Ladungen $Q_1, Q_2, \ldots$ gilt danach

$$\varphi = \frac{Q_1}{r_1} + \frac{Q_2}{r_2} + \cdots. \tag{1.78}$$

Wenn die Ladungen kontinuierlich verteilt sind mit der Ladungsdichte ϱ (d. h. wenn sich im Volumenelement $dx\,dy\,dz$ die Ladung $\varrho\,dx\,dy\,dz$ befindet), so wird die im Element $d\xi\,d\eta\,d\zeta$ befindliche Ladung $\varrho\,d\xi\,d\eta\,d\zeta$ an der um die Strecke r davon entfernten Stelle x, y, z das Potential $\frac{\varrho\,d\xi\,d\eta\,d\zeta}{r}$ erzeugen. Überlagerung der Beiträge aller Volumenelemente gibt also

$$\varphi(x, y, z) = \iiint \frac{\varrho(\xi, \eta, \zeta)\,d\xi\,d\eta\,d\zeta}{\sqrt{(x - \xi)^2 + (y - \eta)^2 + (z - \zeta)^2}}. \tag{1.79}$$

Das nächst der Punktladung wichtigste Objekt der Elektrostatik ist der *Dipol.* Er entsteht aus 2 entgegengesetzt gleichen Ladungen $(+Q, -Q)$ im Abstande $\mathfrak{s}$ [der Vektor $\mathfrak{s}$ führt von $-Q$ (Fig. 30) nach $+Q$] durch den Grenzübergang $|\mathfrak{s}| \to 0$, $Q \to \infty$, so daß das Produkt $\mathfrak{s}Q = \mathfrak{p}$ einen endlichen Wert behält. Den Vektor $\mathfrak{p}$ nennt man das Dipolmoment.

Zeigen Sie selbst, daß das Potential eines Dipols $\mathfrak{p}$ am Ende des von ihm ausgehenden Ortsvektors $\mathfrak{r}$ gegeben ist durch $\varphi = (\mathfrak{p}, \mathfrak{r})/r^3$. *Zeichnen Sie* die

Flächen $\varphi = \text{const}$ und die zugehörigen Feldlinien, indem Sie etwa $\mathfrak{p}$ in die x-Richtung legen. Anleitung: Sind a, b, c die Komponenten von $\mathfrak{s}$ und befindet sich $-Q$ im Koordinatensprung, so wird zunächst

$$\varphi(x, y, z) = \frac{Q}{\sqrt{(x-a)^2 + (y-b)^2 + (z-c)^2}} - \frac{Q}{\sqrt{x^2 + y^2 + z^2}}. \tag{1.80}$$

Hier entwickeln Sie rechts nach Potenzen von a, b, c und führen den Grenzübergang $a, b, c \to 0$, $Q \to \infty$ mit $aQ = p_x$, $bQ = p_y$, $cQ = p_z$ wirklich durch.

Die zweite der oben erwähnten allgemeinen Aussagen über das elektrostatische Feld bezieht sich auf den *Fluß des Feldes* durch eine geschlossene Fläche hindurch. Betrachten wir zunächst eine um die Ladung Q als Zentrum gezeichnete Kugel. Auf ihr weist der Vektor $\mathfrak{E}$ überall senkrecht nach außen und hat den Betrag Q/r^2. Also ist der Fluß von $\mathfrak{E}$ durch die Kugelfläche hindurch

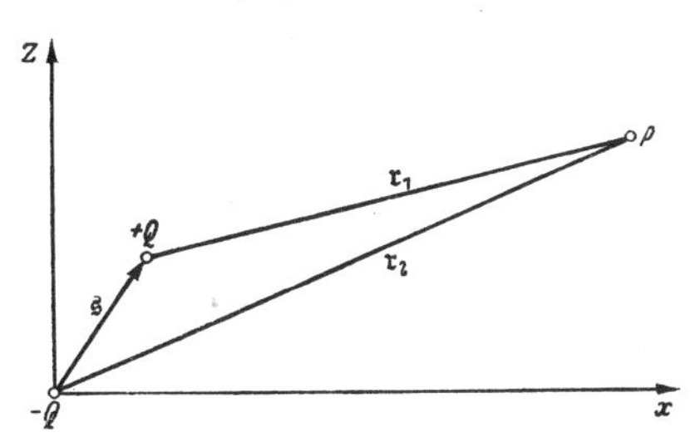

Fig. 30. Zur Entstehung des Dipolmomentes $\mathfrak{p} = \mathfrak{s}Q$ beim Limes $|\mathfrak{s}| \to 0$ und $Q \to \infty$.

$$\iint \mathfrak{E}_n\, df = \frac{Q}{r^2} 4\pi r^2 = 4\pi Q. \tag{1.81}$$

Nun überzeugen Sie sich, daß dieser Wert des Flusses sich nicht ändert, wenn Sie die Kugel beliebig verbeulen oder verschieben, solange nur Q innerhalb der Fläche bleibt. Sind jetzt mehrere Ladungen $Q_1, Q_2, \ldots$ von F umschlossen, so müssen sich nach dem Superpositionsprinzip ihre Flüsse einfach addieren, also wird

$$\iint_F \mathfrak{E}_n\, df = 4\pi (Q_1 + Q_2 + \cdots).$$

Damit haben Sie folgende allgemeine Aussage: Der gesamte, aus einer geschlossenen Fläche heraustretende Fluß des Vektors $\mathfrak{E}$ ist gleich dem 4π-fachen der von dieser Fläche umschlossenen Ladung, ganz gleich, wie diese Ladung innerhalb der Hüllfläche verteilt ist. Ist Q die gesamte von F umschlossene Ladung, so wird also

$$\iint_F \mathfrak{E}_n\, df = 4\pi Q.$$

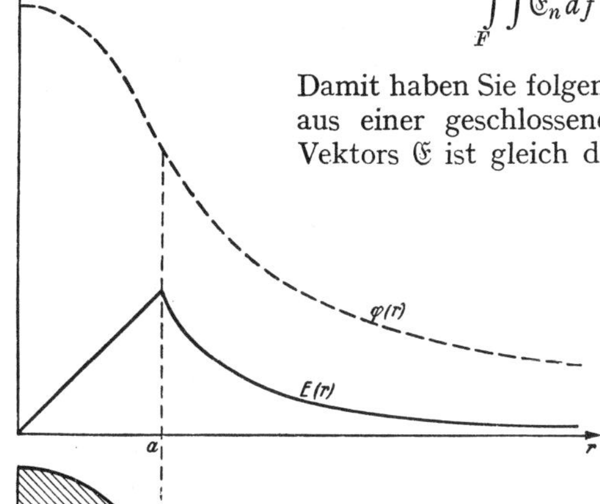

Fig. 31. Potential $\varphi(r)$ und Feldstärke $E(r)$ einer homogen geladenen Kugel.

Als Anwendung betrachten Sie (Fig. 31) das Feld einer homogen geladenen Kugel (Radius a, Ladungsdichte ϱ, Gesamtladung $Q = \frac{4\pi}{3} a^3 \varrho$). Das Feld muß natürlich kugelsymmetrisch sein. Ist r der Abstand vom Zentrum der Kugel, so ist also für $r > a$: $|\mathfrak{E}|\, 4\pi r^2 = 4\pi Q$, also $|\mathfrak{E}| = \frac{Q}{r^2}$, dagegen für $r < a$: $|\mathfrak{E}|\, 4\pi r^2 = 4\pi Q \frac{r^3}{a^3}$, $|\mathfrak{E}| = \frac{Q}{a^3} r$, denn in der Kugel mit dem Radius $r < a$ ist ja nur die Ladung $Q \frac{r^3}{a^3}$ enthalten.

Als weitere Anwendung berechnen Sie danach mit Hilfe der beiden Formeln

$$\iint \mathfrak{E}_n\, df = 4\pi Q \quad \text{und} \quad \varphi_2 - \varphi_1 = \int_2^1 (\mathfrak{E}\, d\mathfrak{s}):$$

1. Die Kapazität des Plattenkondensators (Plattenabstand d),

2. die Kapazität des Zylinderkondensators (zwei koaxiale Zylinder der Länge l mit den Radien a_1 und a_2),

3. die Kapazität des Kugelkondensators (zwei konzentrische Kugeln der Radien r_1 und r_2). Zeigen Sie, daß die zu 2. und 3. erhaltenen Formeln in den Grenzfällen $a_2 - a_1 \ll a_1$ und $r_2 - r_1 \ll r_1$ in diejenigen des Plattenkondensators übergehen.

Ist allgemein die Ladung kontinuierlich verteilt mit der Ladungsdichte $\varrho(x, y, z)$, so ist in (1.81) für Q das Volumenintegral

$$Q = \iiint \varrho\, dx\, dy\, dz$$

zu setzen. Andererseits folgt aus dem Gaußschen Satz (vgl. Teil IV, S. 163) für die linke Seite von (1.81):

$$\iint \mathfrak{E}_n\, df = \iiint \operatorname{div} \mathfrak{E}\, dV.$$

Unsere Flußgleichung erhält also die Gestalt

$$\iiint_V (\operatorname{div} \mathfrak{E} - 4\pi\varrho)\, dx\, dy\, dz = 0.$$

Wenn diese Gleichung für jedes auch noch so kleine Volumen richtig sein soll, so muß der Integrand überall gleich Null sein, d. h. aber

$$\operatorname{div} \mathfrak{E} = 4\pi\varrho. \tag{1.82}$$

Überzeugen Sie sich, daß das vorhin für die homogen geladene Kugel errechnete Feld wirklich diese Gleichung befriedigt, und zwar außerhalb wie innerhalb der Kugel a.

Wenn wir den $\mathfrak{E}$-Vektor als Bild einer Geschwindigkeit deuten, so können wir das elektrostatische Feld beschreiben als das Strömungsbild einer volumenbeständigen Flüssigkeit, welche nach Maßgabe der Gl. (1.81) oder (1.82) aus den Stellen positiver Ladung herausquillt und von den negativen Ladungen wieder eingesaugt wird. $4\pi Q$ mißt in diesem Bild die Ergiebigkeit der Quelle Q. Aus den beiden somit herausgearbeiteten Eigenschaften des elektrostatischen Feldes

$$\mathfrak{E} = -\operatorname{grad} \varphi \quad \text{und} \quad \operatorname{div} \mathfrak{E} = 4\pi\varrho \tag{1.83a}$$

folgt durch Elimination von $\mathfrak{E}$ die Laplacesche Differentialgleichung für φ allein:

$$\frac{\partial^2 \varphi}{\partial x^2} + \frac{\partial^2 \varphi}{\partial y^2} + \frac{\partial^2 \varphi}{\partial z^2} = -4\pi\varrho, \tag{1.83b}$$

die man häufig in der Form $\Delta\varphi = -4\pi\varrho$ schreibt. Die Gl. (1.83a, b) bedeuten für die Physik viel mehr als ein rechnerisches Hilfsmittel und auch viel mehr als etwa eine nur zufällig herausgegriffene Eigenschaft des elektrostatischen Feldes. Wir erblicken in ihnen die eigentlichen Grundgesetze des elektrischen Feldes und in dem Coulombschen Gesetz nur eine spezielle Auswirkung. Sie befriedigen unser Kausalitätsbedürfnis, indem sie eine Eigenschaft des Feldes aufzeigen, welche lediglich durch die am gleichen Ort befindliche Ladung bestimmt ist. Zudem bilden sie die natürliche Plattform zum Aufbau der ganzen Elektrodynamik und damit der Maxwellschen Theorie.

Zur Rechtfertigung dieses hohen Lobes müssen wir noch zeigen, daß die Gl. (1.83) keine akzessorischen Eigenschaften des Feldes sind, sondern daß das

Feld $\mathfrak{E}$ durch sie (bei gegebener Ladungsdichte ϱ) auch wirklich eindeutig festgelegt wird. Dabei beschränken wir uns auf den Fall, daß alle Ladungen im Endlichen liegen, daß sich also eine Kugel (vom Radius R) angeben läßt von der Art, daß außerhalb dieser Kugel überall $\varrho = 0$ ist. Dieser *Eindeutigkeitsbeweis* ist typisch für viele ähnliche Fälle. Angenommen, wir hätten zwei Lösungen $\mathfrak{E}_1$ und $\mathfrak{E}_2$ der Gl. (1.83). Dann betrachten wir ihre Differenz $\mathfrak{E}' = \mathfrak{E}_1 - \mathfrak{E}_2$. Für $\mathfrak{E}'$ muß dann gelten $\mathfrak{E}' = \operatorname{grad}\varphi'$ und $\Delta\varphi' = 0$. Nunmehr bilden wir das über eine Kugel vom Radius b erstreckte Integral

$$\iiint \mathfrak{E}'^2\, dV = \iiint \left[\left(\frac{\partial\varphi'}{\partial x}\right)^2 + \left(\frac{\partial\varphi'}{\partial y}\right)^2 + \left(\frac{\partial^2\varphi'}{\partial z}\right)^2\right] dx\, dy\, dz.$$

Wir benutzen die Identität

$$\left(\frac{\partial\varphi'}{\partial x}\right)^2 = \frac{\partial}{\partial x}\left(\varphi'\frac{\partial\varphi'}{\partial x}\right) - \varphi'\frac{\partial^2\varphi'}{\partial x^2},$$

und ähnlich für y und z. Damit wird $\mathfrak{E}'^2 = \operatorname{div}(\varphi' \operatorname{grad}\varphi') - \varphi'\Delta\varphi'$. Der erste Summand gibt nach dem Gaußschen Satz ein Integral über die Oberfläche der Kugel vom Radius b. Da außerdem $\Delta\varphi' = 0$ ist, so wird

$$\iiint_V \mathfrak{E}'^2\, dV = \iint_F \varphi'\mathfrak{E}'_n\, df.$$

Wenn nun b viel größer wird als der Radius R jener oben eingeführten Kugel, so muß φ' für immer weiter wachsendes b wie $\frac{\text{const}}{b}$ und $|\mathfrak{E}'|$ wie $\frac{\text{const}}{b^2}$ gegen Null gehen. Es muß also eine endliche, nur von der Gesamtladung Q abhängige Konstante C existieren, so daß von einem bestimmten b ab überall $|\varphi'\mathfrak{E}'_n| < \frac{C}{b^3}$ ist. Ersetzen wir also $\varphi'\mathfrak{E}'_n$ durch diesen, sicher zu großen, Wert, so wird

$$\iiint \mathfrak{E}'^2\, dV < \frac{C}{b^3}\, 4\pi\, b^2.$$

Gehen wir nun zum Limes $b \to \infty$, so sehen wir, daß $\iiint \mathfrak{E}'^2\, dV = 0$ wird. Da aber $\mathfrak{E}'^2$ niemals negativ sein kann, so folgt daraus notwendig, daß überall $\mathfrak{E}' = 0$, also $\mathfrak{E}_1 \equiv \mathfrak{E}_2$ ist. Die beiden Lösungen unserer Gl. (1.83) sind also identisch. Damit ist der Eindeutigkeitsbeweis erbracht.

Die Frage nach dem Feld einer gegebenen Ladungsverteilung ist nur die erste Stufe der Elektrostatik. In den Anwendungen sind meistens nicht die Ladungen vorgegeben, sondern die Spannungen zwischen einzelnen gegeneinander isolierten Metallstücken M_1, M_2, ..., also bis auf eine gemeinsame additive und wie bei der potentiellen Energie willkürliche Konstante die Werte des Potentials $\varphi_1, \varphi_2, \ldots$ auf diesen Metallstücken. Im statischen Fall muß das Potential in einem homogenen Metallstück konstant sein, also einen bestimmten Zahlenwert besitzen. Denn eine Ortsabhängigkeit des Potentials bedeutet wegen $\mathfrak{E} = -\operatorname{grad}\varphi$ die Existenz einer Feldstärke, und diese würde ihrerseits zu einem elektrischen Strom Veranlassung geben. Ein solcher Strom wird auch, wenn man z. B. eine isolierte Metallkugel in ein elektrisches Feld hängt, im ersten Moment in der Kugel fließen. Dieser führt zu einer solchen Verschiebung der Ladungen, daß diese sich an der Metalloberfläche anhäufen. Das geht so lange, bis durch die entstehende Oberflächenladung das Metallinnere gegen das äußere Feld abgeschirmt ist. Dann erst ist derjenige Zustand erreicht, mit welchem die Elektrostatik anfängt. Wenn der Raum zwischen den Metallen (denken Sie etwa an den Raum zwischen den Belegungen eines Kondensators) ladungsfrei ist, so gilt in ihm die Laplacesche Gleichung $\Delta\varphi = 0$. Damit entsteht die Aufgabe: Gesucht ist diejenige Ortsfunktion $\varphi(x, y, z)$, welche der Gleichung $\Delta\varphi = 0$ genügt und welche auf den gegebenen Metalloberflächen in die dort vorgegebenen Werte $\varphi_1, \varphi_2, \ldots$ usw. übergeht. Ist diese Aufgabe gelöst, so ergibt sich daraus das Feld $\mathfrak{E} = -\operatorname{grad}\varphi$ und daraus endlich die in irgendeinem Volumenteil vorhandene Ladung

$$Q = \frac{1}{4\pi}\iint \mathfrak{E}_n\, df.$$

Die genannte Aufgabe läßt sich nur in Ausnahmefällen vollständig lösen. Sie wird wesentlich vereinfacht, wenn die gegebene Anordnung der Metallflächen von vornherein auf einfache Symmetrie-Eigenschaften der gesuchten Potentialfunktion schließen läßt.

Der *Plattenkondensator*. Legt man die x-Richtung senkrecht zu den Kondensatorflächen, so muß φ eine Funktion von x allein werden, also wird $\Delta\varphi = d^2\varphi/dx^2$ und mit zwei Integrationskonstanten A und B: $\varphi = Ax + B$. Dabei nehmen wir an, daß der Abstand der Platten klein ist im Vergleich zu ihrer Kantenlänge. Das Verhalten am Rand wird also von unserer Behandlung nicht miterfaßt. Hat die eine Platte (bei $x = 0$) das Potential 0, die andere (bei $x = d$) das Potential V, so wird also $\varphi = V\frac{x}{d}$, das Feld $E_x = -\frac{d\varphi}{dx} = -\frac{V}{d}$ und die Ladung pro cm² der Oberfläche gleich $\frac{1}{4\pi}|E| = \frac{1}{4\pi}\frac{V}{d}$.

Beim *Zylinderkondensator* (Achse in der z-Richtung) kann φ nur vom Abstand $a = \sqrt{x^2 + y^2}$ von dieser Achse abhängen, also $\varphi = \varphi(a)$. Dann wird (*bitte selbst nachrechnen*) $\Delta\varphi = \frac{1}{a}\frac{d}{da}\left(a\frac{d\varphi}{da}\right)$. Die allgemeine Lösung von $\Delta\varphi = 0$ lautet $\varphi(a) = A\ln a + B$.

Bei *Kugelsymmetrie* ist φ eine Funktion des Abstandes $r = \sqrt{x^2 + y^2 + z^2}$ vom Ursprung allein. Hier wird $\Delta\varphi = \frac{1}{r^2}\frac{d}{dr}\left(r^2\frac{d\varphi}{dr}\right)$. Die Lösung von $\Delta\varphi = 0$ lautet also $\varphi(r) = A/r + B$.

Die Suche nach geeigneten Lösungen der Gleichung $\Delta\varphi = 0$ in allgemeinen Fällen gab Veranlassung zur Ausbildung einer besonderen als Potentialtheorie bezeichneten Wissenschaft, die sich in den verschiedensten Teilgebieten der Physik und Mathematik als fruchtbar erwiesen hat.

D. Mechanik von vielen Massenpunkten.

Die Weiterentwicklung der Mechanik erfolgt sowohl nach mathematischen wie auch physikalischen Gesichtspunkten. In mathematischer Hinsicht hat man die Grundgleichungen, ohne an ihrem materiellen Inhalt etwas zu ändern, wiederholt in andere Form gebracht. Unter diesen Formen spielen für die Anwendung die Lagrangesche und die Hamiltonsche Form eine besondere Rolle. In physikalischer Hinsicht ist man bestrebt, die Gleichungen so zu erweitern, daß möglichst viele Vorgänge der uns umgebenden Welt durch sie richtig, d. h. in Übereinstimmung mit der Beobachtung beschrieben werden. Wir wollen hier, an Hand einiger Beispiele, einen Einblick in diese physikalische Weiterentwicklung vermitteln. Dabei gehen wir von dem bisher ausschließlich betrachteten Fall eines Massenpunktes zunächst über zu demjenigen vieler (aber endlich vieler!) Massenpunkte, die aufeinander Kräfte ausüben. Bei der Behandlung des Kontinuums tritt an die Stelle der diskreten Massenpunkte $m_1, m_2, \ldots$ eine Funktion $\varrho(x, y, z)$ des Ortes, welche die Massendichte oder kurz Dichte heißt und welche besagt daß im Volumenelement $dx\,dy\,dz$ die Masse $\varrho(x, y, z)\,dx\,dy\,dz$ enthalten ist.

1. Zwei Massenpunkte.

Hinsichtlich der Kraft, welche zwei Massenpunkte aufeinander ausüben, führen wir sogleich das Newtonsche Postulat

$$\text{Actio} = \text{Reactio}$$

ein. Es besagt: Wenn eine Masse m_1 auf eine zweite Masse m_2 mit der Kraft $\mathfrak{K}_{21}$ wirkt, so wirkt m_2 auf m_1 mit der Kraft $\mathfrak{K}_{12} = -\mathfrak{K}_{21}$. Dieser Satz bildet die Grundlage der ganzen weiteren Mechanik, er ist keineswegs selbstverständlich. Im Gegenteil: Im Fall elektrischer Kräfte ist er nicht einmal genau richtig, sobald die geladenen Massenpunkte sich gegeneinander bewegen und dadurch die endliche Ausbreitungsgeschwindigkeit der Felder in Betracht kommt. Von solchen Feinheiten wollen wir aber hier ab ehen.

Wir behandeln nun zunächst als Beispiel die Bewegung *zweier Massenpunkte*, also etwa die Bewegung der Erde um die Sonne unter Berücksichtigung der Tatsache, daß die Sonne kein festes Zentrum der Anziehung ist, sondern sich ebenfalls bewegt. Mit den Bezeichnungen

$m_1, \mathfrak{r}_1, \mathfrak{v}_1$ für Masse, Ort, Geschwindigkeit der Erde,

$m_2, \mathfrak{r}_2, \mathfrak{v}_2$ für Masse, Ort, Geschwindigkeit der Sonne

haben wir jetzt die sechs Bewegungsgleichungen

$$m_1 \ddot{\mathfrak{r}}_1 = -\frac{A}{r^2}\,\frac{\mathfrak{r}_1 - \mathfrak{r}_2}{r}; \qquad m_2 \ddot{\mathfrak{r}}_2 = -\frac{A}{r^2}\,\frac{\mathfrak{r}_2 - \mathfrak{r}_1}{r}, \tag{1.84}$$

(darin ist $r = |\mathfrak{r}_1 - \mathfrak{r}_2|$ der Abstand der beiden Massenpunkte). Aus beiden Gleichungen folgt durch Addition

$$m_1 \ddot{\mathfrak{r}}_1 + m_2 \ddot{\mathfrak{r}}_2 = 0 \quad \text{oder} \quad m_1 \mathfrak{v}_1 + m_2 \mathfrak{v}_2 = \text{Const}. \tag{1.84a}$$

Unter Einführung des Schwerpunktes $\mathfrak{R}$ (auch Massenmittelpunkt genannt) und der Schwerpunktsgeschwindigkeit $\mathfrak{V}$

$$\mathfrak{R} = \frac{m_1 \mathfrak{r}_1 + m_2 \mathfrak{r}_2}{m_1 + m_2} \quad \text{und} \quad \dot{\mathfrak{R}} = \mathfrak{V} \tag{1.85}$$

haben wir also ein erstes allgemeines Integral

$$\mathfrak{R}(t) = \mathfrak{R}_0 + \mathfrak{V}_0 t, \tag{1.86}$$

in welchem die festen Vektoren $\mathfrak{R}_0$ und $\mathfrak{V}_0$ den Ort und die Geschwindigkeit des Schwerpunktes zur Zeit $t = 0$ angeben.

Sodann bemerken wir, daß die rechte Seite der beiden Gleichungen nur von der Differenz

$$\mathfrak{r} = \mathfrak{r}_1 - \mathfrak{r}_2 \tag{1.87}$$

abhängt (Fig. 32). Wenn wir nach Division durch m_1 bzw. m_2 beide Gleichungen subtrahieren, erhalten wir für $\ddot{\mathfrak{r}}$ die Gleichung

$$\ddot{\mathfrak{r}} = -\left(\frac{1}{m_1} + \frac{1}{m_2}\right)\frac{A}{r^2}\,\frac{\mathfrak{r}}{r}, \tag{1.88}$$

in welcher nur noch die Relativkoordinaten $x_1 - x_2$, $y_1 - y_2$, $z_1 - z_2$ vorkommen. Zusammenfassend können wir also sagen: Mit den Schwerpunktskoordinaten $\mathfrak{R} = \frac{m_1 \mathfrak{r}_1 + m_2 \mathfrak{r}_2}{r_1 + r_2}$, den Relativkoordinaten $\mathfrak{r} = \mathfrak{r}_1 - \mathfrak{r}_2$ und der reduzierten Masse $\mu = \frac{m_1 m_2}{m_1 + m_2}$ gehen die 6 Gleichungen (1.84) über in die anderen 6 Gleichungen:

$$\ddot{\mathfrak{R}} = 0, \qquad \mu \ddot{\mathfrak{r}} = -\frac{A}{r^2}\,\frac{\mathfrak{r}}{r}. \tag{1.89}$$

Die letzte Gleichung unterscheidet sich aber nicht mehr von derjenigen des Einkörperproblems. Damit ist es gelungen, das Zweikörperproblem vollständig auf dasjenige des Einkörperproblems zurückzuführen.

Zeigen Sie selbst, daß die kinetische Energie in den neuen Variablen (1.85), (1.87) lautet:

$$E_{\text{kin}} = \frac{m_1 + m_2}{2} \dot{\mathfrak{R}}^2 + \frac{\mu}{2} \dot{\mathfrak{r}}^2.$$

Sie setzt sich rein additiv aus der Energie der Schwerpunktsbewegung und derjenigen der Relativbewegung zusammen. Machen Sie sich selbst den Inhalt dieser Gleichung noch einmal klar, indem Sie sich überlegen, wie jetzt die Bewegung von Erde und Sonne aussieht. Nehmen Sie hierfür der Einfachheit halber an, der Schwerpunkt ruhe im Ursprung des Koordinatensystems, also $m_1\mathfrak{r}_1 + m_2\mathfrak{r}_2 = 0$. Damit können Sie in (1.87) $\mathfrak{r}$ durch $\mathfrak{r}_1$ oder $\mathfrak{r}_2$ allein ausdrücken.

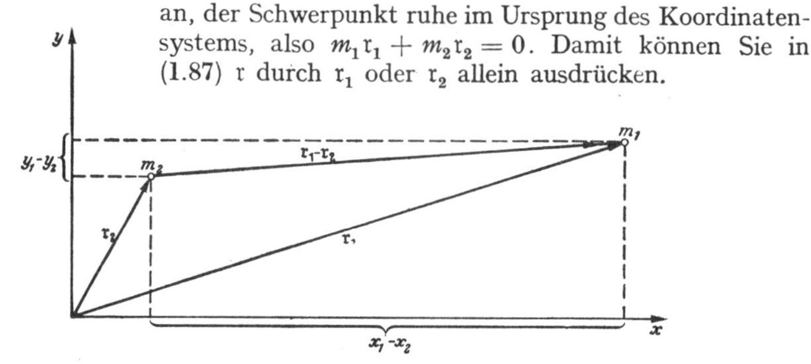

Fig. 32. Die Relativkoordinaten $\mathfrak{r}_1 - \mathfrak{r}_2$ beim 2-Körper-Problem.

Die reduzierte Masse ist bei gleichen Massen ($m_1 = m_2$) gleich der Hälfte der Einzelmassen. Wenn m_2 sehr klein gegen m_1 ist, so ist μ fast gleich der kleineren Masse. Denn es ist $\mu = m_2\left(1 - \frac{m_2}{m_1 + m_2}\right)$. Beim H-Atom z. B. wäre m_2 die Masse des Elektrons, m_1 die des Protons, also $\mu = m_2\left(1 - \frac{1}{1800}\right)$, während beim Hg^+-Ion wegen der viermal größeren Masse des Kerns $\mu = m_2\left(1 - \frac{1}{4 \cdot 1800}\right)$ zu setzen wäre. Der spektroskopische Nachweis dieses Unterschiedes in den resultierenden Massen gehört zu den schönsten Erfolgen der neueren Physik. Für Erde — Sonne ist das Verhältnis der Massen 1 : 330000; die Korrektur an den im vorigen Abschnitt erhaltenen Bahnen für die Erde ist daher nur ganz geringfügig.

2. Impuls, Drehimpuls und Energie.

Bei einer größeren Anzahl von Massenpunkten können wir so einfache Sätze nicht mehr erwarten. Immerhin gelten noch in sehr allgemeiner Weise die Sätze vom Schwerpunkt, vom Drehimpuls und der Energie.

Wir nennen die zwischen den einzelnen Massenpunkten wirkenden Kräfte auch „innere" Kräfte unseres Systems. Sie sind durch 2 Indizes gekennzeichnet: $\mathfrak{K}_{ik}$ ist die Kraft, welche der Massenpunkt Nr. i seitens des Massenpunktes k erfährt. Nach dem Satz Actio = Reactio ist stets

$$\mathfrak{K}_{ik} + \mathfrak{K}_{ki} = 0.$$

Außer den inneren Kräften sollen auch noch „äußere" Kräfte, wie z. B. die Schwerkraft, oder zusätzliche elektrische Kräfte wirksam sein. Wir bezeichnen mit $\mathfrak{F}_i$ die solcherweise auf den Massenpunkt Nr. i wirkende äußere Kraft. Nach diesen Vorbereitungen können wir als Bewegungsgleichungen eines Systems von n Massenpunkten hinschreiben:

$$
\begin{aligned}
(1.90)\qquad m_1 \frac{d\mathfrak{v}_1}{dt} &= \mathfrak{K}_{12} + \mathfrak{K}_{13} + \cdots + \mathfrak{K}_{1n} + \mathfrak{F}_1;\\
&\vdots\\
m_n \frac{d\mathfrak{v}_n}{dt} &= \mathfrak{K}_{n1} + \mathfrak{K}_{n2} + \cdots + \mathfrak{K}_{n(n-1)} + \mathfrak{F}_n.
\end{aligned}
$$

Das sind im ganzen $3n$ Gleichungen für die $3n$ Ortsfunktionen

$$x_1(t),\ y_1(t),\ z_1(t);\ x_2(t),\ y_2(t),\ z_2(t);\ \ldots;\ x_n(t),\ y_n(t),\ z_n(t).$$

Der Schwerpunktssatz. Wenn wir die n Vektorgleichungen (1.90) addieren, so heben sich die inneren Kräfte vollständig heraus. Es bleibt nur

$$(1.91)\qquad \frac{d}{dt}(m_1\mathfrak{v}_1 + \cdots + m_n\mathfrak{v}_n) = \mathfrak{F}_1 + \cdots + \mathfrak{F}_n.$$

Zur Würdigung dieses allgemeinen Resultats führen wir den *Schwerpunkt* oder *Massenmittelpunkt* $\mathfrak{R}$ mit den Koordinaten X, Y, Z unseres Systems ein. Dieser ist definiert durch

$$(1.92)\qquad \mathfrak{R} = \frac{m_1\mathfrak{r}_1 + m_2\mathfrak{r}_2 + \cdots + m_n\mathfrak{r}_n}{m_1 + m_2 + \cdots m_n}.$$

Die x-Komponente von $\mathfrak{R}$ ist also

$$X = \frac{\sum\limits_{\nu=1}^{n} m_\nu x_\nu}{\sum\limits_{\nu=1}^{n} m_\nu}.$$

Überzeugen Sie sich für einfache Fälle ($n = 2$ oder 3), daß die Definition genau das wiedergibt, was man auch anschaulich als Schwerpunkt empfindet.

Wenn sich die einzelnen Massenpunkte bewegen, so werden $\mathfrak{r}_1, \ldots, \mathfrak{r}_n$ und damit nach (1.92) auch $\mathfrak{R}$ Funktionen der Zeit. Für die Geschwindigkeit $\mathfrak{V} = d\mathfrak{R}/dt$ des Schwerpunktes gilt somit

$$(1.92\text{a})\qquad \mathfrak{V} = \frac{m_1\mathfrak{v}_1 + \cdots + m_n\mathfrak{v}_n}{m_1 + \cdots + m_n}.$$

Führen wir neben $\mathfrak{V}$ noch $M = m_1 + \cdots + m_n$ als Gesamtmasse unseres Systems und $\mathfrak{F} = \mathfrak{F}_1 + \cdots + \mathfrak{F}_n$ als Summe aller auf die einzelnen Punkte wirkenden Kräfte ein, so liefert (1.91) die Aussage:

$$(1.93)\qquad M\frac{d\mathfrak{V}}{dt} = \mathfrak{F}.$$

Auf die Bewegung des Schwerpunktes haben somit die inneren Kräfte überhaupt keinen Einfluß. Er bewegt sich so, wie sich ein Massenpunkt von der Gesamtmasse $M = m_1 + \cdots + m_n$ unter der Wirkung der resultierenden Kraft $\mathfrak{F} = \mathfrak{F}_1 + \cdots + \mathfrak{F}_n$ bewegen würde. Ein drastisches Beispiel bietet eine während des Fluges krepierende Granate. Sieht man von der Wirkung des Luftwiderstandes ab, so setzt der Schwerpunkt des aus Sprengstücken und Pulvergasen bestehenden Systems die Parabelbahn der Granate völlig ungestört fort.

Die inneren Kräfte sind Zentralkräfte. Wir wollen nun von der Kraft zwischen 2 Massenpunkten noch fordern, daß sie stets in der Richtung ihrer Verbindungslinie wirkt, daß sie also als anziehende oder abstoßende Kraft beschrieben werden kann. Wenn überdies ihr Betrag K_{12} nur vom Abstand r_{12} der beiden Punkte abhängt, so haben wir z. B. für die von 2 auf 1 wirkende Kraft (Fig. 33)

$$(1.94)\qquad \mathfrak{K}_{12} = K_{12}\frac{\mathfrak{r}_1 - \mathfrak{r}_2}{r_{12}},$$

für die von 1 auf 2 wirkende Kraft dagegen

$$\mathfrak{K}_{21} = K_{12} \frac{\mathfrak{r}_2 - \mathfrak{r}_1}{r_{12}}. \tag{1.95}$$

Dabei steht r_{12} als Abkürzung für $r_{12} = \sqrt{(x_1 - x_2^2) + (y_1 - y_2)^2 + (z_1 - z_2)^2}$. Beachten Sie, daß sowohl (1.94) wie auch (1.95) sich aus ein und derselben Potentialfunktion herleiten. Nennen wir

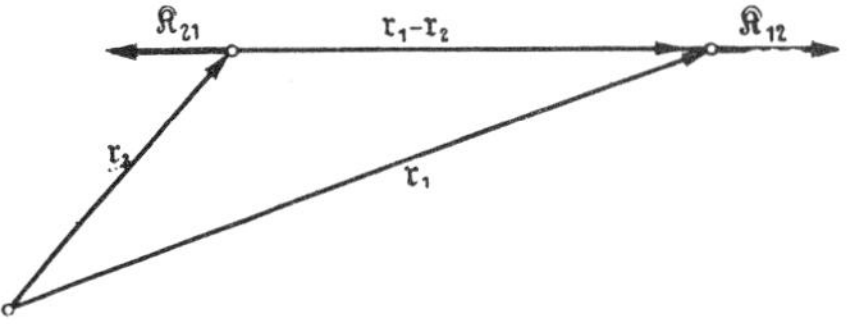

Fig. 33. Die inneren Kräfte als Zentralkräfte $\mathfrak{K}_{12} + \mathfrak{K}_{21} = 0$.

$$U_{12}(r) = -\int_{r_0}^{r} K_{12}(r)\,dr \tag{1.96}$$

die gegenseitige potentielle Energie der beiden im Abstand r befindlichen Massenpunkte aufgefaßt als Funktion der 6 Variabeln $x_1, y_1, z_1; x_2, y_2, z_2$, so wird

z. B. $$(\mathfrak{K}_{12})_x = -\frac{\partial U(r_{12})}{\partial x_1} \quad \text{und} \quad (\mathfrak{K}_{21})_x = -\frac{\partial U(r_{12})}{\partial x_2} \quad \text{usw.}$$

In der Tat folgt aus (1.96)

$$-\frac{\partial U}{\partial x_1} = -\frac{dU}{dr_{12}} \frac{\partial r_{12}}{\partial x_1} = K(r_{12}) \frac{x_1 - x_2}{\sqrt{(x_1 - x_2)^2 + (y_1 - y_2)^2 + (z_1 - z_2)^2}}. \tag{1.97}$$

Führen wir den Ansatz für (1.97) für die inneren Kräfte in unsere allgemeinen Gl. (1.90) ein, setzen also

$$\mathfrak{K}_{ij} = K_{ij}(r_{ij}) \frac{\mathfrak{r}_i - \mathfrak{r}_j}{r_{ij}},$$

wo nun $K_{ij}(r_{ij})$ eine skalare Funktion des Abstandes r_{ij} ist[1], so können wir aus ihnen neben dem Schwerpunktsatz (1.91) noch zwei weitere Folgerungen von großer Tragweite ableiten, nämlich die Sätze über den *Drehimpuls* und über die *Energie* unseres Punkthaufens. Beides sind die natürlichen Verallgemeinerungen der entsprechenden Sätze von der Mechanik des einzelnen Massenpunktes.

Der Drehimpuls. Von den Gleichungen

$$m_i \frac{d\mathfrak{v}_i}{dt} = \sum_j K_{ij}(r_{ij}) \frac{\mathfrak{r}_i - \mathfrak{r}_j}{r_{ij}} + \mathfrak{F}_i \tag{1.98}$$

multiplizieren wir jede vektoriell mit dem zugehörigen Ortsvektor $\mathfrak{r}_i$ und addieren alle so entstehenden Gleichungen. Auf der linken Seite beachten wir wieder, daß $\left[\mathfrak{r}_j, \frac{d\mathfrak{v}_j}{dt}\right] = \frac{d}{dt}[\mathfrak{r}_j, \mathfrak{v}_j]$ wird. Auf der rechten Seite fallen die inneren Kräfte vollkommen heraus, ebenso wie vorhin beim Schwerpunktssatz! So hebt sich z. B. das in der ersten Gleichung ($i = 1$) auftretende Produkt $[\mathfrak{r}_1, \mathfrak{r}_2]$ gegen das in der zweiten Gleichung entstehende $[\mathfrak{r}_2, \mathfrak{r}_1]$ weg und so fort. In allgemeinerer Schreibweise: Bei der vorgeschriebenen Multiplikation von (1.98) mit $\mathfrak{r}_i$ und Summation über i erscheint rechter Hand

$$-\sum_{i,j} K_{ij}(r_{ij}) \frac{[\mathfrak{r}_i, \mathfrak{r}_j]}{r_{ij}}.$$

In dieser Doppelsumme kompensieren sich aber immer die beiden Summanden, welche durch Vertauschen der Indizes i und j auseinander hervorgehen.

Im ganzen erhalten wir somit

$$\frac{d}{dt}(m_1[\mathfrak{r}_1, \mathfrak{v}_1] + \cdots + m_n[\mathfrak{r}_n, \mathfrak{v}_n]) = [\mathfrak{r}_1, \mathfrak{F}_1] + \cdots + [\mathfrak{r}_n, \mathfrak{F}_n]. \tag{1.99}$$

[1] Beachten Sie, daß bei dieser Bezeichnung $\mathfrak{K}_{ij} = -\mathfrak{K}_{ji}$ ist, jedoch $K_{ij} = K_{ji}$. Wir verabreden außerdem, $K_{ii} = 0$ zu setzen.

In Worten: Die zeitliche Änderung des resultierenden Drehimpulses

$$\mathfrak{J} = \sum_j m_j [\mathfrak{r}_j, \mathfrak{v}_j]$$

ist gleich dem Drehmoment

$$\mathfrak{D} = \sum_j [\mathfrak{r}_j, \mathfrak{F}_j]$$

der äußeren Kräfte.

Sind insbesondere nur innere Kräfte (und keine äußeren) wirksam, so bleiben also sowohl der

$$\text{Translationsimpuls } \sum_j m_j \mathfrak{v}_j$$

wie auch der

$$\text{Drehimpuls } \sum_j m_j [\mathfrak{r}_j, \mathfrak{v}_j]$$

zeitlich konstant.

Zum Abschluß dieser allgemeinen Übersicht bilden wir — angeregt durch (1.96) und die daran angeknüpfte Bemerkung — die potentielle Energie U aller inneren Kräfte

$$\begin{aligned} U = U_{12}(r_{12}) &+ U_{13}(r_{13}) + \cdots + U_{1n}(r_{1n}) \\ &+ U_{23}(r_{23}) + \cdots + U_{2n}(r_{2n}) \\ &\cdots\cdots\cdots\cdots \\ &+ U_{(n-1)n}(r_{(n-1)n}) \end{aligned}$$

oder kürzer geschrieben als Doppelsumme

$$U = \sum_{j>i=1}^{n} U_{ij}(r_{ij}) = \sum_{j=1}^{n} \sum_{i=1}^{j-1} U_{ij}(r_{ij}). \tag{1.100}$$

Jede Kombination i, j kommt dabei nur einmal vor. Dieses U ist nun eine Funktion der $3n$ Variabeln $x_1, y_1, z_1; x_2, \ldots, z_n$.

Differenzieren Sie dieses U partiell nach einer dieser $3n$ Variabeln, etwa nach x_1, so erhalten Sie genau die x-Komponente der Summe aller auf das Teilchen Nr. 1 wirkenden inneren Kräfte. Nämlich $-\frac{\partial U}{\partial x_1} = (\mathfrak{K}_{12})_x + (\mathfrak{K}_{13})_x + \cdots + (\mathfrak{K}_{1n})_x$. Entsprechend gibt z. B. $-\frac{\partial U}{\partial z_k}$ die z-Komponente der resultierenden, auf das Teilchen Nr. k wirkenden inneren Kraft. Sie haben damit eine ungeheure Verallgemeinerung gegenüber unseren früheren Betrachtungen zur potentiellen Energie. Scheuen Sie nicht die Mühe, sich von der Richtigkeit dieser Behauptung durch ausführliches Hinschreiben der Gleichungen $(\partial U / \partial x_k) = \cdots$ selbst zu überzeugen. Sie sehen dann, daß mit der in (1.100) erklärten Funktion U die Gleichungen (1.98) lauten

$$m_i \frac{d^2 x_i}{d t^2} = -\frac{\partial U}{\partial x_i} + (\mathfrak{F}_i)_x \tag{1.101}$$

nebst zwei ähnlichen Gleichungen für die y- und z-Komponenten. Wenn Sie nun weiterhin beachten, daß bei der Bewegung unseres Systems alle $3n$ Größen $x_1, \ldots, z_n$ Funktionen der Zeit werden, so wird auch U eine Funktion der Zeit mit der zeitlichen Ableitung

$$\frac{dU}{dt} = \frac{\partial U}{\partial x_1}\frac{d x_1}{dt} + \frac{\partial U}{\partial y_1}\frac{d y_1}{dt} + \frac{\partial U}{\partial z_1}\frac{d z_1}{dt} + \frac{\partial U}{\partial x_2}\frac{d x_2}{dt} + \cdots + \frac{\partial U}{\partial z_n}\frac{d z_n}{dt}.$$

Multiplizieren wir somit in altgewohnter Weise die der Gl. (1.101) entsprechende Vektorgleichung *skalar* mit $\mathfrak{v}_i = \dot{\mathfrak{r}}_i$ und addieren alle so entstehenden Einzelgleichungen (Summation über i), so haben wir

$$\frac{d}{dt}\left(\sum_{i=1}^{n} \frac{m_i}{2} v_i^2 + U(x_1 \ldots z_n)\right) = \sum_i (\mathfrak{v}_i, \mathfrak{F}_i). \tag{1.102}$$

Unser System besitzt also eine aus kinetischer Energie $\sum \frac{m}{2} v^2$ und innerer potentieller Energie U bestehende Energie

$$E = \sum_{i=1}^{n} \frac{m_i}{2} v_i^2 + U(x_1 \ldots z_n), \tag{1.103}$$

deren zeitliche Änderung nach (1.102) gleich der Leistung der äußeren Kräfte ist. Insbesondere ist E bei Abwesenheit äußerer Kräfte zeitlich konstant.

Wir haben so in recht allgemeiner, dafür zunächst aber farbloser Art die drei fundamentalen Sätze vom Schwerpunkt, vom Drehimpuls und der Energie eines aus beliebigen Massenpunkten bestehenden Systems herausgearbeitet. Ihre Fruchtbarkeit muß sich bei konkreten Anwendungen offenbaren. Insbesondere wird sich im nächsten Abschnitt zeigen, daß beim starren Körper diese Sätze bereits zur vollständigen Beschreibung der Bewegung ausreichen.

3. Der starre Körper.

Der starre Körper besteht zwar — im Sinne der vorhergehenden allgemeinen Betrachtungen — aus ungeheuer vielen Einzelteilchen. Die Bedingung der Starrheit besagt jedoch, daß diese Teilchen sich nicht gegeneinander bewegen. Dadurch ist es möglich, die momentane Lage des Körpers durch 6 Zahlenangaben festzulegen. Zum Beispiel kann man die kartesischen Koordinaten eines Punktes willkürlich vorgeben; das sind drei Zahlen. Für irgendeinen zweiten Punkt des Körpers bleibt dann noch als Lagemöglichkeit eine Kugelfläche um den ersten Punkt. Auf dieser wird der zweite Punkt durch zwei Zahlen, eine geographische Länge und Breite, festgelegt. Jetzt bleibt für einen dritten Punkt nur noch ein Kreis um die Verbindungslinie der beiden ersten übrig. Sein Ort auf diesem Kreis wird durch *eine* Zahlenangabe festgelegt. Damit liegt aber auch der ganze Körper im Raume fest. Im vorigen Abschnitt haben wir für einen Punkthaufen mit inneren Kräften gerade 6 Gleichungen gewonnen, in denen die inneren Kräfte nicht vorkommen, nämlich diejenigen vom Schwerpunkt und vom Drehimpuls:

$$\begin{aligned} \frac{d}{dt} \sum_i m_i \mathfrak{v}_i &= \sum_j \mathfrak{F}_i = \mathfrak{F}, \\ \frac{d}{dt} \Big(\sum_i m_j [\mathfrak{r}_i, \mathfrak{v}_i] \Big) &= \sum_i [\mathfrak{r}_i, \mathfrak{F}_i] = \mathfrak{D}. \end{aligned} \tag{1.104}$$

Diese 6 Gleichungen müssen also ausreichen, um bei gegebenen äußeren Kräften $\mathfrak{F}_i$ die Bewegung des ganzen Körpers zu beschreiben. Bevor wir auf diese Frage eingehen, sollen vorweg einige einfache Fälle behandelt werden.

a) **Die Drehung um eine feste Achse.** Der Körper sei so gelagert, daß er sich nur um eine Achse (die z-Achse) drehen kann. ω sei seine Winkelgeschwindigkeit. Wir fragen nach seinem Drehimpuls

$$\mathfrak{J} = \sum_i m_i [\mathfrak{r}_i, \mathfrak{v}_i] \tag{1.105}$$

und seiner kinetischen Energie

$$L = \sum_i \tfrac{1}{2} m_i \mathfrak{v}_i^2. \tag{1.106}$$

Wir berechnen zuerst die z-Komponente von $\mathfrak{J}$, also

$$\mathfrak{J}_z = \sum_i m_i (x_i v_{iy} - y_i v_{ix}). \tag{1.107}$$

Bedeutet $r_i = \sqrt{x_i^2 + y_i^2}$ den Abstand von der Drehachse, so ist der Betrag der Geschwindigkeiten $v_i = \omega r_i$, also wird die kinetische Energie, da ja ω

für alle Punkte wegen der Starrheit des Körpers den gleichen Wert hat,

(1.108) $$L = \tfrac{1}{2}\omega^2 \sum_i m_i (x_i^2 + y_i^2).$$

In $\mathfrak{J}_z$ brauchen wir noch die Komponenten von $\mathfrak{v}_i$, nämlich $v_{iy} = x_i\,\omega$; $v_{ix} = -\,y_i\,\omega$, wie wir sie aus Fig. 34 entnehmen, einzusetzen (zur Kontrolle: es muß sein $v_{iy}^2 + v_{ix}^2 = r_i^2\,\omega^2$ und außerdem $\mathfrak{v}_i$ senkrecht auf $\mathfrak{r}_i$). Damit erhalten wir

(1.109) $$\mathfrak{J}_z = \omega \sum_i m_i (x_i^2 + y_i^2).$$

Die hier auftretende Summe über Masse mal Abstandsquadrat nennt man das *Trägheitsmoment* Θ. In unserem Fall Θ_z, weil die Drehung um die z-Achse erfolgt. Solange nur von dieser einen Achse die Rede ist, können wir den Index z auch weglassen und haben dann

(1.110) $$\mathfrak{J}_z = \omega\Theta \quad \text{und} \quad L = \tfrac{1}{2}\omega^2\Theta.$$

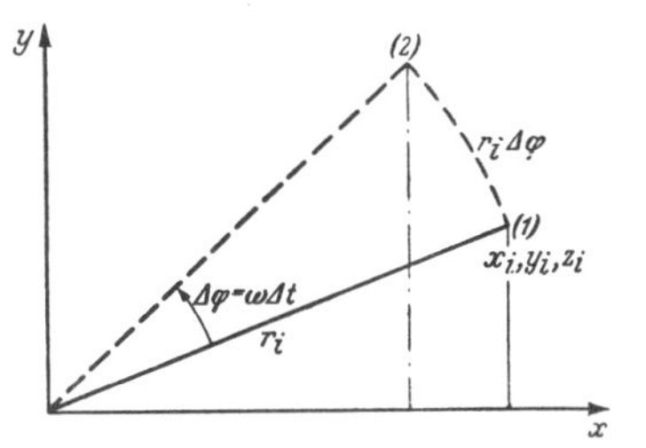

Fig. 34. Die Änderungen der Koordinaten x_i, y_i des i-ten Massenpunktes bei einer Drehung um den kleinen Winkel $\Delta\varphi = \omega\,\Delta t$.

Es ist oft bequem, das Trägheitsmoment durch einen *Trägheitsradius* R zu kennzeichnen, in dem man mit $M = \sum_i m_i$ setzt

(1.111) $$\sum_i m_i (x_i^2 + y_i^2) = M R^2.$$

Berechnen Sie R für eine flache Kreisscheibe von der Dicke d und vom Radius a bei Drehung um die Symmetrieachse sowie für Drehung um einen Scheibendurchmesser, außerdem für eine massive Kugel.

Zum Beispiel für die *Kreisscheibe* (Fig. 35): Mit der Dichte ϱ befindet sich im Abstand zwischen r und $r + dr$ die Masse $\varrho \cdot d \cdot 2\pi r\,dr$. Das ist mit r^2 zu multiplizieren und von Null bis a zu integrieren. Andererseits ist $M = \varrho\,d\,\pi\,a^2$. Daraus folgt für den Trägheitsradius

$$R_{\text{Kreisscheibe}} = \frac{a}{\sqrt{2}}.$$

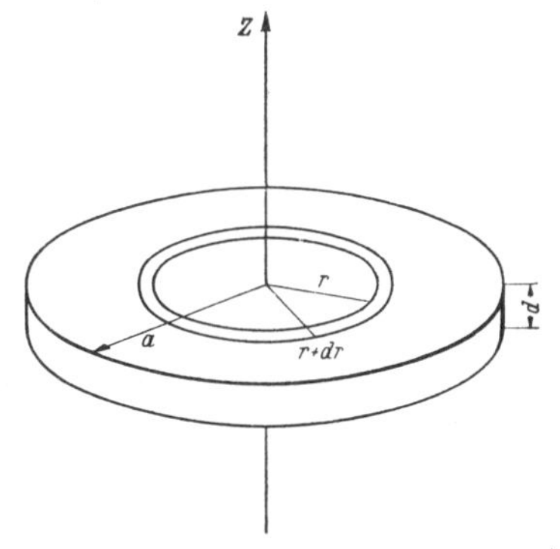

Fig. 35. Zur Berechnung des Trägheitsmoments einer Kreisscheibe.

Für die Kugel erleichtert man sich die Berechnung durch die Bemerkung, daß für die Drehung um die x- und y-Achse der gleiche Trägheitsradius herauskommen muß. Addiert man alle drei Trägheitsmomente, so resultiert

$$3 M R^2 = 2 \sum_i m_i (x_i^2 + y_i^2 + z_i^2).$$

Bei der Kugel wird die rechte Seite gleich

$$2 \cdot \int_0^a \varrho\, 4\pi r^2\, dr\, r^2 = 8\pi\varrho \frac{a^5}{5} = 2 \cdot 3 \cdot \frac{4\pi}{3}\varrho a^3 \frac{a^5}{5}.$$

Also $R_{\text{Kugel}} = \sqrt{\dfrac{2}{5}}\,a$.

Der sogenannte *Steinersche Satz* ist für manche Anwendungen nützlich. Er gibt an, wie sich das Trägheitsmoment bei einer Parallelverschiebung der Drehachse ändert. In Fig. 36 sei in einer Projektion auf die x-y-Ebene S der

Schwerpunkt des Körpers und A mit den Koordinaten x und y der Durchstoßpunkt der Drehachse. S sei im Ursprung des Koordinatensystems. Der Abstand des Punktes $x_i y_i$ von A ist also $\sqrt{(x_i - x)^2 + (y_i - y)^2}$. Das Trägheitsmoment Θ_A bei Drehung um A ist also

$$\Theta_A = \sum_i m_i (x_i - x)^2 + (y_i - y)^2$$
$$= \sum_i m_i (x_i^2 + y_i^2) + (x^2 + y^2) \sum_i m_i - 2x \sum_i m_i x_i - 2y \sum_i m_i y_i .$$

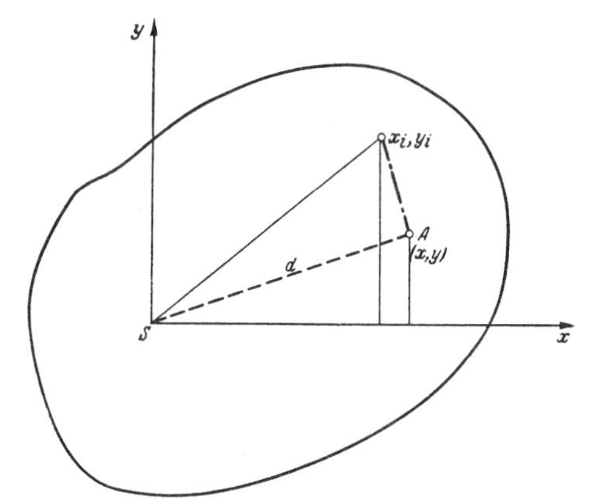

Fig. 36. Zum Steinerschen Satz. S ist der Schwerpunkt, A mit den Koordinaten x, y der Durchstoßpunkt der Drehachse.

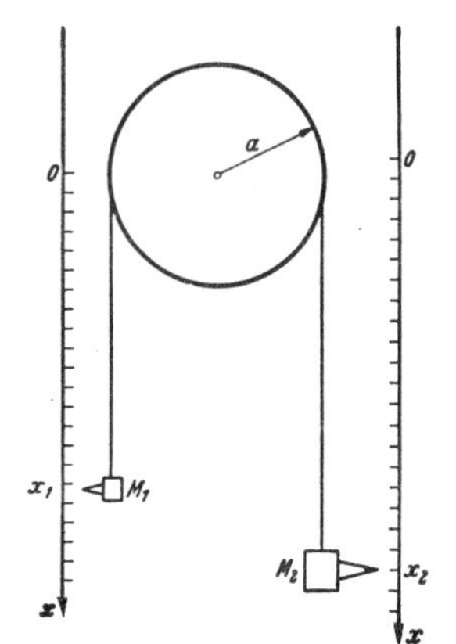

Fig. 37. Die Atwoodsche Fallmaschine.

Da S der Schwerpunkt sein soll, so sind die Summen $\sum_i m_i x_i = 0$ und $\sum_i m_i y_i = 0$, es bleibt also mit $\sum_i m_i = M$:

(1.112) $$\Theta_A = \Theta_S + M d^2 .$$

Wo Θ_S das Trägheitsmoment bei Drehung um den Schwerpunkt bedeutet und d den Abstand der Drehachse A vom Schwerpunkt. Das ist der Steinersche Satz. Wir betrachten einige spezielle Fälle:

Die Atwoodsche Fallmaschine (Fig. 37) diente früher häufig zur Demonstration der Fallgesetze. Sie besteht aus zwei Massen M_2 und M_1 (es sei $M_2 > M_1$), welche an den beiden Enden eines Fadens hängen. Der Faden läuft über eine Rolle (Metallscheibe vom Radius a). Gefragt ist z. B. nach der Beschleunigung, welche M_2 erfährt. Das ganze System hat nur einen Freiheitsgrad. Daher ist der *Energiesatz* zur Beschreibung bereits ausreichend. Zählen wir die x-Koordinate senkrecht nach unten, so ist die potentielle Energie $-M_1 g x_1 - M_2 g x_2$, das Gewicht des Fadens ist vernachlässigt. Die kinetische Energie besteht aus den Translationsenergien der Massen und der Rotationsenergie der Scheibe. Es muß also

$$E = -M_1 g x_1 - M_2 g x_2 + \tfrac{1}{2} M_1 \dot{x}_1^2 + \tfrac{1}{2} M_2 \dot{x}_2^2 + \tfrac{1}{2} \Theta \omega^2$$

zeitlich konstant sein, d. h.

$$\frac{dE}{dt} = -M_1 g \dot{x}_1 - M_2 g \dot{x}_2 + M_1 \dot{x}_1 \ddot{x}_1 + M_2 \dot{x}_2 \ddot{x}_2 + \Theta \dot{\omega} \omega = 0 .$$

Wegen der Verbindung zwischen M_1 und M_2 ist aber $\dot{x}_1 = -\dot{x}_2$ und $a\omega = \dot{x}_2$. Damit hebt sich $\dot{x}_2$ heraus, es bleibt für die Beschleunigung $\ddot{x}_2 = \dot{v}$ der Masse M_2

$$\dot{v} = g \cdot \frac{M_2 - M_1}{M_2 + M_1 + \Theta/a^2} .$$

Mit M_s für die Masse der Scheibe und ihren Trägheitsradius $R = a/\sqrt{2}$ also auch $\dot{v} = g \cdot \frac{M_2 - M_1}{M_1 + M_2 + \frac{1}{2} M_s}$. Gegenüber dem freien Fall wird also die Beschleunigung g um das Verhältnis der Massendifferenz $M_2 - M_1$ zur ganzen Massenträgheit $M_1 + M_2 + \frac{1}{2} M_s$ verkleinert.

Es ist lehrreich, die gleiche Maschine mit dem Satz vom Drehimpuls zu behandeln. Dazu brauchen wir noch die Zugspannungen Z_1 und Z_2 der beiden Fadenenden. Dann ist $a(Z_2 - Z_1)$ das auf die Scheibe ausgeübte Drehmoment, also

$$\Theta \dot{\omega} = a(Z_2 - Z_1).$$

Dazu treten jetzt die Bewegungsgleichungen der beiden Massen

$$M_1 \ddot{x}_1 = M_1 g - Z_1,$$
$$M_2 \ddot{x}_2 = M_2 g - Z_2.$$

(Es wäre falsch, einfach $Z_1 = M_1 g$ zu setzen!)

Berechnen Sie selbst daraus $\dot{v}$ durch Elimination von Z_1 und Z_2.

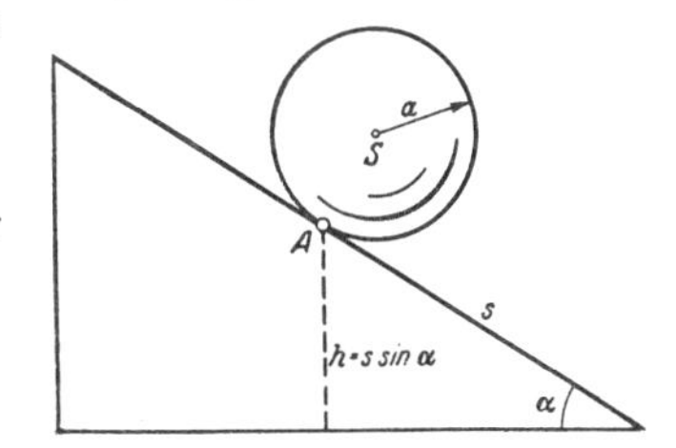

Fig. 38. Die auf der schiefen Ebene rollende Kugel.

b) Die rollende Kugel auf der schiefen Ebene (Fig. 38). Nach dem Energiesatz bilden wir die Summe aus potentieller und kinetischer Energie

$$-M g s \cdot \sin\alpha + \frac{M}{2} \dot{s}^2 + \frac{\Theta}{2} \omega^2 = E.$$

Wenn die Kugel rollt, so ist $\omega = \dot{s}/a$. Aus $dE/dt = 0$ erhalten Sie

$$\ddot{s} = g \sin\alpha \frac{M a^2}{M a^2 + \Theta}$$

oder wegen

$$\Theta = M R^2 = \tfrac{2}{5} M a^2$$

$$\ddot{s} = g \sin\alpha \frac{1}{1 + \frac{2}{5}} = \frac{5}{7} g \cdot \sin\alpha. \tag{1.113}$$

Auch hier kann man statt dessen mit dem Satz vom Drehimpuls arbeiten, wenn man das Rollen beschreibt als eine Drehung um den momentanen Berührungspunkt A der Kugel auf der schiefen Ebene. Man hat dann

$$\Theta_A \dot{\omega} = M g a \sin\alpha,$$

denn $a \sin\alpha$ ist der Hebelarm der in S konzentriert gedachten Schwerkraft in bezug auf die Drehachse A. Mit $\omega = \dot{s}/a$ und dem Steinerschen Satz für Θ_A haben Sie wieder den obigen Ausdruck für $\ddot{s}$.

c) Das **physikalische Pendel** (Fig. 39) läßt sich sofort durch den Drehimpulssatz erledigen: Sei α der Auslenkungswinkel, so ist $\omega = \dot{\alpha}$. Mit dem Abstand s des Schwerpunktes S vom Aufhängepunkt A ist das Drehmoment der Schwerkraft in bezug auf A gleich $M g s \sin\alpha$, also wird

$$\Theta_A \ddot{\alpha} = -M g s \sin\alpha.$$

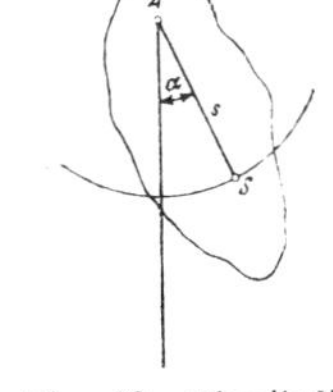

Fig. 39. Physikalisches Pendel. A Aufhängepunkt; S Schwerpunkt.

Für $\alpha \ll 1$ kann man $\sin\alpha$ durch α ersetzen und erhält

$$\alpha(t) = C \cdot \sin\sqrt{\frac{M g s}{\Theta_A}}\, t. \tag{1.114}$$

Nach Steiner ist $\Theta_A = \Theta_S + M s^2$. Mit dem durch $\Theta_S = M R_S^2$ erklärten Trägheitsradius R_S des auf S bezogenen Trägheitsmomentes folgt

$$\alpha(t) = C \cdot \sin\sqrt{\frac{g s}{R_S^2 + s^2}}\, t. \tag{1.114a}$$

Für den Fall, daß die ganze Masse in der Nähe von S konzentriert ist, wird $R_s \ll s$ und s wird einfach gleich der Fadenlänge l eines Fadenpendels mit punktförmiger Masse. Man nennt allgemein die Größe

$$\frac{R_S^2 + s^2}{s} = l \tag{1.115}$$

auch die reduzierte Pendellänge. Mit ihr hat die Schwingungsdauer T den Wert $T = 2\pi\sqrt{\frac{l}{g}}$. l hängt in höchst charakteristischer Weise von s ab (Fig. 40), wie man am besten aus der Schreibweise

$$l = s + \frac{R_S^2}{s} \tag{1.115a}$$

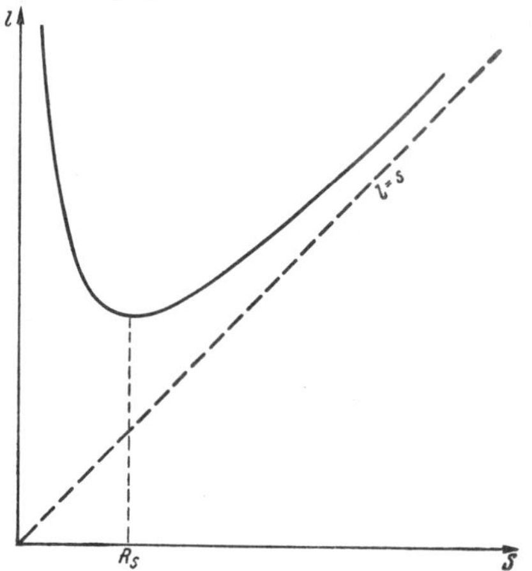

Fig. 40. Zum physikalischen Pendel. Abhängigkeit der reduzierten Pendellänge l vom Abstand s des Aufhängepunktes vom Schwerpunkt.

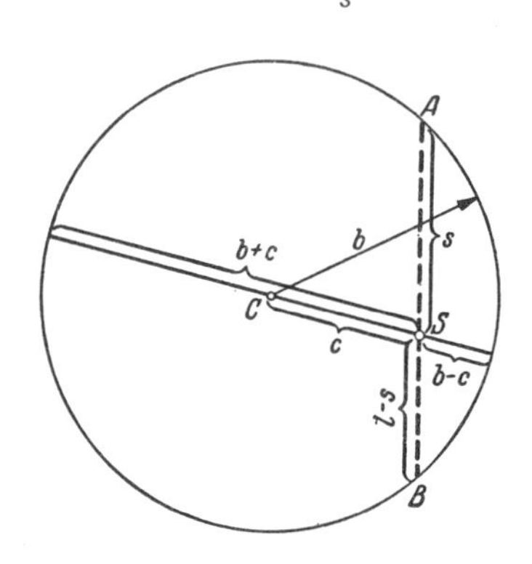

Fig. 41. Das Reifenpendel. Die reduzierte Pendellänge ist gleich der in der Ruhelage vertikalen Sehne AB.

erkennt. l hat ein Minimum für $s = R_S$. An dieser Stelle der Kurve ist l und damit auch T besonders unempfindlich gegen kleine Änderungen von s.

d) Das **Reifenpendel** (Fig. 41) stellt eine einfache Anwendung dieser Ergebnisse dar. Das Reifenpendel ist ein in beliebiger Weise mit Masse belegter Kreisring (Radius b), welcher um einen Punkt A des Kreises als Aufhängepunkt Pendelschwingungen ausführt. In der Ruhelage befindet sich der Schwerpunkt S ge-

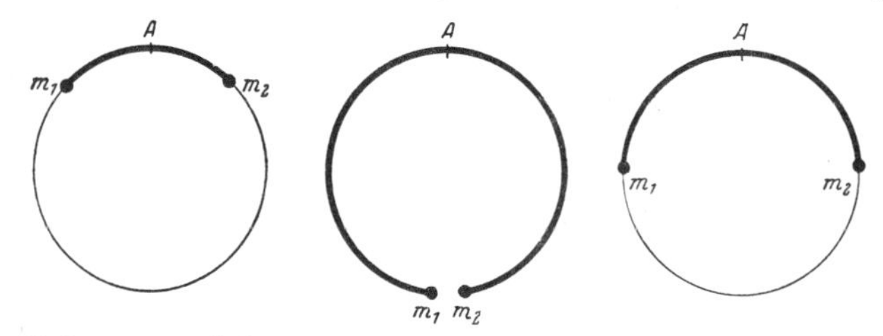

Fig. 42. Das symmetrische Reifenpendel. Alle haben die gleiche Schwingungsdauer.

rade unterhalb A. Es gilt nun der Satz, daß die in dieser Lage gemessene *vertikale Sehne AB des Kreises gleich der reduzierten Pendellänge* ist. Zum Beweis bilden wir $l = \frac{R_S^2 + s^2}{s}$. s ist die Strecke AS. Ferner kennen wir das Trägheitsmoment um das Zentrum C des Ringes; es ist einfach $\Theta_C = Mb^2$. Nach Steiner ist ferner $\Theta_S = \Theta_C - c^2M$, also $R_S^2 = b^2 - c^2$ oder $R_S = (b - c)(b + c)$. Damit wird $s(l - s) = (b - c)(b + c)$. Nach dem Sehnensatz, angewandt auf die beiden sich in S schneidenden Sehnen, folgt daraus, daß $l - s$ gleich der

Strecke SB ist. Das wollten wir aber gerade beweisen. Für symmetrisch zu A gelegene gleiche Massen 1 und 2 folgt daraus die gleiche reduzierte Pendellänge $l = 2b$ für die drei in Fig. 42 angedeuteten Lagen dieser Massen.

e) Drehgeschwindigkeit und Drehimpuls bei allgemeiner Bewegung des starren Körpers. Gegenüber dem Fall der fest gegebenen Drehachse wird die allgemeine Bewegung des starren Körpers von der Tatsache beherrscht, daß die Drehachse und der Drehimpuls nur in Ausnahmefällen die gleiche Richtung haben. Der Vektor $\mathfrak{w}$ mit den Komponenten $\omega_x, \omega_y, \omega_z$ der Drehgeschwindigkeit hat die Richtung der Drehachse (Fig. 43). Sein Betrag ist gleich der Winkelgeschwindigkeit, mit welcher die Drehung um diese Achse erfolgt. Für die Geschwindigkeit $\mathfrak{v}_i$ eines am Ort $\mathfrak{r}_i$ befindlichen Massenpunktes folgt aus dieser Erklärung

(1.116) $$\mathfrak{v}_i = [\mathfrak{w}, \mathfrak{r}_i].$$

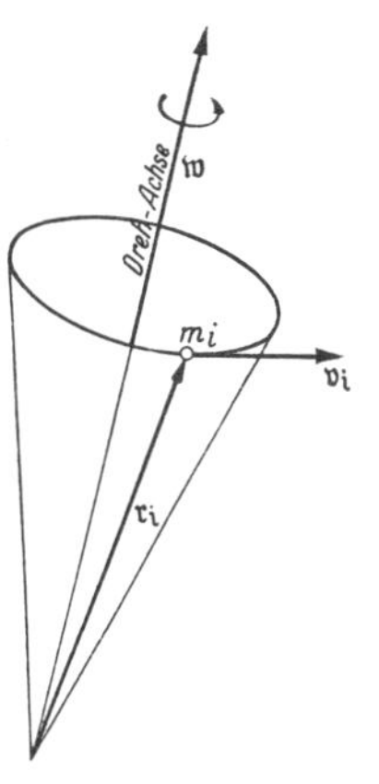

Fig. 43. Die Verknüpfung $\mathfrak{v}_i = [\mathfrak{w}\,\mathfrak{r}_i]$ zwischen Drehgeschwindigkeit $\mathfrak{w}$ und Translationsgeschwindigkeit des Massenpunktes m_i.

Hat z. B. $\mathfrak{w}$ die z-Richtung, also $\mathfrak{w} = \{0, 0, \omega_z\}$, so wird danach $\dot{x}_i = -\omega_z y_i$; $\dot{y}_i = \omega_z x_i$. Zur Berechnung des Drehimpulses haben wir den Vektor

(1.117) $$[\mathfrak{r}_i, \mathfrak{v}_i] = [\mathfrak{r}_i, [\mathfrak{w}, \mathfrak{r}_i]] = \mathfrak{w}\,\mathfrak{r}_i^2 - \mathfrak{r}_i(\mathfrak{w}, \mathfrak{r}_i)$$

zu bilden. Es ist hier bequemer, zur gemeinen Koordinatenschreibweise überzugehen, also etwa

(1.117a) $$[\mathfrak{r}_i, \mathfrak{v}_i]_x = \omega_x(x_i^2 + y_i^2 + z_i^2) - x_i(\omega_x x_i + \omega_y y_i + \omega_z z_i)$$

oder

(1.117b) $$[\mathfrak{r}_i, \mathfrak{v}_i]_x = \omega_x(y_i^2 + z_i^2) - \omega_y x_i y_i - \omega_z x_i z_i$$

zu setzen. Ferner brauchen wir für die kinetische Energie

$$\mathfrak{v}_i^2 = [\mathfrak{w}, \mathfrak{r}_i]^2 = \mathfrak{w}^2 r_i^2 - (\mathfrak{w}, \mathfrak{r}_i)^2,$$

also

(1.118) $$\begin{aligned} \mathfrak{v}_i^2 = {} & \omega_x^2(y_i^2 + z_i^2) + \omega_y^2(z_i^2 + x_i^2) + \omega_z^2(x_i^2 + y_i^2) - \\ & - 2\omega_x\omega_y x_i y_i - 2\omega_y\omega_z y_i z_i - 2\omega_x\omega_z x_i z_i. \end{aligned}$$

Mit diesen Ausdrücken haben wir den Drehimpuls $\mathfrak{J} = \sum m_i[\mathfrak{r}_i, \mathfrak{v}_i]$ und die kinetische Energie $L = \frac{1}{2}\sum_i m_i \mathfrak{v}_i^2$ zu bilden. Zur übersichtlichen Schreibweise führen wir die Abkürzungen ein:

(1.119) $$\begin{aligned} \Theta_{11} &= \sum_i m_i(y_i^2 + z_i^2) & \Theta_{12} &= -\sum_i m_i x_i y_i, \\ \Theta_{22} &= \sum_i m_i(z_i^2 + x_i^2) & \Theta_{13} &= -\sum_i m_i x_i z_i, \\ \Theta_{33} &= \sum_i m_i(x_i^2 + y_i^2) & \Theta_{23} &= -\sum_i m_i y_i z_i. \end{aligned}$$

Ferner schreiben wir $\{\omega_1, \omega_2, \omega_3\}$ und $\{I_1, I_2, I_3\}$ an Stelle von $\{\omega_x, \omega_y, \omega_z\}$ und $\{I_x, I_y, I_z\}$. Dann erhalten wir für die Komponenten I_j des Drehimpulses und für die kinetische Energie in ihrer Abhängigkeit von der Drehgeschwindigkeit

(1.120) $$I_j = \sum_k \Theta_{jk}\omega_k \quad \text{und} \quad L = \tfrac{1}{2}\sum_{i,k}\Theta_{ik}\omega_i\omega_k.$$

Wir diskutieren zunächst den Ausdruck für L in einem Raum der ω_j. Ein Vektor $\mathfrak{w}$ in diesem Raum stellt nach Richtung und Größe eine Drehgeschwindigkeit dar. Wir fragen nach der Gesamtheit derjenigen $\mathfrak{w}$-Vektoren, welche eine fest vorgegebene Energie L_0 liefern. Die Endpunkte aller dieser Vektoren liegen auf dem sogenannten Trägheitsellipsoid. $L_0 = \frac{1}{2}\sum_{i,k}\Theta_{ik}\omega_i\omega_k$. Hauptachsen dieses

Ellipsoids sind dadurch gekennzeichnet, daß die Tangentialebene am Endpunkt der Hauptachse auf dem zugehörigen Vektor $\mathfrak{w}$ senkrecht steht. An irgendeiner Stelle des Ellipsoids ist die Richtung der Flächennormalen gegeben durch

$$n_1 : n_2 : n_3 = \frac{\partial L_0}{\partial \omega_1} : \frac{\partial L_0}{\partial \omega_2} : \frac{\partial L_0}{\partial \omega_3} = \left(\sum_k \Theta_{1k}\,\omega_k\right) : \left(\sum_k \Theta_{2k}\,\omega_k\right) : \left(\sum_k \Theta_{3k}\,\omega_k\right). \tag{1.121}$$

Damit diese Richtung mit derjenigen von $\mathfrak{w}$ zusammenfalle, muß also mit einer Proportionalitätskonstanten Θ gelten

$$\sum_k \Theta_{jk}\,\omega_k = \Theta\,\omega_j, \qquad j = 1, 2, 3. \tag{1.122}$$

Das sind drei lineare homogene Gleichungen für die drei Komponenten ω_j von $\mathfrak{w}$. Sie haben nur dann eine Lösung, wenn die zugehörige Säkulargleichung

$$\begin{vmatrix} \Theta_{11} - \Theta & \Theta_{12} & \Theta_{13} \\ \Theta_{21} & \Theta_{22} - \Theta & \Theta_{23} \\ \Theta_{31} & \Theta_{32} & \Theta_{33} - \Theta \end{vmatrix} = 0 \tag{1.123}$$

erfüllt ist. Die drei Lösungen $\Theta_{\mathrm{I}}, \Theta_{\mathrm{II}}, \Theta_{\mathrm{III}}$ dieser Gleichung dritten Grades heißen die Hauptträgheitsmomente des Körpers. Zu ihnen gehören drei Drehvektoren $\mathfrak{w}_{\mathrm{I}}, \mathfrak{w}_{\mathrm{II}}, \mathfrak{w}_{\mathrm{III}}$. Sie bilden die gesuchten Hauptachsen des Trägheitsellipsoids.

Diese Drehachsen sind zugleich dadurch ausgezeichnet, daß bei ihnen der Drehimpuls $\mathfrak{J}$ in die Richtung der Drehachse fällt. Denn nach der obigen Gleichung für die Flächennormale gilt ja auch stets

$$n_1 : n_2 : n_3 = I_1 : I_2 : I_3. \tag{1.124}$$

Damit haben wir aber eine Vorschrift zur Konstruktion der Richtung von $\mathfrak{J}$ bei gegebenem $\mathfrak{w}$. Zeichnet man (Fig. 44) im Endpunkt von $\mathfrak{w}$ die Tangentialebene an das Trägheitsellipsoid, so gibt das vom Ursprung auf diese Ebene gefällte Lot die zu $\mathfrak{w}$ gehörige Richtung von $\mathfrak{J}$. Diese Konstruktion ermöglicht einen ersten Einblick in die kräftefreie Bewegung eines Kreisels. Beim Fehlen äußerer Kräfte sind nach unseren Grundgleichungen $\mathfrak{J}$ und L zeitlich konstant. Mit $\mathfrak{J}$ und L ist auch die Projektion von $\mathfrak{w}$ auf $\mathfrak{J}$ gegeben, da ja stets $(\mathfrak{w}, \mathfrak{J}) = 2L$ ist. Der Endpunkt von $\mathfrak{w}$ muß also stets auf der zu $\mathfrak{J}$ senkrechten „invariablen Ebene“ bleiben, auf welcher er zu Anfang war. Das mit dem Körper fest verbundene Trägheitsellipsoid muß diese Ebene berühren. Der Berührungspunkt gibt die momentane Drehgeschwindigkeit. Die weitere Bewegung spielt sich so ab, daß die Richtung von $\mathfrak{w}$ sich sowohl in bezug auf $\mathfrak{J}$ wie auch in bezug auf den Körper dauernd ändert, und zwar derart, daß immer andere Punkte des Ellipsoids mit der invariablen Ebene in Berührung kommen. Von einer weiteren Verfolgung dieser in die Kreiseltheorie hineinführenden Überlegungen wollen wir hier absehen.

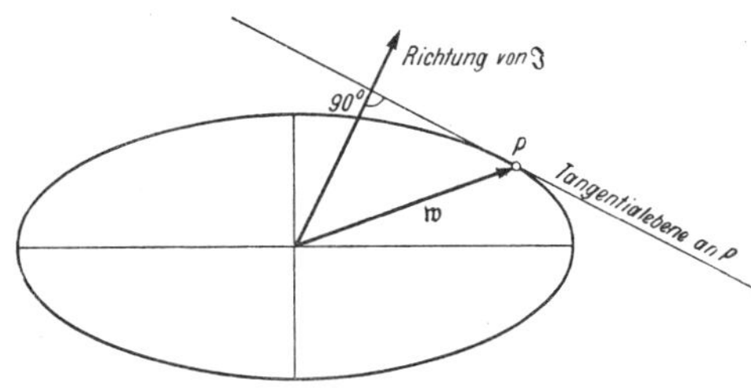

Fig. 44. Drehgeschwindigkeit und Drehimpuls beim starren Körper.

Zum Schluß noch ein einfaches Beispiel der Drehbewegung eines starren Körpers. Wenn eine Drehgeschwindigkeit $\mathfrak{w}$ konstant bleiben soll, so ist das im allgemeinen mit einer Änderung von $\mathfrak{J}$ verbunden. Dazu ist aber ein äußeres Drehmoment $\mathfrak{D} = d\mathfrak{J}/dt$ nötig. Wir erläutern dies am Beispiel eines schiefen

Schwungrades (Fig. 45), welches sich in seinem Lager mit der Drehgeschwindigkeit $\omega_z = \omega$ um die z-Achse dreht. Die „Schiefe" des Rades soll darin bestehen, daß sich an zwei gegenüberliegenden Stellen eines Scheibendurchmessers je eine Störmasse m befindet, und zwar an einem Ende h cm über der Scheibenmitte, am anderen unterhalb derselben. Die beiden Zusatzmassen haben somit die beiden Koordinaten

$$x_1 = a\cos\omega t, \qquad y_1 = a\sin\omega t,$$
$$x_2 = -a\cos\omega t, \qquad y_2 = -a\sin\omega t,$$
$$z_1 = h,$$
$$z_2 = -h.$$

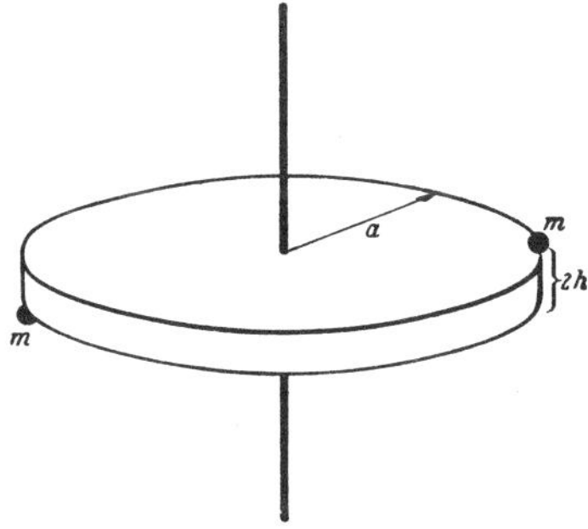

Fig. 45. Das schiefe Schwungrad mit den beiden Zusatzmassen m.

Bedeutet Θ_s das Trägheitsmoment der Scheibe selbst um die z-Achse, so haben wir für die Komponenten des Drehimpulses ($\omega_y = \omega_x = 0$):

$$I_x = -\omega_z \sum m_i z_i x_i = -\omega \cdot 2ma \cdot h\cos\omega t,$$
$$I_y = -\omega_z \sum m_i z_i y_i = -\omega \cdot 2ma \cdot h\sin\omega t,$$
$$I_z = \Theta_0\omega + \omega \sum m_i(x_i^2 + y_i^2) = \omega(\Theta_0 + 2ma^2).$$

Um also ω konstant zu halten, müssen von seiten des Lagers als Drehmoment aufgenommen werden:

$$M_x = \frac{dI_x}{dt} = \omega^2\, 2mah\sin\omega t,$$
$$M_y = \frac{dI_y}{dt} = -\omega^2\, 2mah\cos\omega t,$$
$$M_z = 0.$$

Mit diesem Moment „rütteln" die unsymmetrisch angebrachten Massen m am Lager. Der Betrag dieses Momentes, nämlich $2\omega^2 mah$, läßt sich auch so interpretieren: Auf eine der Massen m wirkt die Zentrifugalkraft $\omega^2 ma$. Diese bildet zusammen mit der auf die andere Masse wirkenden gleichen Zentrifugalkraft ein Kräftepaar mit dem Abstand $2h$, also dem Drehmoment $2h\cdot\omega^2 ma$.

II. Schwingungen und Wellen.

A. Lineare Schwingungen einer Kette.

1. Die Problemstellung.

Von den ungeheuer vielen Beispielen, welche die Physik für Schwingungen bietet, wollen wir ein ganz spezielles herausgreifen, nämlich eine Kette von n gleichen Massenpunkten, von denen jeder mit dem nächsten durch eine masselose elastische Feder verbunden ist.

Wir interessieren uns für die Längsschwingungen, welche dieses Gebilde ausführen kann. Für kleine n, etwa $n = 2$ oder 3, kann man sich dabei die Schwingungen der Atome eines zwei- oder dreiatomigen Moleküls vorstellen. Für ungeheuer große n andererseits (und entsprechend kleine Abstände a) erhalten wir ein schematisches Modell für einen Stab, der elastische Längsschwingungen ausführen kann. In mathematischer Hinsicht führt unsere Fragestellung auf die Begriffe der Eigenwerte und Eigenvektoren und einige damit zusammenhängende algebraische Fragestellungen.

Zur Kennzeichnung unseres Modells (Fig. 46) bezeichnen wir mit a die Länge der ungespannten Feder, mit $\varkappa$ die „Federkonstante", d. h.: Zu einer Verlängerung einer einzelnen Feder um die Strecke b ist die Kraft $b\varkappa$ erforderlich. Ferner sei x_ν die Koordinate des ν-ten Massenpunktes. In derjenigen Lage, in welcher alle Federn spannungsfrei sind, ist $x_\nu = \nu \cdot a$. Die Verschiebung $x_\nu - \nu \cdot a$, von der Gleichgewichtslage nennen wir $q_\nu = x_\nu - \nu \cdot a$. Dann ist die Länge der Feder

zwischen 1 und 2 gleich $x_2 - x_1$, ihre Verlängerung $q_2 - q_1$,
zwischen 2 und 3 gleich $x_3 - x_2$, ihre Verlängerung $q_3 - q_2$

usw. Damit erhalten wir als Kraft auf den ν-ten Massenpunkt

$$\varkappa(q_{\nu+1} - q_\nu) - \varkappa(q_\nu - q_{\nu-1}) = \varkappa(-2q_\nu + q_{\nu+1} + q_{\nu-1}).$$

Denn wenn z. B. alle Federn gedehnt sind, so wird der Punkt ν mit der Kraft $\varkappa(q_{\nu+1} - q_\nu)$ nach rechts hin gezogen, mit $\varkappa(q_\nu - q_{\nu-1})$ dagegen nach links. Nur

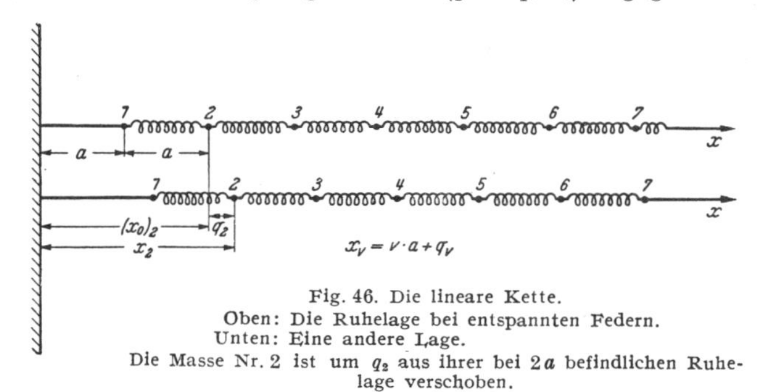

Fig. 46. Die lineare Kette.
Oben: Die Ruhelage bei entspannten Federn.
Unten: Eine andere Lage.
Die Masse Nr. 2 ist um q_2 aus ihrer bei $2a$ befindlichen Ruhelage verschoben.

die Punkte Nr. 1 und n erfahren nicht zwei Kräfte, sondern eine Kraft. Damit lauten unsere Bewegungsgleichungen:

$$\begin{aligned} m\ddot{q}_1 &= \varkappa(-q_1 + q_2) \\ m\ddot{q}_2 &= \varkappa(q_1 - 2q_2 + q_3) \\ &\vdots \\ m\ddot{q}_\nu &= \varkappa(q_{\nu-1} - 2q_\nu + q_{\nu+1}) \\ &\vdots \\ m\ddot{q}_n &= \varkappa(q_{n-1} - q_n). \end{aligned} \tag{2.1}$$

Gesucht sind natürlich die n Zeitfunktionen $q_1(t) \ldots q_n(t)$. Dabei müssen, wenn die Lösung vollständig ist, $2n$ Integrationskonstanten auftreten, da wir z. B. für $t = 0$ noch die Orte $q_\nu(0)$ und die Geschwindigkeiten $\dot{q}_\nu(0)$ willkürlich vorgeben können.

2. Die Fälle $n = 2$ und Fälle $n = 3$.

Wir beginnen mit den einfachsten Fällen, zunächst mit n *gleich* 2. Die beiden Gleichungen

$$\begin{aligned} m\ddot{q}_1 &= \varkappa(-q_1 + q_2), \\ m\ddot{q}_2 &= \varkappa(q_1 - q_2) \end{aligned} \tag{2.2}$$

ergeben nach Addition und Subtraktion die beiden anderen Gleichungen

$$\begin{aligned} m(\ddot{q}_1 + \ddot{q}_2) &= 0, \\ \frac{m}{2\varkappa}(\ddot{q}_1 - \ddot{q}_2) &= -(q_1 - q_2), \end{aligned} \tag{2.3}$$

die uns beide gut bekannt sind. Die erste gibt die kräftefreie Bewegung der ganzen Kette:

$$q_1 + q_2 = At + B.$$

Die zweite dagegen eine harmonische Schwingung des Abstandes:

$$q_1 - q_2 = C\cos\omega t + D\sin\omega t, \qquad \omega^2 = \frac{2\varkappa}{m}.$$

Die vier Konstanten $ABCD$ genügen gerade zur Erfüllung der Anfangsbedingung. Man kann z. B. zur Zeit $t = 0$ dem Atom 1 einen Schlag versetzen, so daß es mit der Geschwindigkeit v_0 aus seiner Ruhelage startet. Dann haben wir als Anfangsbedingungen für $t = 0$:

$$q_1 = 0, \qquad q_2 = 0,$$
$$\dot q_1 = v_0, \qquad \dot q_2 = 0.$$

Nach unseren Gleichungen ist allgemein

$$\dot q_1 + \dot q_2 = A,$$
$$\dot q_1 - \dot q_2 = \omega(-C\sin\omega t + D\cos\omega t).$$

Die speziellen Anfangsbedingungen verlangen also

$$B = 0, \qquad A = v_0,$$
$$C = 0, \qquad \omega D = v_0.$$

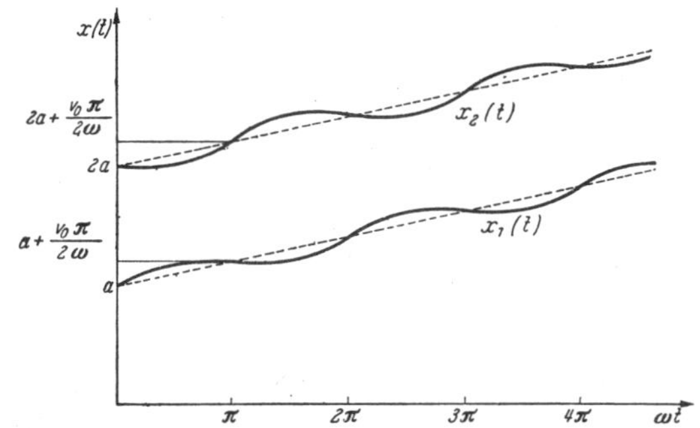

Fig. 47. Die Weg-Zeit-Kurven von zwei elastisch verbundenen Massenpunkten für den Fall eines Stoßes auf 1 zur Zeit $t = 0$.

Für $x_1(t)$ und $x_2(t)$ bekommt man daher

$$x_1(t) = \frac{v_0}{2}\left(t + \frac{1}{\omega}\sin\omega t\right) + a,$$

$$x_2(t) = \frac{v_0}{2}\left(t - \frac{1}{\omega}\sin\omega t\right) + 2a.$$

Daraus ergibt sich für $x_1(t)$ die in Fig. 47 skizzierte Kurve. Wir erhalten eine typische Überlagerung von Oszillation und Translation. Beachten Sie, daß der Schwerpunkt sich mit der konstanten Geschwindigkeit $\frac{1}{2}v_0$ bewegt, und daß nach der Zeit π/ω das erste Teilchen ruht, das zweite dagegen die Geschwindigkeit v_0 hat usw.

Der Fall $n = 3$ läßt sich auch noch einfach erledigen. Wir haben die drei Gleichungen

$$\frac{m}{\varkappa}\ddot q_1 = -q_1 + q_2,$$
$$(2.4) \qquad \frac{m}{\varkappa}\ddot q_2 = q_1 - 2q_2 + q_3,$$
$$\frac{m}{\varkappa}\ddot q_3 = q_2 - q_3.$$

Wir lassen uns leiten von dem beim Übergang von (2.2) nach (2.3) bewährten Verfahren, indem wir die drei Gleichungen (2.4) in solcher Weise zu kombinieren suchen, daß jeweils nur eine Kombination von q_1, q_2 und q_3 auftritt. Man errät leicht die folgenden drei Gleichungen:

$$\frac{m}{\varkappa}(\ddot q_1 + \ddot q_2 + \ddot q_3) = 0,$$
$$(2.5) \qquad \frac{m}{\varkappa}(\ddot q_1 - \ddot q_3) = -(q_1 - q_3),$$
$$\frac{m}{\varkappa}(\ddot q_1 - 2\ddot q_2 + \ddot q_3) = -3(q_1 - 2q_2 + q_3).$$

Außer der ersten Gleichung, welche wieder eine reine Translation der ganzen Kette gibt, haben wir zwei einfache Schwingungsgleichungen vom altbekannten Typ. Auch hier können wir mit 6 Konstanten sofort die allgemeinste Lösung hinschreiben:

$$\begin{aligned} q_1 + q_2 + q_3 &= A t + B, \\ q_1 - q_3 &= C \cos \omega_1 t + D \sin \omega_1 t, \\ q_1 - 2 q_2 + q_3 &= E \cos \omega_2 t + F \sin \omega_2 t. \end{aligned} \tag{2.6}$$

Darin bedeuten

$$\omega_1^2 = \frac{\varkappa}{m}; \quad \omega_2^2 = \frac{3\varkappa}{m}.$$

Der Stoß auf den Punkt 1 der Kette erledigt sich wie oben bei $n = 2$. Wir erhalten jetzt aus

$$q_1(0) = q_2(0) = q_3(0) = 0, \qquad B = C = E = 0,$$

und aus

$$\left.\begin{aligned} \dot{q}_1(0) &= v_0 \\ \dot{q}_2(0) &= 0 \\ \dot{q}_3(0) &= 0 \end{aligned}\right\} A = \omega_1 D = \omega_2 F = v_0.$$

Die Bewegung von 1 folgt nun aus (2.6), indem man die erste Gleichung mit 2, die zweite mit 3, die dritte mit 1 multipliziert und addiert und die Summe durch 6 dividiert:

$$q_1(t) = \frac{v_0}{3}\left(t + \frac{3}{2\omega_1} \sin \omega_1 t + \frac{1}{2\omega_2} \sin \omega_2 t\right).$$

Im Zeitmittel ist $q_1 = \frac{v_0}{3} t$, wie es nach dem Schwerpunktsatz sein muß. Dagegen ist zu Anfang der Bewegung (d. h. für $\omega_1 t \ll 1$ und $\omega_2 t \ll 1$) $\sin \omega_1 t \approx \omega_1 t$, also $q_1 = v_0 t$, wie es verlangt war.

3. Nochmals der Fall $n = 3$. (Allgemeine Behandlung.)

Der im Fall $n = 3$ noch leicht zu erratende Übergang von (2.4) nach (2.5) ist bei einer größeren Teilchenzahl kaum mehr in dieser Weise durchzuführen. Zu einer allgemeinen Behandlung gibt unser Resultat (2.6) den folgenden Fingerzeig: Wir können nach derjenigen Bewegungsform fragen, in welcher lediglich die Frequenz $\omega_1 = \sqrt{\frac{\varkappa}{m}}$ auftritt, in welcher also nur die zweite Zeile von (2.6) von 0 verschieden ist. Das ist der Fall, wenn $A = B = E = F = 0$ wird. Das bedeutet:

$$\begin{aligned} q_1 + q_2 + q_3 &= 0, \\ q_1 - 2 q_2 + q_3 &= 0. \end{aligned}$$

Aus beiden Gleichungen folgt $q_2 = 0$ und $q_1 = -q_3$. Damit haben wir eine mögliche Bewegung (mit einer willkürlichen Konstanten β)

$$\begin{aligned} q_1 &= \beta \cos \omega_1 t, \\ q_2 &= 0, \\ q_3 &= -\beta \cos \omega_1 t, \end{aligned} \tag{2.7}$$

bei der 2 in Ruhe bleibt und 1 und 3 gegeneinander schwingen. Soll dagegen ω_2 allein auftreten, so muß

$$q_1 + q_2 + q_3 = 0$$

und

$$q_1 - q_3 = 0$$

sein, also $q_3 = q_1$ und $q_2 = -2q_1$. Wir haben damit eine mögliche Lösung

$$q_1 = q_3 = \beta \cos \omega_2 t, \qquad q_2 = -2\beta \cos \omega_2 t. \tag{2.8}$$

1 und 3 schwingen beide nach rechts, 2 mit der doppelten Amplitude nach links.

Wir wollen diese Art der Betrachtung unmittelbar an unserer ursprünglichen Bewegungsgleichung (2.4) vorführen, indem wir verlangen, daß alle Massenpunkte mit der gleichen (vorerst unbekannten Frequenz) ω schwingen sollen. Mit den ebenfalls noch unbekannten Amplituden ξ_1, ξ_2, ξ_3 versuchen wir also den Ansatz

$$\begin{aligned} q_1(t) &= \xi_1 \cos \omega t, \\ q_2(t) &= \xi_2 \cos \omega t, \\ q_3(t) &= \xi_3 \cos \omega t. \end{aligned} \tag{2.9}$$

Setzen wir das in (2.4) ein und bezeichnen noch

$$\frac{\omega^2 m}{\varkappa} = \eta, \tag{2.10}$$

so erhalten wir das algebraische Gleichungssystem

$$\begin{aligned} \xi_1 - \xi_2 &= \eta \xi_1, \\ -\xi_1 + 2\xi_2 - \xi_3 &= \eta \xi_2, \\ -\xi_2 + \xi_3 &= \eta \xi_3 \end{aligned} \tag{2.11}$$

oder auch

$$\begin{aligned} (1-\eta)\xi_1 - \xi_2 &= 0, \\ -\xi_1 + (2-\eta)\xi_2 - \xi_3 &= 0, \\ -\xi_2 + (1-\eta)\xi_3 &= 0. \end{aligned} \tag{2.12}$$

Das sind drei lineare homogene Gleichungen für die drei Amplituden ξ_1, ξ_2, ξ_3; damit sind wir in das weite Gebiet der Algebra solcher Gleichungen hineingeraten, mit dem wir uns bei dieser Gelegenheit ein klein wenig anfreunden wollen. (2.12) hat natürlich immer die Lösung $\xi_1 = \xi_2 = \xi_3 = 0$, welche aber höchst uninteressant ist. Eine andere Lösung hat (2.12) im allgemeinen nicht. Das sieht man geometrisch leicht ein. In einem Raum mit den Koordinaten ξ_1, ξ_2, ξ_3 wird ja durch jede der drei Gleichungen (2.12) eine durch den Nullpunkt gehende Ebene festgelegt. Zwei von diesen Ebenen haben eine Gerade gemeinsam, nämlich ihre Schnittgerade. Damit nun alle drei Ebenen außer dem Nullpunkt noch einen weiteren Punkt gemeinsam haben, muß also die dritte Ebene ebenfalls die ganze Schnittgerade der ersten beiden Ebenen enthalten. Dann sind aber alle Punkte dieser Geraden Lösungen von (2.12). Wenn man sich klarmacht, daß $a\xi_1 + b\xi_2 + c\xi_3 = 0$ diejenige Ebene ist, welche mit dem Vektor (a, b, c) senkrecht steht, so kann man die geschilderte Bedingung für die Lösbarkeit von (2.11) auch so formulieren, daß man sagt, die drei Vektoren

$$(1-\eta,\ -1,\ 0); \quad (-1,\ 2-\eta,\ -1); \quad (0,\ -1,\ 1-\eta)$$

müssen in einer Ebene liegen. Die Bedingung dafür lautet aber, daß die Determinante

$$D(\eta) = \begin{vmatrix} 1-\eta & -1 & 0 \\ -1 & 2-\eta & -1 \\ 0 & -1 & 1-\eta \end{vmatrix} = 0 \tag{2.13}$$

verschwindet. (D ist ja nach S. 162 gleich dem Volumen des von den drei Vektoren aufgespannten Parallelepipeds.) Nur dann, wenn η dieser kubischen Gleichung genügt, hat (2.12) überhaupt eine von 0 verschiedene Lösung. Man nennt (2.13) auch die *Säkulargleichung* unseres Schwingungssystems. Sie ist noch leicht zu lösen. Addiert man z. B. die Summe der zweiten und dritten Zeile zur ersten, so steht in der ersten Zeile überall $-\eta$, also wird

$$D(\eta) = (-\eta) \begin{vmatrix} 1 & 1 & 1 \\ -1 & (2-\eta) & -1 \\ 0 & -1 & 1-\eta \end{vmatrix}.$$

Wenn man jetzt die erste Spalte von der zweiten und von der dritten Spalte subtrahiert, so wird

$$D = (-\eta) \begin{vmatrix} 1 & 0 & 0 \\ -1 & 3-\eta & 0 \\ 0 & -1 & 1-\eta \end{vmatrix},$$

also $D = -\eta(3-\eta)(1-\eta)$. Damit haben wir die drei Lösungen unserer Säkulargleichung gefunden:

$$\eta_1 = 0, \quad \eta_2 = 1, \quad \eta_3 = 3.$$

Nur für diese drei Werte von η läßt sich (2.12) lösen. Wir beachten noch, daß durch (2.12) die ξ_1, ξ_2, ξ_3 nur bis auf einen gemeinsamen Faktor festgelegt sind. Über diesen kann man so verfügen, daß $\xi_1^2 + \xi_2^2 + \xi_3^2 = 1$ ist, daß also die ξ_i im Raum der ξ_1, ξ_2, ξ_3 einen Einheitsvektor bilden. Wenn wir von dieser Möglichkeit Gebrauch machen, erhalten wir das im folgenden Schema angegebene Resultat: Darin sind unter jedem erlaubten η-Wert diejenigen Werte von ξ_1, ξ_2, ξ_3 angegeben, welche (2.12) befriedigen.

(2.14)

	$\eta = 0$	$\eta = 1$	$\eta = 3$
ξ_1	$\frac{1}{\sqrt{3}}$	$\frac{1}{\sqrt{2}}$	$\frac{1}{\sqrt{6}}$
ξ_2	$\frac{1}{\sqrt{3}}$	0	$-\frac{2}{\sqrt{6}}$
ξ_3	$\frac{1}{\sqrt{3}}$	$-\frac{1}{\sqrt{2}}$	$\frac{1}{\sqrt{6}}$

Wir können unser Schema (2.14) jetzt auch so lesen: Wir wollen mit den Buchstaben ν die Nummer unseres Massenpunktes kennzeichnen. Damit veranschaulichen wir uns die Verrückungen ξ_ν ($\nu = 1, 2, 3$) als die Komponenten eines Vektors im $n = 3$-dimensionalen Raum. Mit s kennzeichnen wir die einzelne, zu einem bestimmten $\eta = \eta_s$ gehörige Eigenschwingung. [Nach (2.10) ist ja $\omega_s = \sqrt{\frac{\eta_s \cdot \varkappa}{m}}$]. Dann sind durch das Schema (2.14) drei Einheitsvektoren $\mathfrak{e}^{(s)}$ festgelegt, mit den Komponenten

$$(2.15) \qquad \begin{aligned} \mathfrak{e}^{(1)} &= \left(\frac{1}{\sqrt{3}}, \quad \frac{1}{\sqrt{3}}, \quad \frac{1}{\sqrt{3}}\right) \equiv (e_1^{(1)}, \quad e_2^{(1)}, \quad e_3^{(1)}), \\ \mathfrak{e}^{(2)} &= \left(\frac{1}{\sqrt{2}}, \quad 0, \quad -\frac{1}{\sqrt{2}}\right) \equiv (e_1^{(2)}, \quad e_2^{(2)}, \quad e_3^{(2)}), \\ \mathfrak{e}^{(3)} &= \left(\frac{1}{\sqrt{6}}, \quad -\frac{2}{\sqrt{6}}, \quad \frac{1}{\sqrt{6}}\right) \equiv (e_1^{(3)}, \quad e_2^{(3)}, \quad e_3^{(3)}). \end{aligned}$$

Es ist höchst bemerkenswert, daß diese drei Vektoren alle aufeinander senkrecht stehen! Es ist tatsächlich[1] $(\mathfrak{e}^{(s)}, \mathfrak{e}^{(s')}) = \delta_{ss'}$. Durch die $\mathfrak{e}^{(s)}$ wird also ein Koordinatensystem aufgespannt in dem Sinne, daß ein beliebiger Vektor $\vec{\xi}$ mit den Komponenten ξ_ν $(\nu = 1, 2, 3)$ auch durch seine Komponenten c_s nach diesen Einheitsvektoren geschrieben werden kann:

$$\vec{\xi} = \sum_{s=1}^{3} c_s \mathfrak{e}^{(s)}, \qquad c_s = (\vec{\xi}, \mathfrak{e}^{(s)}). \tag{2.16}$$

Nennen wir $e_\nu^{(s)}$ die ν-te Komponente des s-ten Einheitsvektors $\mathfrak{e}^{(s)}$, so lautet diese Zerlegung auch

$$\xi_\nu = \sum_{s=1}^{3} c_s e_\nu^{(s)}, \qquad c_s = \sum_\nu \xi_\nu e_\nu^{(s)}.$$

Man nennt die Zahlen η_s die *Eigenwerte* und die Vektoren $\mathfrak{e}^{(s)}$ die *Eigenvektoren* des Gleichungssystems (2.12).

Hinsichtlich der speziellen mit (2.4) begonnenen Fragestellung haben wir natürlich — abgesehen von einer höchst gelehrten Ausdrucksweise — nichts Neues erhalten.

Gehen wir nämlich zu unserem Ansatz (2.9) zurück, so besagt unser Resultat, daß (2.9) dann eine Lösung von (2.4) ist, wenn darin für ω eines der $\omega_s = \sqrt{\eta_s \cdot \frac{\varkappa}{m}}$ und gleichzeitig für ξ_1, ξ_2, ξ_3 nach Tabelle (2.14) die zugehörigen Komponenten $e_1^{(s)}$, $e_2^{(s)}$, $e_3^{(s)}$ des Einheitsvektors $\mathfrak{e}^{(s)}$ eingesetzt werden. Dabei kann man die ganze Lösung noch mit einer beliebigen Konstanten A_s multiplizieren und überdies noch eine entsprechende Lösung mit $\sin\omega t$ und einem Faktor B_s hinzufügen. Um die allgemeine Lösung von (2.4) zu bekommen, hat man diese für die verschiedenen ω_s gewonnenen Partiallösungen zu addieren. Damit hat man schließlich als allgemeinste Lösung in Vektorform

$$\mathfrak{q}(t) = \sum_{s=1}^{3} \mathfrak{e}^{(s)} (A_s \cos\omega_s t + B_s \sin\omega_s t) \tag{2.17}$$

oder skalar ausgeschrieben

$$q_\nu(t) = \sum_{s=1}^{3} e_\nu^{(s)} (A_s \cos\omega_s t + B_s \sin\omega_s t) \tag{2.17a}$$

mit 6 willkürlichen Konstanten A_1, A_2, A_3 und B_1, B_2, B_3. Die Gl. (2.17a) sind natürlich bis auf die Bezeichnung der Konstanten identisch mit den früher gewonnenen Gl. (2.6). Um genau die Form (2.6) zu erhalten, müßte man (2.17) skalar mit einem der Einheitsvektoren, etwa $\mathfrak{e}^{(s')}$ multiplizieren. Dann wird

$$\sum_{\nu=1}^{3} q_\nu(t) e_\nu^{(s')} = A_{s'} \cos\omega_{s'} t + B_{s'} \sin\omega_{s'} t, \qquad (s' = 1, 2, 3 \ldots)$$

wo für die $e_\nu^{(s)}$ die Zahlen aus dem Schema (2.15) einzusetzen sind. Damit auch der Fall $s' = 1$ mit $\omega_1 = 0$ miterfaßt ist, könnte man statt der Konstanten $B_{s'}$ die andere Konstante $C_{s'}/\omega_{s'}$ einführen. Dann geht

$$A \cos\omega t + C \cdot \frac{\sin\omega t}{\omega} \text{ im Limes } \omega \to 0 \text{ in } A + Ct$$

über. Man erhält wieder die reine Translation.

[1] Das in der Physik oft benutzte Symbol $\delta_{ss'}$ bedeutet:

$$\delta_{ss'} = 0 \quad \text{für} \quad s \neq s', \qquad \delta_{ss} = 1 \quad \text{für} \quad s' = s.$$

4. Eigenwerte und Eigenvektoren einer symmetrischen Matrix.

Bevor wir zu unserer Kette mit n Massenpunkten zurückgehen, wollen wir das soeben gegebene Rechenschema aus Freude am Formalismus viel weiter verallgemeinern, als wir es im Augenblick physikalisch brauchen. Wir denken uns n Massenpunkte, die zwar wieder alle auf der x-Geraden liegen sollen, die aber alle verschiedene Massen haben können und alle miteinander in Wechselwirkung stehen können. Wir machen nur die eine Voraussetzung, daß die auftretenden Kräfte linear von den Verrückungen Q_ν abhängen und daß das Gesetz von actio und reactio gilt. Dann lauten die n-Bewegungsgleichungen

$$m_i \ddot{Q}_i = -\sum_{k=1}^{n} A_{ik} Q_k,$$

$$i = 1, 2, \ldots, n,$$

$$A_{ik} = A_{ki}.$$

Setzt man die Verrückungen $Q_k = \frac{q_k}{\sqrt{m_k}}$, so lauten in den so „reduzierten" Verrückungen unsere Gleichungen nach Division durch $\sqrt{m_i}$

$$\ddot{q}_i = -\sum_k \frac{A_{ik}}{\sqrt{m_i m_k}} q_k. \tag{2.18}$$

Indem wir noch $A_{ik} = \sqrt{m_i m_k}\, a_{ik}$ setzen, erhalten wir für die q_i

$$-\ddot{q}_i = \sum_{\lambda=1}^{n} a_{ik} q_k; \quad \nu = 1, 2, \ldots, n \tag{2.18a}$$

mit $a_{ik} = a_{ki}$. Die ursprüngliche Aufgabe mit den verschiedenen Massen ist damit mathematisch zurückgeführt auf System (2.18a), in welchem alle Massen gleich 1 sind. Das Schema der n^2 Zahlen a_{ik} nennt man eine Matrix $\boldsymbol{a}$. Im früher behandelten Falle $n = 3$ war z. B.

$$\boldsymbol{a} = \begin{pmatrix} a_{11} & a_{12} & a_{13} \\ a_{21} & a_{22} & a_{23} \\ a_{31} & a_{32} & a_{33} \end{pmatrix} = \frac{\varkappa}{m} \begin{pmatrix} +1 & -1 & 0 \\ -1 & +2 & -1 \\ 0 & -1 & +1 \end{pmatrix}.$$

Zur Lösung von (2.18) fragen wir wieder nach synchronen Schwingungen aller n Massenpunkte, also einer Lösung der Form $q_\nu = \xi_\nu \cos\sqrt{\eta} \cdot t$ mit *derselben* Frequenz $\sqrt{\eta}$ für alle ν. Mit diesem Ansatz wird aus (2.18a):

$$\sum_{k=1}^{n} a_{ik} \xi_k = \eta \xi_i; \quad i = 1, 2, \ldots, n. \tag{2.19}$$

Die n linearen homogenen Gleichungen für die n Amplituden haben nur dann eine von Null verschiedene Lösung, wenn die Determinante

$$\begin{vmatrix} a_{11} - \eta & a_{12} & \ldots & a_{1n} \\ a_{21} & a_{22} - \eta & \ldots & a_{2n} \\ \vdots & & & \vdots \\ a_{n1} & \ldots & \ldots & a_{nn} - \eta \end{vmatrix} = 0 \tag{2.20}$$

wird.

Die n Wurzeln dieser Säkulargleichung seien $\eta_1, \eta_2, \ldots, \eta_n$. Man nennt sie die „Eigenwerte" der Matrix $\boldsymbol{a}$. Zu jedem Eigenwert η_s gehört eine Lösung $\xi_\nu^{(s)}$ der Gl. (2.19). Die Zahlen $\xi_1^{(s)}, \xi_2^{(s)}, \ldots, \xi_n^{(s)}$ bilden die n-Komponenten des zum Eigenwert η_s gehörigen Eigenvektors. Für diese Eigenvektoren gilt der ganz fundamentale Satz: *Zwei zu verschiedenen Eigenwerten η_s und $\eta_{s'}$ gehörige*

Eigenvektoren stehen senkrecht aufeinander, d. h. es gilt $\sum_{\nu=1}^{n} \xi_\nu^{(s)} \xi_\nu^{(s')} = 0$. Der Beweis ist höchst einfach. Aus

$$\sum_k a_{ik} \xi_k^{(s)} = \eta_s \xi_i^{(s)}$$

und

$$\sum_k a_{ik} \xi_k^{(s')} = \eta_{s'} \xi_i^{(s')}$$

folgt, wenn man die erste Gleichung mit $\xi_i^{(s')}$, die zweite mit $\xi_i^{(s)}$ multipliziert, über alle i summiert und beide Gleichungen subtrahiert,

$$\sum_{i,k} \xi_i^{(s')} a_{ik} \xi_k^{(s)} - \sum_{i,k} \xi_i^{(s)} a_{ik} \xi_k^{(s')} = (\eta_s - \eta_{s'}) \sum_{i=1}^{n} \xi_i^{(s)} \xi_i^{(s')}. \tag{2.21}$$

Wenn man in der ersten Summe links die Indices i und k vertauscht und von der Symmetrie von $\boldsymbol{a}$ $(a_{ik} = a_{ki})$ Gebrauch macht, so sieht man, daß die linke Seite Null ist. Also muß $\sum_{i=1}^{n} \xi_i^{(s)} \xi_i^{(s')} = 0$ sein, sobald $\eta_s \neq \eta_{s'}$. Das war aber gerade die Behauptung.

Wenn die Eigenwerte $\eta_1 \ldots \eta_n$ alle voneinander verschieden sind (was wir zunächst annehmen wollen), so steht also jeder der n Eigenvektoren senkrecht auf jedem andern. Da bei jedem Eigenvektor noch ein allen Komponenten gemeinsamer Zahlenfaktor beliebig wählbar ist, so können und wollen wir über diesen so verfügen, daß $\sum_{\nu=1}^{n} (\xi_\nu^{(s)})^2 = 1$ wird für alle s. Die so „normierten" Eigenvektoren nennen wir $\mathfrak{e}^{(s)}$ mit den Komponenten $e_\nu^{(s)}$.

Formulieren wir diesen merkwürdigen Tatbestand noch einmal, unter der Benutzung des Wortes „*Operator*" an Stelle des Wortes Matrix. Das Wort Operator weist auf folgende Blickrichtung: Durch die Zahlen $\xi_1 \ldots \xi_k \ldots \xi_n$ ist ein Punkt im n-dimensionalen Raum der ξ_ν festgelegt. Der Vektor $\vec{\xi}$ ist der Fahrstrahl, welcher den Ursprung mit diesem Punkt verbindet. Durch die Matrix $\boldsymbol{a}$ wird nun jedem derartigen Vektor $\vec{\xi}$ ein anderer Vektor $\vec{\xi'}$ mit den Komponenten ξ'_ν zugeordnet durch die Vorschrift

$$\sum a_{ik} \xi_k = \xi'_i. \tag{2.22}$$

Die Matrix $\boldsymbol{a}$ „operiert" in dem Raum der ξ_ν, indem sie aus jedem Vektor $\vec{\xi}$ einen anderen, nämlich den Vektor $\vec{\xi'}$ macht. Man kann (2.22) auch in der symbolischen Weise schreiben:

$$\boldsymbol{a} \vec{\xi} = \vec{\xi'} \tag{2.22a}$$

(lies: Operator $\boldsymbol{a}$ angewandt auf den Vektor $\vec{\xi}$ macht daraus den Vektor $\vec{\xi'}$). Unsere Gl. (2.19) gestattet dann die Schreibweise

$$\boldsymbol{a} \vec{\xi} = \eta \vec{\xi}. \tag{2.23}$$

Sie stellt die Aufgabe: Gegeben ist der Operator $\boldsymbol{a}$. Gesucht ist ein Vektor $\vec{\xi}$, welcher bei Anwendung dieses Operators $\boldsymbol{a}$ seine Richtung beibehält und lediglich seine Länge (um den Faktor η) ändert. Unser obiges Resultat besagt nun, daß es genau n zueinander senkrechte Einheitsvektoren $\mathfrak{e}^{(s)}$ $(s = 1, 2, \ldots, n)$ gibt, für welche

$$\boldsymbol{a}\, \mathfrak{e}^{(s)} = \eta_s \mathfrak{e}^{(s)} \tag{2.24}$$

ist. Oder in Komponenten-Schreibweise:

$$\sum_k a_{ik} e_k^{(s)} = \eta_s e_i^{(s)} \tag{2.24a}$$

($e_i^{(s)}$ ist die i-te Komponente des s-ten Eigenvektors). Wenn also das durch den Operator $\mathfrak{a}$ gegebene Eigenwertproblem gelöst ist, so haben wir eine recht anschauliche Beschreibung davon, in welcher Weise der ganze Raum der ξ_ν durch $\mathfrak{a}$ verzerrt wird: Jede Strecke in Richtung $\mathfrak{e}^{(1)}$ wird um den Faktor η_1 gedehnt, jede Strecke der Richtung $\mathfrak{e}^{(2)}$ dagegen um den Faktor η_2 und so fort.

5. Die quadratische Form.

Zu einem noch anderen Aspekt des gleichen Tatbestandes führt die Frage nach der Gestalt der durch die Gleichung

$$\sum_{i,k=1}^{n} x_i a_{ik} x_k = 1 \tag{2.25}$$

im n-dimensionalen Raum festgelegten Fläche. Für $n = 2$ lautet (2.25) z. B.

$$a_{11} x_1^2 + 2 a_{12} x_1 x_2 + a_{22} x_2^2 = 1 .$$

Für $n = 3$ dagegen

$$a_{11} x_1^2 + a_{22} x_2^2 + a_{33} x_3^2 + 2 (a_{12} x_1 x_2 + a_{13} x_1 x_3 + a_{23} x_2 x_3) = 1 .$$

Wenn die zur Matrix a_{ik} gehörigen Eigenwerte η_s und Eigenvektoren $\mathfrak{e}^{(s)}$ gefunden sind, so können wir den Vektor $\mathfrak{x}$ darstellen durch seine Komponenten nach den n Eigenvektoren $\mathfrak{e}^{(s)}$, also etwa $\mathfrak{x} = \sum_s y_s \mathfrak{e}^{(s)}$ oder skalar ausgeschrieben $x_k = \sum_s y_s e_k^{(s)}$. Dabei ist also y_s die Komponente von $\mathfrak{x}$ nach der Richtung $\mathfrak{e}^{(s)}$. Der Übergang von den x_k zu den y_s ist gleichbedeutend mit einer Drehung aus der ursprünglichen Lage in die durch die Eigenvektoren gegebenen Richtungen. Es gilt stets

$$\sum_{k=1}^{n} x_k^2 = \sum_{s=1}^{n} y_s^2 .$$

Nunmehr wird nach (2.24a)

$$\sum_k a_{ik} x_k = \sum_{(s)} y_s \sum_{(k)} a_{ik} e_k^{(s)} = \sum_s y_s \eta_s e_i^{(s)} .$$

Wenn wir, entsprechend der Vorschrift (2.25), diesen Ausdruck mit $x_i = \sum_{s'} y_{s'} e_i^{(s')}$ multiplizieren und die Summation über i ausführen, so ergibt sich wegen der Orthogonalität der $\mathfrak{e}^{(s)}$ stets Null, wenn $s' \neq s$ ist. Wegen der Normierung dagegen 1 für $s' = s$; $\left(\sum_i e_i^{(s)2} = 1\right)$. Die gemischten Produkte $y_i y_k$ verschwinden also und es bleibt

$$\sum_{i,k=1}^{n} x_i a_{ik} x_k = \sum_{s=1}^{n} \eta_s y_s^2 = 1 . \tag{2.26}$$

Man nennt die Richtungen $\mathfrak{e}^{(s)}$ auch die Hauptachsen der Matrix a_{ik} und die soeben durchgeführte Drehung des Koordinatensystems auch die Hauptachsentransformation. An (2.26) ist noch bemerkenswert: Wenn wir uns für die Lage der Fläche (2.25) im Raum nicht interessieren, sondern nur für ihre Gestalt, so ist diese durch die Eigenwerte η_s von a_{ik} bereits völlig festgelegt! Zum Beispiel liefert (2.26) für $n = 3$ und positive Eigenwerte η_1, η_2, η_3 ein Ellipsoid

$$\frac{y_1^2}{a_1^2} + \frac{y_2^2}{a_2^2} + \frac{y_3^2}{a_3^2} = 1$$

mit den Halbachsen $a_1 = 1/\sqrt{\eta_1}$, $a_2 = 1/\sqrt{\eta_2}$, $a_3 = 1/\sqrt{\eta_3}$. Ist eines der η_s negativ, so gibt es ein einschaliges Hyperboloid. Sind zwei davon negativ, so ist das Hyperboloid zweischalig. Bei drei negativen η_s gibt es keine reelle Fläche mehr.

Wiederholen Sie selbst die Überlegung für den Fall $n = 2$. Hier kann man die Vektoren $\mathfrak{e}^{(s)}$ immer darstellen in der Form

$$\mathfrak{e}^{(1)} = \{\cos\varphi,\ \sin\varphi\},$$
$$\mathfrak{e}^{(2)} = \{-\sin\varphi,\ \cos\varphi\}.$$

Die quadratische Form (2.25) hat neben der soeben dargelegten Bedeutung noch einen anderen, für unser mechanisches Problem (2.18) höchst bedeutsamen Sinn. (Wir setzen für den Augenblick die Massen = 1.) Dann ist

$$F(q_1 \ldots q_n) = \tfrac{1}{2} \sum_{i,k=1}^{n} q_i a_{ik} q_k$$

gerade die potentielle Energie, welche zu den Verrückungen $q_1 \ldots q_n$ gehört. In der Tat ist z. B.

$$\frac{\partial F}{\partial q_1} = \frac{1}{2} \sum_k a_{1k} q_k + \frac{1}{2} \sum_i q_i a_{i1}.$$

Wenn wir auch in der zweiten Summe den Index i durch k ersetzen, so wird also

$$\frac{\partial F}{\partial q_1} = \sum_k \frac{a_{1k} + a_{k1}}{2} q_k.$$

Wegen der vorausgesetzten Symmetrie von a_{ik} ist das aber gleich $\sum_k a_{ik} q_k$, also gleich der q_1-Komponente der in (2.18a) angegebenen Kraft. Die Gesamtenergie des durch (2.18a) gekennzeichneten Systems von n-Massenpunkten ist also

$$E = \tfrac{1}{2}(\dot{q}_1^2 + \cdots + \dot{q}_n^2) + \tfrac{1}{2} \sum_{i,k=1}^{n} q_i a_{ik} q_k.$$

Gehen wir hier im Raum der q_k wieder zu dem durch die Eigenvektoren $\mathfrak{e}^{(s)}$ von a_{ik} gegebenen Koordinatensystem nach dem Schema

$$q_k = \sum_{s=1}^{n} y_s e_k^{(s)}$$

über, so lautet die Energie, ausgedrückt in den neuen Koordinaten y_s:

$$E = \sum_{s=1}^{n} \left(\tfrac{1}{2} \dot{y}_s^2 + \tfrac{1}{2} \eta_s y_s^2\right).$$

Die Energie erscheint als einfache Summe der Energien von n einzelnen Oszillatoren, von denen jeder für sich der Schwingungsgleichung

$$\ddot{y}_s = -\eta_s y_s$$

genügt.

6. Die Eigenvektoren als orthogonale Matrix.

Hier sollen die zuletzt gewonnenen Ergebnisse noch einmal in anderer Schreibweise zum Ausdruck gebracht werden. Wir haben oben die symmetrische Matrix a_{ik} als einen Operator im Raum der Vektoren $\mathfrak{x}$ mit den Komponenten x_i gedeutet, in dem Sinne, daß der Operator a_{ik} angewandt auf einen Vektor x_i aus diesem einen anderen Vektor, sagen wir X_i, macht, nach der Vorschrift

$$\sum_{k=1}^{n} a_{ik} x_k = X_k. \tag{2.27}$$

Beziehen wir den Vektor $\mathfrak{x}$ auf das von den Eigenvektoren $\mathfrak{e}^{(s)}$ aufgespannte Koordinatensystem und nennen y_s die Komponente von $\mathfrak{x}$ nach der Richtung $\mathfrak{e}^{(s)}$.

setzen also

$$x_k = \sum_s e_k^{(s)} y_s \quad \text{und} \quad X_i = \sum_{s'} e_i^{(s')} Y_{s'},$$

so erhalten wir

$$\sum_{k,s} a_{ik} e_k^{(s)} y_s = \sum_{s'} e_i^{(s')} Y_{s'}.$$

Nach Multiplikation mit $e_i^{(t)}$ und Summation über i bleibt rechter Hand wegen $(\mathfrak{e}^{(t)}, \mathfrak{e}^{(s')}) = \delta_{ts'}$ nur Y stehen, so daß

$$\sum_s \left\{\sum_{i,k} e_i^{(t)} a_{ik} e_k^{(s)}\right\} y_s = Y_t \tag{2.27a}$$

wird. Zur Beschreibung dieses Tatbestandes führen wir neben der symmetrischen Matrix

$$\boldsymbol{a} = \begin{pmatrix} a_{11} & a_{12} & \cdots & a_{1n} \\ \vdots & & & \vdots \\ a_{21} & \cdots & \cdots & \vdots \\ \vdots & & & \vdots \\ a_{n1} & \cdots & \cdots & a_{nn} \end{pmatrix}$$

noch die orthogonale Matrix

$$\boldsymbol{e} = \begin{pmatrix} e_1^{(1)} & e_1^{(2)} & \cdots & e_1^{(n)} \\ e_2^{(1)} & & & \vdots \\ \vdots & & & \vdots \\ e_n^{(1)} & \cdots & \cdots & e_n^{(n)} \end{pmatrix}$$

ein. Sie entsteht einfach dadurch, daß wir die Komponenten von $\mathfrak{e}^{(1)}$ in die erste Spalte schreiben, diejenige von $\mathfrak{e}^{(2)}$ in die zweite Spalte usw.. Dabei ist eine orthogonale Matrix in folgender Weise definiert: Bezeichnet man mit $\boldsymbol{a}^\dagger$ die zu $\boldsymbol{a}$ adjungierte Matrix, d. h. diejenige, welche aus $\boldsymbol{a}$ durch Vertauschen von Zeilen und Kolonnen hervorgeht, also $(a^\dagger)_{ik} = a_{ki}$, so nennen wir eine Matrix $\boldsymbol{e}$ dann orthogonal, wenn die Produktmatrix $\boldsymbol{e}^\dagger\boldsymbol{e} = 1$ ist. In der Tat ist $\boldsymbol{e}^\dagger\boldsymbol{e}$

$$\begin{pmatrix} e_1^{(1)} & e_2^{(1)} & \cdots & e_n^{(1)} \\ e_1^{(2)} & e_2^{(2)} & \cdots & e_n^{(2)} \\ \vdots & & & \\ e_1^{(n)} & \cdots & \cdots & e_n^{(n)} \end{pmatrix} \begin{pmatrix} e_1^{(1)} & \cdots & \cdots & e_1^{(n)} \\ e_1^{(1)} & & & \vdots \\ \vdots & & & \vdots \\ e_n^{(1)} & & & e_n^{(n)} \end{pmatrix} = \begin{pmatrix} 1 & 0 & 0 & \cdots & 0 \\ 0 & 1 & 0 & \cdots & 0 \\ 0 & 0 & 1 & \cdots & 0 \\ \vdots & & & & \vdots \\ 0 & 0 & 0 & \cdots & 1 \end{pmatrix},$$

wenn man die Produktbildung nach den Regeln der Matrizenmultiplikation

$$(ab)_{ik} = \sum_s a_{is} b_{sk}$$

ausführt. Den Übergang von (2.27) nach (2.27a) können wir jetzt so beschreiben: Der ursprünglich in (2.27) durch seine Wirkung auf die x_i Komponenten eines Vektors erklärte Operator $\boldsymbol{a}$ wirkt nach einer Drehung des Koordinatensystems auf die in diesem Koordinatensystem gewonnenen Komponenten y_i gemäß

$$\sum_s (e^\dagger a e)_{ts} y_s = Y_t.$$

Ist nun die orthogonale Matrix speziell aufgebaut aus den zu $\boldsymbol{a}$ gehörigen Eigenvektoren, ist also

$$\sum_k a_{ik} e_k^{(s)} = \eta_s e_i^{(s)},$$

so hat die transformierte Matrix die Gestalt

$$e^{\dagger}\,a\,e = \begin{pmatrix} \eta_1 & 0 & 0 & \dots & 0 \\ 0 & \eta_2 & 0 & \dots & 0 \\ \vdots & & & & \vdots \\ 0 & \dots & & \dots & \eta_s \end{pmatrix}.$$

Die Gleichung (2.27a) lautet jetzt

$$\eta_t\, y_t = Y_t.$$

So sind wir zu einem höchst bedeutsamen Satz der reinen Algebra gelangt, welcher besagt: Zu jeder symmetrischen Matrix $\boldsymbol{a}$ läßt sich eine orthogonale Matrix $\boldsymbol{e}$ angeben, so daß die transformierte Matrix

$$e^{\dagger}\,a\,e$$

eine Diagonalmatrix ist. Deren Elemente heißen die Eigenwerte von $\boldsymbol{a}$. Die Spalten von $\boldsymbol{e}$ heißen die Eigenvektoren von $\boldsymbol{a}$.

In der Quantentheorie sind diese Begriffsbildungen von grundlegender Bedeutung. Allerdings sind die dort auftretenden Matrizen im allgemeinen komplex. Bei komplexen Matrizen versteht man unter der adjungierten Matrix $\boldsymbol{h}^{\dagger}$ diejenige, die aus $\boldsymbol{h}$ durch Vertauschen von Zeilen und Spalten sowie Übergang zum konjugiert Komplexen hervorgeht. Das $\dagger$ ist also definiert durch

$$(h^{\dagger})_{ik} = (h_{ki})^*.$$

Man hat im wesentlichen zu tun mit hermitischen Matrizen $\boldsymbol{h} = \boldsymbol{h}^{\dagger}$ (im Reellen symmetrisch genannt) und unitären Matrizen $\boldsymbol{u}^{\dagger}\boldsymbol{u} = 1$ (im Reellen orthogonal genannt).

Viele Probleme der Quantentheorie bestehen darin, daß zu einem gegebenen hermitischen Operator $\boldsymbol{h}$ ein unitärer Operator $\boldsymbol{u}$ gesucht wird, von der Art, daß $\boldsymbol{u}^{\dagger}\boldsymbol{h}\,\boldsymbol{u}$ diagonal ist.

Die vorstehenden Betrachtungen sollten nur eine erste Vorstellung von den Begriffen „Eigenwerte und Eigenvektoren“ übermitteln.

7. Die n-gliedrige Kette.

Wir kehren nach dieser Abschweifung zurück zu unseren Gl. (2.1) und suchen eine Eigenschwingung

$$q_\nu = \xi_\nu \cos\omega t \qquad (\nu = 1, 2 \dots n).$$

Mit der Abkürzung

$$\eta = \omega^2 \frac{m}{\varkappa}$$

erhalten wir für die Amplituden ξ_ν die n linearen homogenen Gleichungen

$$\begin{aligned} \xi_1 - \xi_2 \qquad &= \eta\,\xi_1, \\ -\xi_1 + 2\xi_2 - \xi_3 &= \eta\,\xi_2, \\ &\vdots \\ -\xi_{n-1} + \xi_n &= \eta\,\xi_n. \end{aligned} \tag{2.28}$$

Die möglichen Eigenschwingungen η sind gegeben durch die Wurzeln der Säkulargleichung

$$D_n(\eta) = \begin{vmatrix} 1-\eta & -1 & 0 & 0 & . & . & . & 0 \\ -1 & 2-\eta & -1 & 0 & . & . & . & 0 \\ 0 & -1 & 2-\eta & -1 & 0 & & & 0 \\ & & & . & & & & . \\ . & & & & . & & & \\ 0 & & & 0 & -1 & 2-\eta & -1 & 0 \\ 0 & . & . & . & 0 & -1 & 2-\eta & -1 \\ 0 & . & . & . & 0 & 0 & -1 & 1-\eta \end{vmatrix} = 0. \tag{2.29}$$

Bis dahin läuft das allgemeine Schema automatisch. Damit ist es aber auch am Ende, denn nun kommt alles darauf an, die Gleichung n-ten Grades (2.29) wirklich aufzulösen, also die Nullstellen der Funktion $D_n(\eta)$ zu berechnen. Und dafür läßt sich kein allgemeines Rezept angeben. Es ist in jedem Einzelfall eine Frage des Glücks oder der Geschicklichkeit, wieweit einem das gelingt. Wenn im Folgenden die Lösung von (2.29) explizit vorgezeigt wird, so sei doch darauf hingewiesen, daß dieser Lösung keine besonders tiefe Bedeutung zukommt. Sie ist nur als ein lehrreiches Beispiel für die allgemeinen Sätze der vorigen Paragraphen zu werten.

Die Determinante $D_n(\eta)$ hat den Schönheitsfehler, daß in der Diagonalen an den beiden Enden $1-\eta$ an Stelle des sonst überall vorhandenen $2-\eta$ steht. Wir versuchen unser Glück daher erst mit der etwas einfacheren Determinante

$$(2.30)\qquad H_n(\eta) = \begin{vmatrix} 2-\eta & -1 & 0 & 0 & . & . & . & . & 0 \\ -1 & 2-\eta & -1 & 0 & . & . & . & . & 0 \\ 0 & -1 & 2-\eta & -1 & 0 & & & & 0 \\ & & & . & & & & & . \\ . & & & & & . & & & \\ 0 & & & & 0 & -1 & 2-\eta & -1 & 0 \\ 0 & . & . & & . & 0 & -1 & 2-\eta & -1 \\ 0 & . & . & & . & 0 & 0 & -1 & 2-\eta \end{vmatrix}.$$

Entwickelt man nach den beiden Elementen der ersten Zeile, so hat man

$$(2.31)\qquad H_n(\eta) = (2-\eta)\,H_{n-1}(\eta) - H_{n-2}(\eta).$$

Damit diese Rekursionsformel auch noch für $n = 2$ richtig bleibt, müssen wir $H_0(\eta) = 1$ setzen. Wir müssen also (2.31) ergänzen durch

$$(2.31\text{a})\qquad H_0(\eta) = 1, \qquad H_1(\eta) = 2-\eta.$$

Schreiben wir (2.31) in der Form

$$H_{n-1} + H_{n+1} = (2-\eta)\,H_n,$$

so liegt es nahe, den Ansatz $H_n = e^{n\beta}$ zu versuchen. Dann wird $H_{n+1} = e^{(n+1)\beta}$ usw. Unsere letzte Gleichung wird von n unabhängig und gibt

$$e^{\beta} + e^{-\beta} = 2-\eta,$$

wofür man auch

$$\eta = -\left(e^{\beta/2} - e^{-\beta/2}\right)^2$$

schreiben kann. Offenbar ist der Ansatz $e^{-n\beta}$ ebenso brauchbar. Wir haben also die allgemeine Lösung von (2.31)

$$H_n = C_1 e^{n\beta} + C_2 e^{-n\beta},$$

wo nun die Konstanten C_1 und C_2 durch die beiden Anfangsbedingungen (2.31a) bestimmt werden:

$$H_0 = C_1 + C_2 = 1,$$
$$H_1 = C_1 e^{\beta} + C_2 e^{-\beta} = e^{\beta} + e^{-\beta}.$$

Aus beiden Gleichungen folgt

$$C_1 = \frac{e^{\beta}}{e^{\beta} - e^{-\beta}},$$

$$C_2 = -\frac{e^{-\beta}}{e^{\beta} - e^{-\beta}}.$$

Damit ist die Berechnung von H_n geleistet:

$$H_n(\eta) = \frac{e^{(n+1)\beta} - e^{-(n+1)\beta}}{e^{\beta} - e^{-\beta}};$$

$$(2.31\text{b})\qquad e^{\beta} + e^{-\beta} = 2-\eta.$$

Für reelle β ist η negativ, und $H_n(\eta)$ hat überhaupt keine Nullstelle! Also wählen wir β rein imaginär: $\beta = i\alpha$. Dann haben wir endgültig

$$(2.31\text{c}) \qquad H_n(\eta) = \frac{\sin(n+1)\alpha}{\sin\alpha}; \qquad 2\cos\alpha = 2 - \eta .$$

Die Nullstellen von $H_n(\eta)$ liegen also bei $\alpha = \pi \frac{s}{n+1}$ mit $s = 1, 2, \ldots, n$. (Beachten Sie, daß $\alpha = 0$ keine Nullstelle von H_n ist.)

Zur Berechnung von $D_n(\eta)$ führen wir noch die Determinante

$$P_n(\eta) = \begin{vmatrix} 1-\eta & -1 & 0 & 0 & . & & . & . & 0 \\ -1 & 2-\eta & -1 & 0 & . & & . & . & 0 \\ 0 & -1 & 2-\eta & -1 & 0 & & & & 0 \\ & & & & . & & & & . \\ . & & & & & . & & & \\ 0 & & & & 0 & -1 & 2-\eta & -1 & 0 \\ 0 & . & . & & . & 0 & -1 & 2-\eta & -1 \\ 0 & . & . & & . & 0 & 0 & -1 & 2-\eta \end{vmatrix}$$

ein, welche nur an einem Ende der Diagonalen $1 - \eta$ trägt. Setzt man hier $1 - \eta = 2 - \eta - 1$ ein, so sieht man, daß

$$P_n = H_n - H_{n-1}$$

sein muß. Ebenso schließt man, daß

$$D_n = P_n - P_{n-1}$$

ist. Aus beiden letzten Gleichungen folgt

$$D_n = H_n - 2H_{n-1} + H_{n-2} = \frac{1}{\sin\alpha}(\sin(n+1)\alpha - 2\sin n\alpha + \sin(n-1)\alpha).$$

Mit der allgemeinen Formel

$$\sin x + \sin y = 2\sin\frac{x+y}{2}\cos\frac{x-y}{2}$$

kann man den ersten und dritten Summanden zusammenfassen:

$$(2.32) \qquad D_n(\eta) = \frac{2\sin n\alpha}{\sin\alpha}(\cos\alpha - 1) = -2\sin n\alpha \cdot \operatorname{tg}\frac{\alpha}{2},$$

wobei

$$\eta = 4 \cdot \sin^2\frac{\alpha}{2}$$

ist. D_n wird Null für

$$(2.33) \qquad \alpha = \alpha_s = (s-1)\pi/n \quad \text{mit} \quad s = 1, 2, \ldots, n.$$

Die Nullstellen η_s von $D_n(\eta)$ liegen also bei

$$(2.34) \qquad \eta_s = \left(2\sin\frac{(s-1)\pi}{2n}\right)^2, \qquad s = 1, 2, \ldots, n.$$

(Beachten Sie, daß $s = n + 1$, also $\alpha = \pi$ keine Nullstelle von D_n ist.) Nach Voraussetzung ist $\eta_s = \frac{\omega_s^2 m}{\varkappa}$. Mithin werden die möglichen Eigenfrequenzen

$$(2.34\text{a}) \qquad \omega_s = \sqrt{\frac{\varkappa}{m}} \cdot 2\sin\left(\frac{(s-1)\pi}{2n}\right) \qquad s = 1, \ldots, n.$$

Um also die Eigenfrequenzen ω_s der Kette zu erhalten, zeichne man über α als Abszisse den Bogen $2\sin\alpha$ von $\alpha = 0$ bis $\alpha = \pi/2$, teile die Abszisse in n gleiche Teile und zeichne zu allen Teilpunkten $0, 1, 2, \ldots, n-1$ die Parallelen zur Ordinatenachse. Deren Länge bis zur Kurve gibt dann die zugehörige Frequenz mit dem Faktor $\sqrt{m/\varkappa}$, also $\omega_s \cdot \sqrt{m/\varkappa}$. Diese Konstruktion ist in den Figuren 48a und 48b für die Fälle $n = 3$ und $n = 10$ durchgeführt. Es ist stets $\omega_1 = 0$, entsprechend einer reinen Translation der ganzen Kette. Die eigentlichen Schwingungen beginnen erst mit $s = 2$. Damit ist das Schwingungsspektrum unserer Kette vollständig bekannt.

Zur völligen Erledigung des Problems möchte man nun natürlich auch wissen, wie denn die zu den einzelnen ω_s gehörenden Schwingungen wirklich aussehen.

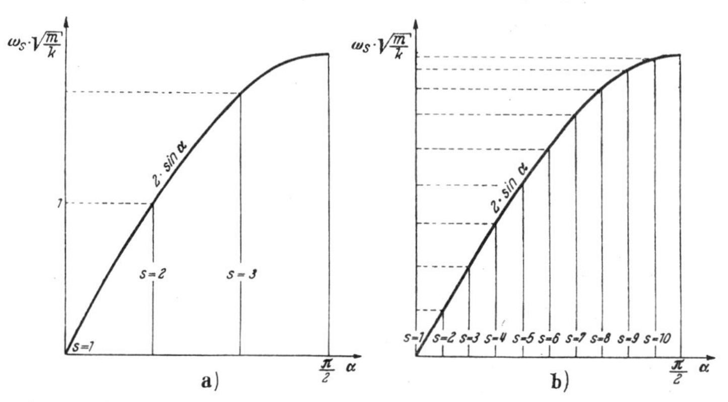

Fig. 48. Graphische Ermittlung der Eigenschwingungen der 3-gliedrigen (48a) und der 10-gliedrigen (48b) Kette.

Nun, dazu haben wir durch Lösen der Gl. (2.28) die Eigenvektoren $\mathfrak{e}^{(s)}$ zu den η_s zu berechnen. Auch das läßt sich gerade noch exakt durchführen. Wir gehen aus von einer der „mittleren" Gleichungen von (2.28) vom Typus

$$\xi_{\nu+1} + \xi_{\nu-1} = (2 - \eta)\,\xi_\nu$$

oder auch

$$\xi_{\nu+1} + \xi_{\nu-1} = (e^{i\alpha} + e^{-i\alpha})\,\xi_\nu .$$

Diese Gleichung wird offenbar befriedigt für $\xi_\nu = e^{i\nu\alpha}$ wie auch durch $\xi_\nu = e^{-i\nu\alpha}$, also auch durch die Linearkombination

$$\xi_\nu = C_1 e^{+i\nu\alpha} + C_2 e^{-i\nu\alpha}$$

mit zwei Konstanten C_1 und C_2, die jetzt so bestimmt werden müssen, daß auch die „Rand"gleichungen

$$\xi_2 = (1 - \eta)\,\xi_1,$$
$$\xi_{n-1} = (1 - \eta)\,\xi_n$$

erfüllt sind. Mit

$$1 - \eta = e^{i\alpha} + e^{-i\alpha} - 1$$

ergibt die *erste* Gleichung

$$C_1 e^{2i\alpha} + C_2 e^{-2i\alpha} = (e^{i\alpha} + e^{-i\alpha} - 1)\,(C_1 e^{i\alpha} + C_2 e^{-i\alpha}),$$

also

$$0 = C_2 + C_1 - C_1 e^{i\alpha} - C_2 e^{-i\alpha},$$

welche durch

$$C_1 = e^{-\frac{i\alpha}{2}}, \qquad C_2 = e^{\frac{i\alpha}{2}}$$

gelöst werden. Damit hätten wir

$$\xi_\nu = e^{i(\nu - \frac{1}{2})\alpha} + e^{-i(\nu - \frac{1}{2})\alpha} = 2\cos(\nu - \tfrac{1}{2})\,\alpha . \tag{2.35}$$

Damit auch die zweite Gleichung

$$\xi_{n-1} = (1 - \eta)\,\xi_n$$

erfüllt ist, müßte überdies sein

$$e^{i\left(n-\frac{3}{2}\right)\alpha} + e^{-i\left(n-\frac{3}{2}\right)\alpha} = \left(e^{i\alpha} + e^{-i\alpha} - 1\right)\left(e^{i\left(n-\frac{1}{2}\right)\alpha} + e^{-i\left(n-\frac{1}{2}\right)\alpha}\right)$$

oder

$$0 = e^{i\left(n+\frac{1}{2}\right)\alpha} + e^{-i\left(n+\frac{1}{2}\right)\alpha} - e^{i\left(n-\frac{1}{2}\right)\alpha} - e^{-i\left(n-\frac{1}{2}\right)\alpha}.$$

Diese Gleichung ist nur richtig, wenn $e^{in\alpha} = e^{-in\alpha}$ ist, d. h. wenn $e^{i2n\alpha} = 1$, wenn also $2n\alpha$ ein ganzzahliges vielfaches von 2π ist. Das ist aber nach (2.33) gerade die Definition der Eigenwerte für α. Setzen wir in (2.35) also noch einen der n Eigenwerte α_s aus (2.33) ein, so erhalten wir für die Amplitude des ν-ten Massenpunktes unserer n-gliedrigen Kette bei der Erregung der s-ten Oberschwingung

$$\xi_\nu^{(s)} = \cos\frac{\left(\nu-\frac{1}{2}\right)(s-1)}{n}\pi \qquad \begin{array}{l}\nu = 1, 2, \ldots, n,\\ s = 1, 2, \ldots, n.\end{array} \tag{2.36}$$

Um im Sinne unserer vorhergehenden Betrachtung auch noch die Einheitsvektoren $e^{(s)}$ zu erhalten, hätte man jedes $\xi_\nu^{(s)}$ durch $\sqrt{(\xi_1^{(s)})^2 + (\xi_2^{(s)})^2 \cdots + (\xi_n^{(s)})^2}$ zu teilen. Wir geben nur das Resultat der Rechnung an: Es wird

$$\begin{aligned} e_\nu^{(1)} &= \frac{1}{\sqrt{n}},\\ e_\nu^{(s)} &= \sqrt{\frac{2}{n}}\cos\frac{\left(\nu-\frac{1}{2}\right)(s-1)}{n}\pi, \qquad s = 2, 3, \ldots, n. \end{aligned} \tag{2.36a}$$

Damit das schon ziemlich raffinierte Resultat (2.36) nicht zu abstrakt bleibt, wollen wir uns einige Schwingungsformeln wirklich ansehen, speziell die Grundschwingung ($s = 2$) und die höchste Frequenz ($s = n$).

Für die Grundschwingung liefert (2.36)

$$\xi_\nu^{(2)} = \cos\left(\nu - \frac{1}{2}\right)\frac{\pi}{n} \qquad \nu = 1, 2, \ldots, n.$$

Um also die einzelnen $\xi_\nu^{(2)}$ zu erhalten, zeichne man den cos-Bogen von 0 bis π, teile die Abszisse in n gleiche Abschnitte und errichte in der Mitte eines jeden Abschnittes das Lot. Die Fig. 49 gilt für den Fall $n = 6$. Man sieht, daß die rechte Hälfte aller Teilchen gegen die linke Hälfte schwingt, und zwar mit einer nach außen hin wachsenden Amplitude.

Für die höchste Eigenschwingung ($s = n$) liefert (2.36)

$$\xi_\nu^{(n)} = \cos\frac{\left(\nu-\frac{1}{2}\right)(n-1)}{n}\pi.$$

Zur Diskussion multiplizieren wir aus:

$$\xi_\nu^{(n)} = \cos\left(\nu - \frac{1}{2} - \frac{\nu-\frac{1}{2}}{n}\right)\pi = \sin\left(\pi\nu - \pi\cdot\frac{\nu-\frac{1}{2}}{n}\right) = -\cos(\pi\nu)\cdot\sin\left(\pi\cdot\frac{\nu-\frac{1}{2}}{n}\right).$$

Der Faktor $\cos\pi\nu$ ist mit wachsenden ganzen Zahlen ν abwechselnd $+1$ und -1. Nach Fig. 50 erhalten wir (im Fall $n = 10$) $\xi_\nu^{(n)}$ aus dem nach oben und unten gezeichneten sinus-Bogen, wenn wir die Abszisse wieder in n gleiche Teile teilen und in der Mitte jedes Teiles die Vertikale zeichnen, und zwar für $\nu = 1, 3, 5$ nach oben, für $\nu = 2, 4, 6$ nach unten. Jedes Teilchen schwingt gegen seine beiden Nachbarn, jedoch nimmt die Amplitude (für große n) zum Rand hin auf Null ab. Zum Schluß überzeugen wir uns noch davon, daß wir mit den in (2.34a) und (2.36a) gegebenen Zahlenwerten von ω_s und $e_\nu^{(s)}$ die Bewegung unserer Kette bei beliebigen Anfangsbedingungen vollständig beherrschen. Wir haben die allgemeine Lösung mit

$2n$ Integrationskonstanten A_s und B_s

$$q_\nu(t) = \sum_s e_\nu^{(s)} \{A_s \cos \omega_s t + B_s \sin \omega_s t\}$$

und daraus

$$\sum_{\nu=1}^{n} q_\nu(t) e_\nu^{(s)} = A_s \cos \omega_s t + B_s \sin \omega_s t$$

sowie

$$\sum_\nu \dot{q}_\nu(t) e_\nu^{(s)} = -\omega_s A_s \sin \omega_s t + \omega_s B_s \cos \omega_s t.$$

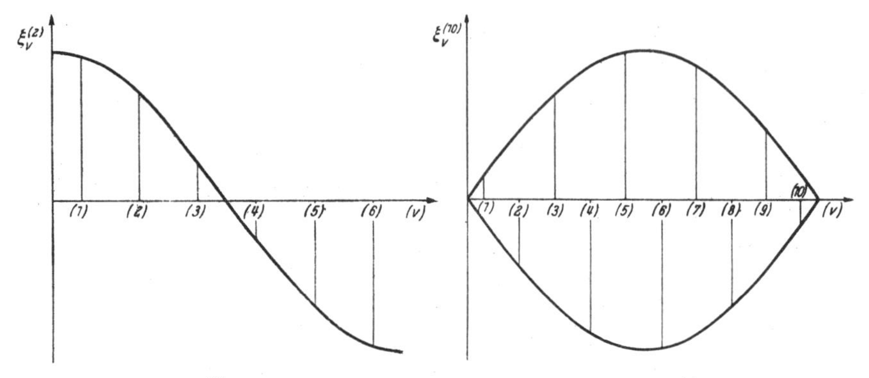

Fig. 49. Die Amplituden $\xi_\nu^{(2)}$ der Grundschwingung für die 6-gliedrige Kette.

Fig. 50. Die Amplituden $\xi_\nu^{(n)}$ der höchsten Eigenschwingung für die 10-gliedrige Kette.

Sind also die Verrückungen $q_\nu(0)$ und die Geschwindigkeiten $\dot{q}_\nu(0)$ für $t = 0$ vorgegeben, so erhalten wir daraus die für die $2n$ verfügbaren Konstanten

$$A_s = \sum_{\nu=1}^{n} q_\nu(0) e_\nu^{(s)}, \qquad B_s = \frac{1}{\omega_s} \sum_{\nu=1}^{n} \dot{q}_\nu(0) e_\nu^{(s)}. \qquad s = 1, 2, \ldots, n.$$

Damit ist das Problem rein formelmäßig restlos erledigt. Ob man allerdings in einem konkreten Fall mit diesen allgemeinen Formeln etwas anfangen kann, ist eine andere Frage, auf die wir hier nicht weiter eingehen wollen.

B. Längsschwingungen eines Stabes.

1. Der Stab als Kontinuum.

Anstatt der aus diskreten Punkten bestehenden Kette betrachten wir nun einen aus Eisen bestehenden Stab von der Länge l und vom Querschnitt f. Wir wollen dessen Längsschwingungen untersuchen. Das Material sei charakterisiert durch seine Dichte ϱ_0 und seinen Dehnungsmodul E. Dieser bestimmt nach dem Hookeschen Gesetz die zu einer Zugspannung σ gehörige Dehnung ε; $\varepsilon = \sigma/E$. Unsere erste Aufgabe besteht darin, eine klare und zweckmäßige Beschreibung seiner inneren Bewegung zu verabreden. Zu dem Zweck führen wir für den *ruhenden und ungespannten Stab* eine Längskoordinate b ein, welche von 0 bis l läuft (Fig. 51). Diese Skala der b-Werte denken wir uns etwa auf dem Stab eingeritzt, so daß jeder materielle Querschnitt durch seine b-Marke gekennzeichnet ist. Wir bezeichnen jetzt mit $x(b, t)$ den Ort des Querschnitts mit der Marke b zur Zeit t. Die kontinuierlich veränderliche Größe b tritt also an die Stelle der

Nummern ν, durch welche wir bei der Kette die einzelnen Massenpunkte kennzeichneten. Der räumliche Abstand der beiden Marken b und $b + \delta b$ hat zur Zeit t den Wert

$$x(b + \delta b, t) - x(b, t) = \frac{\partial x}{\partial b} \delta b.$$

Im Ruhezustand hatten die beiden Marken den Abstand δb. Wir definieren als

$$\text{Dehnung } \varepsilon = \frac{\text{Längenzuwachs}}{\text{Ursprüngliche Länge}}$$

und haben daher

$$\varepsilon = \frac{\frac{\partial x}{\partial b} \delta b - \delta b}{\delta b} = \frac{\partial x}{\partial b} - 1 \quad \text{oder} \quad \frac{\partial x}{\partial b} = 1 + \varepsilon.$$

Zur Aufstellung der Bewegungsgleichung betrachten wir die zwischen b und $b + \delta b$ befindliche Masse $\varrho_0 f \delta b$. Bedeutet $\sigma(b)$ die Zugspannung an der Stelle b des Stabes, so wirkt auf diese Masse die Kraft

$$f \cdot [\sigma(b + \delta b) - \sigma(b)] = f \cdot \frac{\partial \sigma}{\partial b} \delta b.$$

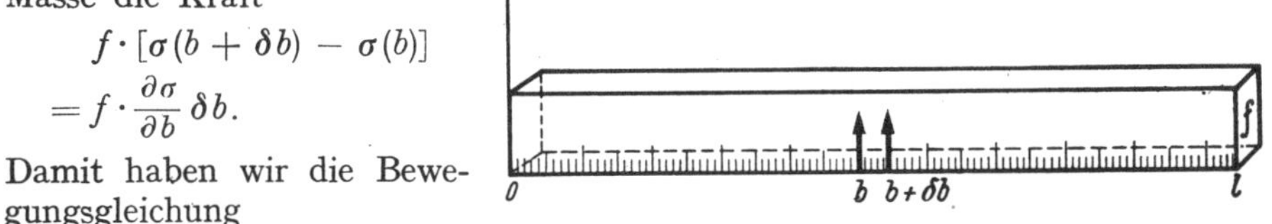

Fig. 51. Die auf dem Stab eingeritzten Marken b zur Kennzeichnung der materiellen Punkte.

Damit haben wir die Bewegungsgleichung

$$f \cdot \varrho_0 \delta b \frac{\partial^2 x}{\partial t^2} = f \cdot \frac{\partial \sigma}{\partial b} \delta b.$$

Dazu kommt noch die Verknüpfung von σ und ε durch das Hookesche Gesetz

$$\sigma = E \cdot \varepsilon$$

(E = Dehnungsmodul). Es sind somit drei Grundelemente, welche die Behandlung der Stabschwingungen ermöglichen.

(2.37)
$$\frac{\partial x}{\partial b} = \varepsilon + 1 \quad \text{als Definition der Dehnung } \varepsilon,$$
$$\frac{\partial^2 x}{\partial t^2} = \frac{1}{\varrho_0} \frac{\partial \sigma}{\partial b} \quad \text{als dynamisches Grundgesetz},$$
$$\sigma = E \varepsilon \quad \text{als Materialeigenschaft}.$$

Durch Elimination von σ und ε folgt daraus für die der ganzen Beschreibung zugrunde gelegte Funktion $x(b, t)$ die Differentialgleichung

$$\frac{\partial^2 x}{\partial t^2} = \frac{E}{\varrho_0} \frac{\partial^2 x}{\partial b^2}. \tag{2.38}$$

Ebenso wie bei der Kette fragen wir wieder nach stehenden Schwingungen der ganzen Anordnung. Wir führen wieder die Verrückung $q(b, t)$ des Teilchens b aus seiner Gleichgewichtslage ein, setzen also

$$x(b, t) = b + q(b, t)$$

und suchen nach Lösungen der Form

$$q(b, t) = \xi(b) \cos \omega t.$$

Das ergibt für $\xi(b)$ die Gleichung

$$\omega^2 \xi + \frac{E}{\varrho_0} \xi'' = 0 \tag{2.39}$$

mit der allgemeinen Lösung

$$\xi(b) = A \cos \omega \sqrt{\frac{\varrho_0}{E}}\, b + B \sin \omega \sqrt{\frac{\varrho_0}{E}}\, b. \tag{2.39a}$$

Danach könnte es so aussehen, als ob alle ω-Werte auftreten könnten. Tatsächlich haben wir aber die auf die Endquerschnitte bei $b = 0$ und $b = l$ wirkenden Kräfte außer acht gelassen. Wir wollen fordern, daß die Enden kräftefrei sind, also

$$\sigma(0) = \sigma(l) = 0.$$

Dann muß nach (2.37) an diesen Stellen dauernd $\partial x/\partial b = 1$, also $\partial \xi/\partial b = 0$ sein. Das ist nur dann der Fall, wenn die Integrationskonstante $B = 0$ ist und wenn

$$\omega \cdot \sqrt{\frac{\varrho_0}{E}} \cdot l = s \cdot \pi \quad \text{mit} \quad s = 0, 1, 2, 3 \ldots$$

Wir bekommen also ein diskretes Spektrum mit

$$\omega_s = s \cdot \frac{\pi}{l} \sqrt{\frac{E}{\varrho_0}} \tag{2.40}$$

und der dazugehörigen Verschiebung

$$\xi_s(b) = A_s \cos \frac{s\pi}{l} b. \tag{2.40a}$$

Schreibt man ξ_s in der Form $A_s \cos \frac{2\pi}{\lambda_s} b$, so lehrt der Vergleich mit (2.40a), daß die Wellenlänge der s-ten Oberschwingung

$$\lambda_s = \frac{2l}{s} \tag{2.40b}$$

ist.

Wir merken noch an, daß mit dem Schema (2.37) auch die Schallbewegung in einer Gassäule erfaßt wird. Wir haben zu dem Zweck nur die Bezeichnungen zweckmäßig zu ändern. An Stelle der Dehnung ε betrachte man beim Gas die Dichteänderung. Bei der Änderung einer Länge l_0 in l ist bei gleichbleibendem Querschnitt die Länge umgekehrt proportional zur Dichte ϱ, also wird

$$1 + \varepsilon = \frac{l}{l_0} = \frac{\varrho_0}{\varrho}.$$

An Stelle der Zugspannung σ pflegt man den Druck $p = -\sigma$ einzuführen und dann das Material durch eine Zustandsgleichung $p = p(\varrho)$ (an Stelle des Hookschen Gesetzes) zu kennzeichnen. Damit wird aus (2.37)

$$\frac{\partial x}{\partial b} = \frac{\varrho_0}{\varrho}; \quad \frac{\partial^2 x}{\partial t^2} = -\frac{1}{\varrho_0} \frac{\partial p}{\partial b}; \quad p = p(\varrho).$$

Aus $\frac{\partial^2 x}{\partial b^2} = -\frac{\varrho_0}{\varrho^2} \cdot \frac{\partial \varrho}{\partial b}$ wird bei kleinen Dichteänderungen (d. h. $\varrho_0 \approx \varrho$)

$$\frac{\partial^2 x}{\partial b^2} = -\frac{1}{\varrho_0} \frac{\partial \varrho}{\partial b}$$

und damit

$$\frac{\partial p}{\partial b} = \frac{dp}{d\varrho} \frac{\partial \varrho}{\partial b} = -\varrho_0 \frac{dp}{d\varrho} \cdot \frac{\partial^2 x}{\partial b^2}.$$

Für $x(b, t)$ resultiert dann

$$\frac{\partial^2 x}{\partial t^2} = \left(\frac{dp}{d\varrho}\right)_0 \frac{\partial^2 x}{\partial b^2}, \tag{2.41}$$

wo wir für $dp/d\varrho$ den Wert für den Ruhezustand, d. h. an der Stelle $\varrho = \varrho_0$ einsetzen. Das ist wieder nur für sehr kleine Dichteamplituden statthaft. Für größere Dichteamplituden gelten sehr viel kompliziertere Gesetzmäßigkeiten.

Der Unterschied gegen (2.38) besteht also nur darin, daß E/ϱ_0 ersetzt ist durch $(dp/d\varrho)_0$.

2. Der Stab als Grenzfall der Kette.

Wir wollen versuchen, die soeben für den Stab gewonnenen Resultate aus dem Modell der n-gliedrigen Kette abzuleiten, indem wir uns vorstellen, daß der Stab aus einem kubischen Gitter von Massenpunkten mit der Gitterkonstante a besteht (Fig. 52). Jeder Massenpunkt sei mit seinen 6 nächsten Nachbarn durch eine Feder mit der Federkonstanten k verbunden. Wir beschränken uns auf Dehnungen in Richtung der x-Achse, bei denen die senkrecht zur x-Achse orientierten Federn nicht beansprucht werden. Ist f der Querschnitt des Stabes, l seine Länge, so besteht er nach diesem Bild aus f/a^2 Atomketten, deren jede $n = l/a$ Atome enthält, wenn jeweils ein Atom im Zentrum einer Elementarzelle liegt. Wählen wir speziell $f = a^2$, so können wir uns auf eine Kette beschränken. Die Dichte ϱ_0 (Masse pro Volumeneinheit) ist $\varrho_0 = m/a^3$. Durch eine Zugkraft σa^2 (σ ist die Zugspannung) erfährt jede Feder eine Verlängerung: $\delta a = \sigma a^2/\varkappa$. Die Dehnung $\varepsilon = \delta a/a$ wird also $\varepsilon = \sigma \cdot a/\varkappa$. Unser Modell hat demnach einen E-Modul

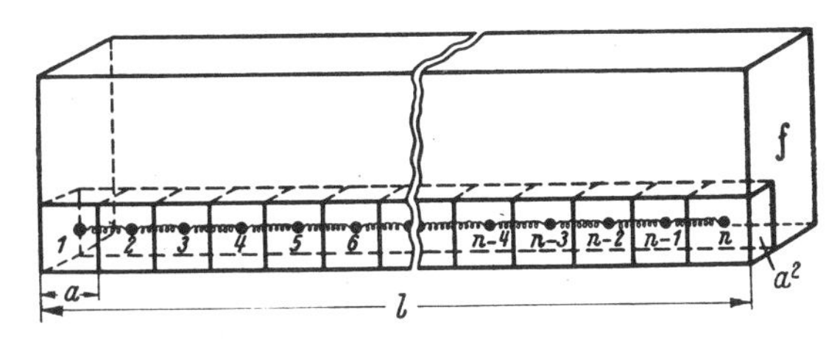

Fig. 52. Der Stab als Grenzfall der Kette. a = „Gitterkonstante".

$$E = \frac{\varkappa}{a}.$$

Für die Umrechnung von der Kette mit den Konstanten m und $\varkappa$ auf den durch ϱ_0 und E charakterisierten Stab haben wir also

$$m = \varrho_0 a^3 \quad \text{und} \quad \varkappa = E \cdot a.$$

Obwohl unser Modell sehr stark idealisiert ist, so sind diese einfachen Formeln doch bedeutsam und typisch als Verknüpfung der makroskopischen Daten (E und ϱ_0) eines Kristalls mit den atomaren Größen m und $\varkappa$. Den früher benutzten Index ν werden wir nun als eine fast kontinuierlich veränderliche Variable aufzufassen haben, indem wir z. B.

$$x_\nu(t) \quad \text{ersetzen durch} \quad x(\nu a, t)$$

(lies: „x an der Stelle νa"). νa tritt also an die Stelle der kontinuierlich veränderlichen Variablen b, welche auf S. 76 eingeführt wurde. Wenn wir noch verlangen, daß die Verrückung beim Übergang von einer Masse zur nächsten sich nur wenig ändert, so können wir also

$$x_{\nu+1}(t) - x_\nu(t) \quad \text{ersetzen durch} \quad x(b+a,t) - x(b,t) \cong a\frac{\partial x}{\partial b} = a(1+\varepsilon(b))$$

und

$$(x_{\nu+1} - x_\nu) - (x_\nu - x_{\nu-1}) \quad \text{durch} \quad a \cdot \varepsilon(b+a) - a \cdot \varepsilon(b) = a^2 \cdot \frac{\partial \varepsilon}{\partial b} = a^2 \frac{\partial^2 x}{\partial b^2}.$$

Damit können wir auch die Differentialgleichung unserer Kette

$$m \cdot \frac{d^2 x_\nu}{dt^2} = \varkappa\,[(x_{\nu+1} - x_\nu) - (x_\nu - x_{\nu-1})] \tag{2.42}$$

umschreiben auf eine Differentialgleichung

$$\varrho_0 a^3 \frac{\partial^2 x}{\partial t^2} = (E \cdot a) \cdot a^2 \frac{\partial^2 x}{\partial b^2}, \tag{2.43}$$

welche tatsächlich mit der Stabgleichung (2.38)

$$\frac{\partial^2 x}{\partial t^2} = \frac{E}{\varrho_0} \frac{\partial^2 x}{\partial b^2}$$

identisch ist. Dieser Übergang von der Differenzengleichung zur Differentialgleichung hängt natürlich entscheidend an der Annahme, daß die Wellenlänge der Schwingungen groß ist gegen die Gitterkonstante a. Außerdem ist die Behandlung der freien Enden in beiden Fällen verschieden. Beim Stab forderten wir $\sigma = 0$ für $b = 0$ und $b = l$. Bei der Kette dagegen galt die Differentialgleichung für $\nu = 1$ und $\nu = n$ nicht mehr.

Wir stellen zum Schluß die Ergebnisse für Kette und Stab noch einmal gegenüber, zum besseren Vergleich setzen wir in den Formeln für die Kette (Fig. 52)

$$\frac{\varkappa}{m} = \frac{E}{\varrho_0} \cdot \frac{1}{a^2} \quad \text{sowie} \quad n = \frac{l}{a} \quad \text{und} \quad \nu = \frac{b}{a} + \frac{1}{2}$$

ein. Außerdem erniedrigen wir die Laufzahl s um 1, so daß $s = 1$ die Grundschwingung kennzeichnet. Dann erhalten wir zu (2.34a) (2.36) sowie (2.40) und (2.40a).

(2.44)

	Stab	Kette
ω_s	$\sqrt{\frac{E}{\varrho_0}} \frac{\pi}{l} \cdot s$	$\sqrt{\frac{E}{\varrho_0}} \frac{2}{a} \sin\left(\frac{\pi}{2} \frac{a s}{l}\right)$
$\xi_s(b)$	$\cos \frac{b s}{l} \pi$	$\cos \frac{b s}{l} \pi$

Wie zu erwarten war, gehen im Limes $a \to 0$ beide Formeln ineinander über. Trotzdem ergibt sich für die hohen Eigenfrequenzen ein wesentlicher Unterschied. Damit $(\omega_s)_{\text{Stab}} = (\omega_s)_{\text{Kette}}$ werde, genügt es nicht, daß $a \ll l$ ist, es muß vielmehr auch $s \cdot a \ll l$ sein. Um den Unterschied zu erkennen, tragen wir Fig. 53 die Größen

$$\omega_s \cdot \sqrt{\frac{\varrho_0}{E}} \cdot \frac{l}{\pi}$$

als Funktion von s auf. Es gilt nämlich beim Stab

$$\omega_s \cdot \sqrt{\frac{\varrho_0}{E}} \frac{l}{\pi} = s,$$

dagegen bei der Kette

$$\omega_s \sqrt{\frac{\varrho_0}{E}} \frac{l}{\pi} = \frac{2 l}{a \pi} \sin \frac{a \pi}{2 l} s.$$

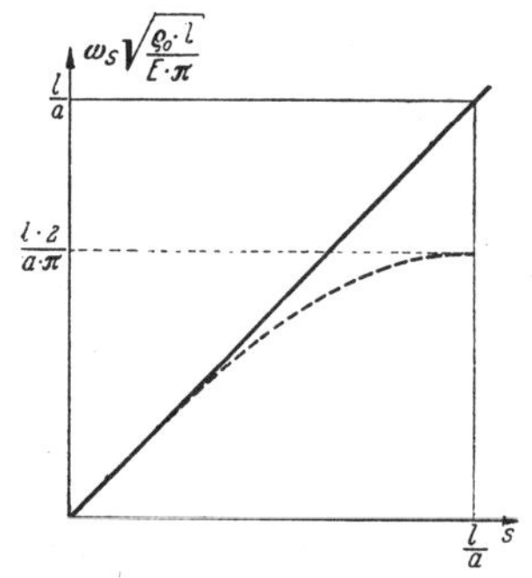

Fig. 53. Die Eigenfrequenz ω_s in Abhängigkeit von der Ordnungszahl s
——— beim Stab (Länge l),
- - - - bei der aus l/a-Atomen bestehenden Kette.

Während also die Frequenzen der langen Wellen bei beiden gut übereinstimmen, ergibt sich im Bereich der hohen Frequenzen eine grobe Abweichung in dem Sinne, daß die höchsten Frequenzen bei der Kette um 36% tiefer als diejenigen des Stabes liegen.

3. Der Energiesatz.

Wir wollen auch die Gestalt des Energiesatzes in den Fällen Stab und Kette miteinander vergleichen. Im Fall der Kette hatten wir oben die Energie bereits angegeben. Mit den Verrückungen $q_\nu(t) = x_\nu(t) - \nu \cdot a$ wird

$$W = \sum_{\nu=1}^{n} \frac{m}{2} \dot{q}_\nu^2 + \sum_{\nu=1}^{n-1} \frac{\varkappa}{2} (q_{\nu+1} - q_\nu)^2. \tag{2.45}$$

Um den Übergang zum Kontinuum vorzubereiten, setzen wir wieder

$$m = a^3 \cdot \varrho; \quad q_{\nu+1} - q_\nu = a \cdot \frac{\partial q}{\partial b}, \quad \varkappa = E \cdot a$$

und erhalten

$$W = a^2 \cdot \sum_{\nu=1}^{n} \left\{ \frac{\varrho}{2} \left(\frac{\partial q}{\partial t} \right)^2 + \frac{E}{2} \left(\frac{\partial q}{\partial b} \right)^2 \right\}_\nu \cdot a .$$

Für kleine a haben wir auf dem Abschnitt δb die Anzahl $\delta b/a$ von Summanden. Wenn sich auf einer Strecke der Länge a die Größen $\partial q/\partial t$ und $\partial q/\partial b$ nicht merklich ändern, so darf man die Summe durch ein Integral ersetzen:

$$W = a^2 \int_0^l \left\{ \frac{\varrho}{2} \left(\frac{\partial q}{\partial t} \right)^2 + \frac{E}{2} \left(\frac{\partial q}{\partial b} \right)^2 \right\} d b . \tag{2.46}$$

Beachten Sie, wie beim Übergang von (2.45) nach (2.46) die kinetische Energie der einzelnen Massenpunkte und die potentielle Energie der einzelnen Federn ersetzt werden kann durch die kinetische Energie $\frac{\varrho}{2} \left(\frac{\partial q}{\partial t} \right)^2 d b$ und die elastische Spannungsenergie $\frac{E \cdot \varepsilon^2}{2} d b$ des Abschnitts $d b$.

Wenn man einen Ausdruck für die Energie hingeschrieben hat, sollte man immer zugleich dessen zeitliche Änderung untersuchen. Im Fall der Kette erhält man auf Grund der Bewegungsgleichung (2.1) sogleich $d W/d t = 0$. Wie ist es aber beim Stab? Aus (2.46) folgt zunächst

$$\frac{1}{a^2} \frac{d W}{d t} = \int_0^l \left\{ \varrho \cdot \frac{\partial q}{\partial t} \frac{\partial^2 q}{\partial t^2} + E \cdot \frac{\partial q}{\partial b} \cdot \frac{\partial^2 q}{\partial b \, \partial t} \right\} d b .$$

Dieser Ausdruck wird nach einer partiellen Integration durchsichtiger. Setzt man nämlich für den zweiten Teil des Integranden die Identität

$$E \cdot \frac{\partial q}{\partial b} \frac{\partial^2 q}{\partial b \cdot \partial t} = \frac{\partial}{\partial b} \left\{ E \cdot \frac{\partial q}{\partial b} \frac{\partial q}{\partial t} \right\} - E \cdot \frac{\partial^2 q}{\partial b^2} \frac{\partial q}{\partial t}$$

ein und führt die Integration nach b aus, so wird

$$\frac{1}{a^2} \frac{d W}{d t} = \int_0^l \frac{\partial q}{\partial t} \left\{ \varrho \cdot \frac{\partial^2 q}{\partial t^2} - E \cdot \frac{\partial^2 q}{\partial b^2} \right\} d b + \left(E \frac{\partial q}{\partial b} \cdot \frac{\partial q}{\partial t} \right)_{b=l} - \left(E \cdot \frac{\partial q}{\partial b} \cdot \frac{\partial q}{\partial t} \right)_{b=0} .$$

Hier wird das Integral wegen der Bewegungsgleichung (2.38) zu Null. Ferner ist doch $\partial q/\partial b = \varepsilon$ (Dehung) und $E \cdot \varepsilon = \sigma$. Somit erhalten wir

$$\frac{1}{a^2} \frac{d W}{d t} = \left(\sigma \cdot \frac{\partial q}{\partial t} \right)_{b=l} - \left(\sigma \cdot \frac{\partial q}{\partial t} \right)_{b=0} . \tag{2..7}$$

Das ist in der Tat genau das, was man erwarten muß. Denn in $\left(\sigma \cdot \frac{\partial q}{\partial t} \right)_{b=l}$ ist σ die an der Stirnfläche $b = l$ unseres Stabes von außen her ausgeübte Zugspannung. Bei einer Verschiebung der Stirnfläche um δq leistet sie die Arbeit $\sigma \cdot \delta q$. Ihre Leistung (Arbeit je Zeiteinheit) ist also $= \sigma \cdot \frac{\partial q}{\partial t} = \sigma \cdot v$. Die Energie W des ganzen Stabes wächst um die von außen her an den beiden Stirnflächen geleistete Arbeit. Insbesondere bleibt W immer dann konstant, wenn an den Stirnflächen entweder die Spannung $\sigma = 0$ ist (den Fall haben wir oben ausführlich diskutiert) oder aber, wenn diese fest eingespannt sind, so daß $\partial q/\partial t$ an den Enden verschwindet.

4. Zwei Arten der Beschreibung eines kontinuierlichen Mediums.

Die Art, in welcher man den Bewegungszustand eines kontinuierlichen Mediums mathematisch beschreiben soll, ist keineswegs selbstverständlich. In der Praxis haben sich zwei verschiedene Arten durchgesetzt, welche durch die Namen Lagrange und Euler gekennzeichnet sind. Wir wollen diese für den Fall der eindimensionalen Bewegung genauer betrachten. Sie bilden den Ausgangspunkt der ganzen Hydrodynamik und der Elastizitätslehre. Die Lagrangesche Beschreibung ist diejenige, welche wir oben bei der Stabschwingung verwandt haben. Wir wollen sie noch einmal charakterisieren. Wir gehen aus von einem willkürlich gewählten Ruhezustand der Materie. In diesem Zustand bringen wir auf der Materie Koordinaten b an (ritzen also eine Skala ein), so daß jeder materielle Punkt seine Marke b erhält und dauernd mit sich führt. Wenn sich nun die Materie bewegt, so definieren wir $x(b, t)$ als den Ort des Teilchens b zur Zeit t. Bei dieser Definition ist speziell $x(b, 0) = b$. Die Zahl b spielt also die Rolle eines Personalausweises, den jedes Teilchen mit sich führt. Mit $x(b, t)$ kenne ich also die Weg-Zeit-Kurve jedes einzelnen Teilchens. Was bedeuten die partiellen Ableitungen von $x(b,t)$ nach einer der beiden Variablen? $\partial x/\partial t = u(b,t)$ ist natürlich die Geschwindigkeit des Teilchens b zur Zeit t. Nach S. 77 ist $\partial x/\partial b$ der Faktor, um welchen das ursprünglich bei b liegende Material gedehnt wurde. Anstatt der Dehnung ε wollen wir die Dichteänderung einführen: Ist ϱ_0 die Dichte im Ruhezustand, $\varrho(b, t)$ dagegen die Dichte des Materials der Marke b zur Zeit t, so ist, da ja die Masse erhalten bleiben muß, $\varrho_0 \delta b = \varrho \cdot \frac{\partial x}{\partial b} \delta b$, also

$$\frac{\partial x}{\partial b} = \frac{\varrho_0}{\varrho}. \tag{2.48}$$

Bei der *Eulerschen Beschreibung* faßt man nicht ein individuelles Teilchen b ins Auge, sondern eine bestimmte Stelle x des Raumes und fragt nach den Vorgängen an dieser Stelle, insbesondere nach der Geschwindigkeit $u(x, t)$ der gerade in dieser Stelle befindlichen Materie, ohne sich um den Ursprung, also deren Erkennungsmarke b, zu kümmern. Also bedeutet[1] $(\partial u/\partial t)_x$ nicht die Beschleunigung irgendeines Teilchens, sondern die Änderung von u am festen Ort. Zur Deutung von $\partial u/\partial x$ führen wir noch die Dichte $\varrho(x, t)$ ein und beachten, daß $\varrho \cdot u \delta t$ die Substanzmenge ist, welche in der Zeit δt durch einen Querschnitt von 1 cm^2 hindurchströmt. Betrachten wir nun zwei solche Querschnitte im Abstand δx, so muß sich die zwischen ihnen befindliche Masse $\varrho \delta x$ in der Zeit δt um $\{(\varrho u)_x - (\varrho u)_{x+\delta x}\}$ vermehren. Daraus folgt

$$\frac{\partial \varrho}{\partial t} = -\frac{\partial(\varrho u)}{\partial x}$$

oder

$$\frac{\partial \varrho}{\partial t} + u \cdot \frac{\partial \varrho}{\partial x} + \varrho \frac{\partial u}{\partial t} = 0. \tag{2.49}$$

Die beiden Arten der Beschreibungen sind durchaus äquivalent. Es ist oft eine Frage der Gewohnheit oder des Geschmacks, welche von beiden man vorzieht. Will man sie ineinander überführen, so hat man bei jeder Zustandsgröße (z. B. der Dichte) genau darauf zu achten, ob sie als Funktion von b und t (Lagrange) oder von x und t (Euler) aufzufassen ist. Zur Umrechnung etwa von $\varrho(x, t)$ denke man sich x als Funktion von b und t eingesetzt, so daß

$$\varrho(x, t) = \varrho\big(x(b, t), t\big)$$

---

[1] Der Index x ist nur zur Vermeidung von Mißverständnissen hinzugefügt. Er soll andeuten, daß beim Differenzieren nach t die Größe x konstant gehalten wurde.

wird. Daraus entnimmt man z. B.

$$\left(\frac{\partial \varrho}{\partial t}\right)_b = \left(\frac{\partial \varrho}{\partial t}\right)_x + \frac{\partial \varrho}{\partial x} \cdot \frac{\partial x}{\partial t}$$

und

$$\left(\frac{\partial \varrho}{\partial b}\right)_t = \left(\frac{\partial \varrho}{\partial x}\right)_t \cdot \left(\frac{\partial x}{\partial b}\right)_t .$$

Zur Übung wollen wir den Erhaltungssatz der Materie aus der Lagrangeschen Form

$$\varrho \cdot \frac{\partial x}{\partial b} = \varrho_0$$

in die Eulersche Form umrechnen. Da ϱ_0 nicht von der Zeit abhängt, folgt durch Differentiation nach t bei konstantem b und Ersetzen von $(\partial x/\partial t)_b$ durch u:

$$\left(\frac{\partial \varrho}{\partial t}\right)_b \cdot \frac{\partial x}{\partial b} + \varrho \cdot \frac{\partial u}{\partial b} = 0 .$$

Nach Anwendung der soeben abgeleiteten Regeln hebt sich $\partial x/\partial b$ heraus. Es bleibt

$$\left\{\left(\frac{\partial \varrho}{\partial t}\right)_x + u \cdot \frac{\partial \varrho}{\partial x}\right\} + \varrho \cdot \frac{\partial u}{\partial x} = 0 .$$

Das ist aber gerade die bereits vorhin angegebene Gl. (2.49). Auch die Lagrangesche Bewegungsgleichung

$$\frac{\partial^2 x}{\partial t^2} = -\frac{1}{\varrho_0} \frac{\partial p}{\partial b} \tag{2.50}$$

können wir jetzt leicht umrechnen. Ist doch

$$\frac{\partial^2 x}{\partial t^2} = \left(\frac{\partial u}{\partial t}\right)_b = \left(\frac{\partial u}{\partial t}\right)_x + u \cdot \frac{\partial u}{\partial x} \quad \text{und} \quad \frac{\partial p}{\partial b} = \frac{\partial p}{\partial x} \cdot \frac{\partial x}{\partial b} = \frac{\partial p}{\partial x} \frac{\varrho_0}{\varrho},$$

mithin

$$\frac{\partial u}{\partial t} + u \cdot \frac{\partial u}{\partial x} = -\frac{1}{\varrho} \frac{\partial p}{\partial x} . \tag{2.51}$$

Auch diese Eulersche Form der Beschleunigungsgleichung kann man direkt begründen (Fig. 54). Auf die Masse $\varrho \delta x$ zwischen den zwei im Abstand δx befindlichen Querschnitten wirkt die Kraft $-\frac{\partial p}{\partial x} \delta x$. Zur Angabe ihrer Beschleunigung beachten wir, daß sie sich in der Zeit δt um $u \delta t$ bewegt hat, daß wir also die

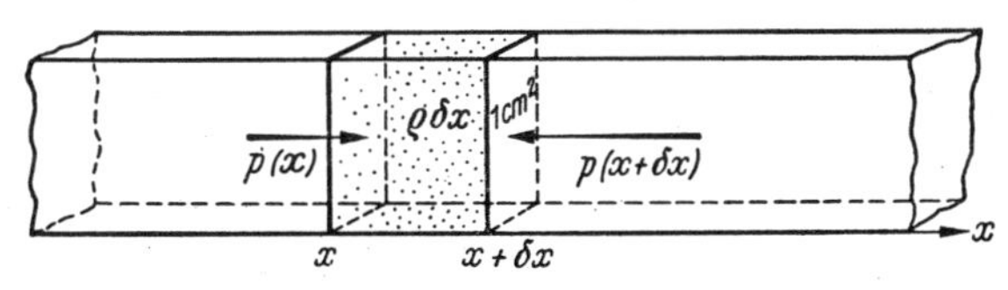

Fig. 54. Auf den Abschnitt δx vom Querschnitt 1 cm² wirkt die Kraft $p(x) - p(x + \delta x)$,

Geschwindigkeit an der Stelle x zur Zeit t zu vergleichen haben mit derjenigen an der Stelle $x + u\delta t$ zur Zeit $t + \delta t$. Man hat demnach den „substantiellen" Differentialquotienten zu wählen, welcher definiert ist durch

$$\frac{DU}{Dt} = \lim_{\delta t \to 0} \frac{U(x + u\delta t, t + \delta t) - U(x, t)}{\delta t} = \frac{\partial U}{\partial t} + u \frac{\partial U}{\partial x} . \tag{2.52}$$

Somit wird

$$\varrho \delta x \frac{Du}{Dt} = -\frac{\partial p}{\partial x} \delta x ,$$

in Übereinstimmung mit dem vorhin gewonnenen Resultat. Wir stellen die Ergebnisse noch einmal zusammen:

	Lagrange	Euler
Gesucht	$x(b, t)$	$u(x, t)$ und $\varrho(x, t)$
Kontinuität	$\frac{\partial x}{\partial b} = \frac{\varrho_0}{\varrho}$	$\frac{\partial \varrho}{\partial t} + u \cdot \frac{\partial \varrho}{\partial x} + \varrho \cdot \frac{\partial u}{\partial x} = 0$
Dynamik	$\frac{\partial^2 x}{\partial t^2} = -\frac{1}{\varrho_0} \frac{\partial p}{\partial b}$	$\frac{\partial u}{\partial t} + u \cdot \frac{\partial u}{\partial x} = -\frac{1}{\varrho} \frac{\partial p}{\partial x}$
Materialgleichung	$p = p(\varrho)$	$p = p(\varrho)$

Die Gleichungen vereinfachen sich erheblich, wenn man sich auf Wellen kleiner Amplitude beschränkt. Das bedeutet, daß die Dichte ϱ sich stets nur wenig von ϱ_0 entfernt, daß also $|\varrho - \varrho_0| \ll \varrho_0$ ist. In der Lagrangeschen Schreibweise hat man unter Ausnutzung der Materialgleichung

$$\frac{\partial p}{\partial b} = \frac{d p}{d \varrho} \cdot \frac{\partial \varrho}{\partial b}.$$

Aus der Kontinuitätsgleichung folgt andererseits

$$\frac{\partial^2 x}{\partial b^2} = -\frac{\varrho_0}{\varrho^2} \frac{\partial \varrho}{\partial b},$$

also

$$-\frac{1}{\varrho_0} \frac{\partial p}{\partial b} = \left(\frac{\varrho_0}{\varrho}\right)^2 \frac{d p}{d \varrho} \cdot \frac{\partial^2 x}{\partial b^2}.$$

Setzt man hier im Sinne unserer Näherung $\varrho = \varrho_0$ ein, so liefert die dynamische Gleichung

$$\frac{\partial^2 x}{\partial t^2} = \left(\frac{d p}{d \varrho}\right)_0 \frac{\partial^2 x}{\partial b^2}. \tag{2.52}$$

In der Eulerschen Gleichung muß man außerdem noch fordern, daß u klein gegen die Schallgeschwindigkeit w ist. Wir werden nachher zeigen, daß die Lösungen der Wellengleichung stets in der Form

$$f(x, t) = g(x - w t) + h(x + w t)$$

geschrieben werden können. Dann wird aber

$$\frac{\partial f}{\partial t} = w(-g' + h'),$$

dagegen

$$u \cdot \frac{\partial f}{\partial x} = u(g' + h').$$

Das bedeutet aber im Hinblick auf die Eulerschen Gleichungen, daß im Falle $u \ll w$ die Größen $u \cdot \frac{\partial \varrho}{\partial x}$ neben $\frac{\partial \varrho}{\partial t}$ und $u \cdot \frac{\partial u}{\partial x}$ neben $\frac{\partial u}{\partial t}$ vernachlässigt werden können. Mit den beiden Einschränkungen $|\varrho - \varrho_0| \ll \varrho_0$ und $u \ll w$ führen dann die Eulerschen Gleichungen auf

$$\begin{aligned} \frac{\partial \varrho}{\partial t} &= -\varrho_0 \frac{\partial u}{\partial x}, \\ \frac{\partial u}{\partial t} &= -\frac{1}{\varrho_0} \left(\frac{d p}{d \varrho}\right)_0 \frac{\partial \varrho}{\partial x}. \end{aligned} \tag{2.54}$$

Für die Funktion $u(x, t)$ folgt durch Elimination von ϱ:

$$\frac{\partial^2 u}{\partial t^2} = \left(\frac{d p}{d \varrho}\right)_0 \frac{\partial^2 u}{\partial x^2}. \tag{2.55}$$

5. Die Wellenbewegung.

Der weiteren Betrachtung legen wir die Eulerschen Gleichungen (2.54) für Schallwellen kleiner Amplitude zugrunde. Im Interesse der übersichtlichen Schreibweise führen wir ein:

$$\text{Schallgeschwindigkeit} \quad w = \left(\sqrt{\frac{dp}{d\varrho}}\right)_0,$$

sowie die dimensionslosen Größen

$$\text{Verdichtung} \quad s = \frac{\varrho - \varrho_0}{\varrho_0}$$

und

$$v = \frac{u}{w}.$$

v ist also die Strömungsgeschwindigkeit mit w als Einheit. Damit lauten die Gl. (2.54)

$$\frac{\partial s}{\partial t} = -w \cdot \frac{\partial v}{\partial x}, \tag{2.56}$$
$$\frac{\partial v}{\partial t} = -w \cdot \frac{\partial s}{\partial x}.$$

Man sieht es diesen beiden Gleichungen unmittelbar an, daß sie den zeitlichen Ablauf der Bewegung beschreiben, wenn etwa für $t = 0$ die Verdichtung s und die Geschwindigkeit v als Funktion des Ortes vorgegeben sind, etwa als $s_0(x)$ und $v_0(x)$.

Wir können die Lösung dieser Aufgabe sogar ohne große Mühe explizit angeben. Die entscheidende Bemerkung besteht darin, daß die durch Elimination von s folgende Gleichung

$$\frac{\partial^2 v}{\partial t^2} = w^2 \frac{\partial^2 v}{\partial x^2} \tag{2.57}$$

immer befriedigt wird, wenn v eine beliebige Funktion des einen Argumentes $x - wt$ ist. Wir setzen also $v = g(x - wt)$. Dann ist tatsächlich

$$\frac{\partial v}{\partial x} = g' \qquad \text{und} \qquad \frac{\partial v}{\partial t} = -w g'$$
$$\frac{\partial^2 v}{\partial x^2} = g'' \qquad\qquad \frac{\partial^2 v}{\partial t^2} = w^2 g''.$$

Machen Sie sich die Bedeutung des Ansatzes recht anschaulich klar, z. B. durch Zeichnen der Kurven $g(x - wt) = \text{const}$ in einer $x - t$-Ebene: Sind etwa für $t = 0$, also auf der x-Achse die Werte von g vorgegeben, so bleiben sie konstant auf der Geraden $x = wt + \text{const}$. Ein Beobachter, welcher sich mit der Geschwindigkeit w bewegt, beobachtet immer denselben Zahlenwert von g. „Der Zustand pflanzt sich mit der Geschwindigkeit w nach rechts hin fort.“ Da in unserer Gl. (2.57) nur w^2 auftritt, so ist auch eine beliebige Funktion $h(x + wt)$ eine Lösung. Damit haben wir den schon sehr allgemeinen Ansatz

$$v(x, t) = g(x - wt) + h(x + wt). \tag{2.58}$$

Ein entsprechender Ausdruck muß auch für s gelten. Wegen der Verknüpfung zwischen s und v muß er lauten

$$s(x, t) = g(x - wt) - h(x + wt). \tag{2.59}$$

Überzeugen Sie sich, daß damit beide Gl. (2.56) wirklich befriedigt sind. Damit ist auch die Anfangswertaufgabe gelöst. Ist nämlich für $t = 0$ $s_0(x)$ und $v_0(x)$ gegeben, so muß gelten:

$$v_0(x) = g(x) + h(x),$$
$$s_0(x) = g(x) - h(x).$$

Also wird

$$g = \tfrac{1}{2}(v_0 + s_0) \quad \text{und} \quad h = \tfrac{1}{2}(v_0 - s_0)$$

und damit nach (2.58) und (2.59):

$$v(x, t) = \tfrac{1}{2}\{v_0(x - wt) + v_0(x + wt)\} + \tfrac{1}{2}\{s_0(x - wt) - s_0(x + wt)\},$$
$$s(x, t) = \tfrac{1}{2}\{v_0(x - wt) - v_0(x + wt)\} + \tfrac{1}{2}\{s_0(x - wt) + s_0(x + wt)\}.$$

Ist z. B. für $t = 0$ in der Umgebung von $x = 0$ eine ruhende Verdichtung vorgegeben ($v_0 = 0$), so teilt sich diese Verdichtung in zwei Hälften, die nach rechts und links mit Schallgeschwindigkeit davonlaufen.

Die „Sinus"-Welle ist ein einfacher Spezialfall des allgemeinen Ansatzes (2.58). Wir setzen $h = 0$ und wählen für g den Sinus. Dann haben wir die Lösung

$$v(x, t) = s(x, t) = A \sin \frac{2\pi}{\lambda}(x - wt). \tag{2.60}$$

Dabei haben wir den bei $x - wt$ noch willkürlich wählbaren Zahlenfaktor mit $2\pi/\lambda$ bezeichnet. Dafür können wir auch schreiben

$$v(x, t) = s(x, t) = A \sin 2\pi\left(\frac{x}{\lambda} - \nu t\right);$$

wo zur Abkürzung $\nu = w/\lambda$ gesetzt wurde. Prägen Sie sich die dreifache Lesart dieser Formel recht ein! Der mit w mitlaufende Beobachter beobachtet dauernd die gleiche Phase des Sinus. Man nennt w daher auch die Phasengeschwindigkeit. Eine Momentphotographie des ganzen Zustandes konstatiert die Wellenlänge λ als Ausdruck der räumlichen Periodizität. Ein an einen festen Ort x fixierter Beobachter mißt die Zahl ν als Frequenz der Pulsationen.

Zu der allgemeinen Lösung (2.58) kann man auch durch folgende Überlegung gelangen: Wenn $f(x, t)$ die lineare Gleichung $\frac{\partial f}{\partial x} + \frac{1}{a}\frac{\partial f}{\partial t} = 0$ befriedigt, so führe man an Stelle der Variablen x und t die neuen Variablen

$$\xi = x + at, \qquad x = \frac{\xi + \eta}{2},$$
$$\eta = x - at, \qquad t = \frac{\xi - \eta}{2a}$$

ein, wodurch f in eine Funktion $f(\xi, \eta)$ übergeht. Dann wird

$$\frac{\partial f}{\partial \xi} = \frac{\partial f}{\partial x}\frac{\partial x}{\partial \xi} + \frac{\partial f}{\partial t}\frac{\partial t}{\partial \xi} = \frac{1}{2}\left(\frac{\partial f}{\partial x} + \frac{1}{a}\frac{\partial f}{\partial t}\right)$$

und

$$\frac{\partial f}{\partial \eta} = \frac{\partial f}{\partial x}\frac{\partial x}{\partial \eta} + \frac{\partial f}{\partial t}\frac{\partial t}{\partial \eta} = \frac{1}{2}\left(\frac{\partial f}{\partial x} - \frac{1}{a}\frac{\partial f}{\partial t}\right).$$

Die Gleichung

$$\frac{\partial f}{\partial x} + \frac{1}{a}\cdot\frac{\partial f}{\partial t} = 0$$

geht dadurch über in

$$\frac{\partial f}{\partial \xi} = 0.$$

Das bedeutet: f ist eine Funktion von η allein, also:

$$f = f(\eta) = f(x - at).$$

Nun haben unsere Gl. (2.56)

$$\frac{\partial s}{\partial x} + \frac{1}{w}\frac{\partial v}{\partial t} = 0,$$
$$\frac{\partial v}{\partial x} + \frac{1}{w}\frac{\partial s}{\partial t} = 0$$

noch nicht die einfache Gestalt $\frac{\partial f}{\partial x} + a\frac{\partial f}{\partial t} = 0$, wohl aber ihre Summe wie auch ihre Differenz:

$$\frac{\partial}{\partial x}(s+v) + \frac{1}{w}\frac{\partial}{\partial t}(s+v) = 0,$$

$$\frac{\partial}{\partial x}(s-v) - \frac{1}{w}\frac{\partial}{\partial t}(s-v) = 0.$$

Nach der vorstehenden Überlegung lesen wir daraus ab:

$s+v$ ist eine Funktion von $\eta = x - wt$ allein und

$s-v$ ist eine Funktion von $\xi = x + wt$ allein.

Das ist aber gerade der Inhalt der allgemeinen Lösung (2.58).

III. Aus der Wärmelehre.

Einführung.

1. Der Temperaturbegriff.

Die ganze Wärmelehre wird vom Begriff Temperatur beherrscht. Er ist aus unseren Sinnesempfindungen warm und kalt entstanden. Die auffälligste Eigenschaft der Temperatur in physikalischer Hinsicht ist ihre Tendenz, sich auszugleichen. Zwei Körper A und B, welche hinreichend lange miteinander in Berührung (thermischer Kontakt!) sind, nehmen die gleiche Temperatur an, ganz unabhängig von der sonstigen Beschaffenheit der Körper und der speziellen Art der Berührung. Auf dieser Eigenschaft basiert ja das einzige experimentelle Verfahren, eine Substanz auf eine gegebene Temperatur zu bringen. Man setzt sie in ein Wärmebad oder einen Thermostaten. Dann hat sie eben — und zwar per definitionem ! — die gleiche Temperatur wie das Wärmebad. Zur Messung der Temperatur kann jede Eigenschaft dienen, welche sich stetig und reproduzierbar mit ihr ändert, wie z. B. das Volumen, der Druck, die Thermokraft, der elektrische Widerstand und viele andere. Die Temperaturskala ist zunächst völlig willkürlich; sie muß durch eine Konvention festgelegt werden. Von den vielen im Laufe der Zeit benutzten Skalen seien nur hervorgehoben das Quecksilberthermometer, das Gasthermometer und die Skala der absoluten Temperatur (Kelvin-Skala). Das Quecksilberthermometer benutzt in bekannter Weise zur Messung als temperaturempfindliche Eigenschaft die Differenz der Volumina von Quecksilber und Glas, indem man die Kapillare des Thermometers im Intervall zwischen den Fixpunkten 0° (schmelzendes Eis) und 100° (siedendes Wasser) in 100 gleiche Teile einteilt. Beim Gasthermometer wird der Druck p einer in ein festes Volumen V eingeschlossenen Gasmenge (z. B. Stickstoff oder Helium) gemessen. Dabei gilt in guter Näherung:

$$p = \frac{A}{V}(1 + \alpha t), \tag{3.1}$$

wo A eine Konstante und $\alpha = 1/273{,}2\,°\mathrm{C}$ den Ausdehnungskoeffizienten, A/V also den Druck bei $t = 0\,°\mathrm{C}$ bedeuten. Die Zahl α ist für alle Gase die gleiche, solange die Temperatur genügend weit oberhalb des Kondensationspunktes liegt und der Druck nicht zu groß wird. Bei genauerer Prüfung zeigt sich aber, daß der Gasdruck nicht genau linear mit der Quecksilbertemperatur anwächst, wenn man, wie oben angegeben, dessen Skala in 100 gleiche Teile geteilt hat. Da nun die Gl. (3.1) für alle Gase gilt, die Quecksilberskala an die zufälligen Eigenschaften eben des Quecksilbers gebunden ist, so hat man sich entschlossen, auf die gleichmäßige Teilung der Skala des Quecksilberthermometers zu verzichten und statt dessen die Gl. (3.1) als Definition der Temperatur anzusehen, indem man die Druckskala des Gasthermometers zwischen den beiden Fixpunkten in 100 gleiche Teile einteilt. Wenn man in (3.1) den Faktor α vor die Klammer setzt, so wird

$$p = \frac{A \cdot \alpha}{V}\left(\frac{1}{\alpha} + t\right).$$

Diese Gleichung nimmt eine einfache Gestalt an, wenn man den Nullpunkt um $1/\alpha = 273{,}2^\circ$ verschiebt und

$$T = 273{,}2 + t$$

als „absolute Temperatur" einführt. Mit $A\,\alpha = r$ hat man dann in

$$p = \frac{r}{V} \cdot T \tag{3.2}$$

die Grundgleichung für das Gasthermometer, wo nun die Fixpunkte bei $T = 273{,}2^\circ$ (schmelzendes Eis) und $T = 373{,}2^\circ$ (siedendes Wasser) liegen. r ist noch abhängig von der chemischen Natur des Gases und von der Menge des in das Thermometer eingeführten Gasquantums. Auch diese Einführung der absoluten Temperatur hat noch durchaus vorläufigen Charakter. Zunächst gibt es in der Natur kein Gas, welches exakt die Gl. (3.2) befriedigt. Wenn man umgekehrt T durch (3.2) definiert, so würde man für zwei verschiedene Gase zwei verschiedene Skalen für die Temperatur erhalten, wenn auch die Abweichungen gering sind und *im limes* $p \to 0$ *ebenfalls gegen Null konvergieren.* Als ideales Gas bezeichnet man ein — in der Natur nicht existierendes — Gas, welches exakt der Gl. (3.2) genügt und auf dessen Verhalten man durch Extrapolation der bei endlichem Druck erhaltenen Messungen schließen kann. Abgesehen von dieser Unzulänglichkeit, kann durch (3.2) eine Temperaturskala nur in einem beschränkten Temperaturintervall definiert werden, dessen untere Grenze dadurch gegeben ist, daß bei ihr keine Gase mehr existieren. Sie liegt etwa bei $T = 1^\circ$ abs. (Der Siedepunkt des Heliums beträgt $4{,}2^\circ$ abs.) Nach oben hin verliert die gasthermometrische Skala praktisch ihren Sinn, wenn keine festen Gefäße zur Abgrenzung des Gasvolumens mehr existieren, also bei Temperaturen von einigen 1000°.

Eine endgültige Festlegung der absoluten Temperatur, ohne Bezugnahme auf spezielle Eigenschaften irgendeiner Substanz, wird erst durch den zweiten Hauptsatz der Thermodynamik ermöglicht. Wir kommen nachher darauf zurück. Man muß es in diesem Sinn als Zufall bezeichnen, daß sie mit der durch (3.2) erklärten und an eine streng genommen überhaupt nicht existierende Substanz gebundenen „absoluten Temperatur" übereinstimmt.

2. Einteilung der Wärmelehre.

Die historische Entwicklung der Wärmelehre ist gekennzeichnet durch die Vorstellung, welche man sich in ihren verschiedenen Stadien vom Wesen der Wärme macht. Man kann hier drei Stufen hervorheben:

A. Die Wärme ist ein Stoff, welcher innerhalb der Materie strömen (Wärmeleitung) oder auch durch das Vakuum hindurch als Wärmestrahlung zwischen verschiedenen Körpern ausgetauscht werden kann.

B. Wärme ist eine spezielle Form der Energie, welche aus anderen Energieformen (mechanische, elektrische, chemische Energie) entstehen kann (Thermodynamik).

C. Wärme besteht in der unregelmäßigen Bewegung der kleinsten Teilchen der Materie (Moleküle, Atome). Sie ist nur eine besondere Form der mechanischen Energie und dadurch ausgezeichnet, daß sie sich auf ungeheuer viele Freiheitsgrade verteilt. Die Einzelheiten der Bewegung sind der direkten Beobachtung nicht zugänglich. Nur Mittelwerte über viele Einzelmoleküle haben praktische Bedeutung (statistische Mechanik).

Je nach den Erscheinungen, für welche man sich gerade interessiert, ist auch heute noch das eine oder andere Bild vorzuziehen. So ist das Bild vom Wärmestoff so lange legitim, als eine Umwandlung in andere Energieformen nicht in Frage kommt. Der Satz von der Erhaltung der Energie fordert dann die Erhaltung der Wärmemenge, welche innerhalb eines ungleich temperierten Körpers strömen kann.

Die unter B genannte Auffassung von der Wärme als Energieform findet ihre erste Formulierung in der Einführung des mechanischen Wärmeäquivalentes, welches die Umrechnung der Wärmeeinheit 1 gcal (das ist die Wärme, die man braucht, um 1 g Wasser von 14° C auf 15° C zu erwärmen) auf mechanische Energieeinheiten gestattet. Bekanntlich ist z. B.

$$1 \text{ gcal} = 0{,}427 \text{ mkg} = 4{,}19 \cdot 10^7 \text{ erg} = 4{,}18 \text{ Wattsec}.$$

In unseren Formeln wird das Wärmeäquivalent niemals explizit auftreten, weil wir grundsätzlich innerhalb einer Gleichung die Energie stets in derselben Einheit gemessen denken. Den Ausgangspunkt dieses Teils der Wärmelehre bilden die beiden Hauptsätze der Thermodynamik, das sind die Sätze von der Unmöglichkeit eines Perpetuum mobile erster und zweiter Art. Unter Perpetuum mobile zweiter Art versteht man eine periodisch laufende Maschine, bei welcher nach einem Umlauf nichts weiter geschehen ist als Leistung von Arbeit und Abkühlung eines Wärmereservoirs. Ein drastisches Beispiel wäre ein Dampfer, welcher seinen Energiebedarf dadurch deckt, daß er den durchfahrenen Teil des Ozeans etwas abkühlt. Eine solche Maschine würde dem Energieprinzip nicht widersprechen, wäre aber technisch doch einem Perpetuum mobile gleichwertig. Die ganze Thermodynamik besteht im wesentlichen aus einer konsequenten Anwendung der beiden Hauptsätze auf die verschiedenartigsten Naturerscheinungen. Ihre Ergebnisse beanspruchen strenge Gültigkeit; sie gibt aber grundsätzlich keine Auskunft über den atomaren Mechanismus und läßt daher das Bedürfnis nach Anschaulichkeit häufig unbefriedigt.

In diesem Sinne befinden wir uns bei der Auffassung C in der entgegengesetzten Lage. Hier versucht man, ausgehend von einem bestimmten Atommodell, die unter B behandelten Phänomene, wie Zustandsgleichung, Dampfdruck oder chemisches Gleichgewicht, als mechanische Vorgänge zu verstehen. Die Ergebnisse haben, wenn diese mechanische Interpretation gelungen ist, ein hohes Maß von Anschaulichkeit. Dafür können sie aber nur in Ausnahmefällen strenge Gültigkeit beanspruchen. Denn einmal sind die Atommodelle stets mit einer gewissen Willkür behaftet, zum anderen läßt sich das mechanische Vielkörperproblem in der Regel nur unter vereinfachenden Annahmen überhaupt behandeln. So ergänzen sich die Auffassungen B und C in einer ganz eigentümlichen Weise. Ihre volle Fruchtbarkeit entfaltet die Wärmetheorie erst demjenigen, welcher gleichzeitig mit beiden Auffassungen zu operieren versteht.

Im folgenden soll versucht werden, an Hand von einigen typischen Beispielen in den spezifischen Geist dieser drei Auffassungen einzuführen.

A. Die Wärme als Stoff (Wärmeleitung).

1. Herleitung der Wärmeleitungsgleichung.

Diese Disziplin ist — abgesehen von ihrer unmittelbaren praktischen Bedeutung — deswegen so wichtig, weil an Problemen der Wärmeleitung wesentliche Methoden der mathematischen Physik entdeckt wurden. Sie ist so recht geeignet, den Anfänger an die Theorie der partiellen Differentialgleichung heranzuführen, in welcher eine streng kausale Naturbeschreibung ihren vollkommensten Ausdruck findet.

Die Wärmeleitung wird in der Experimentalphysik in folgender Weise beobachtet: Gegeben sei eine Platte von der Dicke a. Von den beiden Flächen F (senkrecht zu a) sei die eine auf der Temperatur[1] U_2, die andere auf U_1 gehalten ($U_1 < U_2$). Zum Beispiel sei $U_1 = 0°$ C, realisiert durch ein Gemisch von Wasser mit Eis, und $U_2 = 100°$ C (siedendes Wasser). Dann strömt durch die Platte im stationären Zustand eine gewisser Wärmestrom Q, den man z. B. durch Wägung der in der Zeiteinheit geschmolzenen Eismenge messen kann. Man beobachtet, daß die sekundlich übergehende Wärmemenge (das ist ja der Wärmestrom) proportional zu F und zur Temperaturdifferenz $U_2 - U_1$, dagegen umgekehrt proportional zur Dicke a ist:

$$Q = \lambda \cdot F \cdot \frac{U_2 - U_1}{a}. \tag{3.3}$$

Die Proportionalitätskonstante λ ist eine Eigenschaft des Plattenmaterials und heißt Wärmeleitfähigkeit. Das ist ein experimentelles Resultat, aber noch kein Naturgesetz. Zunächst gilt (3.3) nur im stationären Endzustand unserer Anordnung, keineswegs aber zu Beginn des Versuches, als etwa die ganze Platte noch die Temperatur U_1 hatte. Fassen wir weiter eine spezielle Schicht P innerhalb unserer Platte ins Auge, durch welche die Wärme doch hindurchströmen muß. Dann würde (3.3) besagen, daß durch die Schicht P „deswegen" die Wärme Q hindurchströmt, weil die von P ganz getrennt liegenden Endflächen bei $x = 0$ und $x = a$ auf den Temperaturen U_1 bzw. U_2 gehalten werden. Diese Aussage widerstrebt einem verfeinerten Kausalitätsbedürfnis. Denn die Vorgänge an der Stelle P (z. B. der Wärmestrom an dieser Stelle) können doch nur bestimmt werden durch den Zustand in der unmittelbaren Umgebung von P. Es erscheint höchst unbefriedigend, zu sagen, daß bei P ein Wärmestrom fließt, weil an irgendeiner entfernten Stelle eine Erwärmung vorgenommen wurde. Wenn wir uns den Verlauf von U als Funktion von x auftragen (Fig. 55), so erwarten wir im stationären Zustand einen geradlinigen Anstieg, also eine konstante Steigung

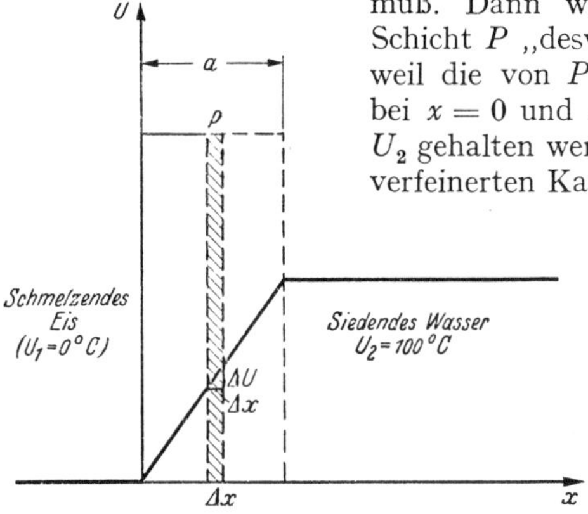

Fig. 55. Temperaturverteilung in einer Platte der Dicke a.

$$\frac{dU}{dx} = \frac{U_2 - U_1}{a}. \tag{3.4}$$

[1] Wir bezeichnen in diesem Abschnitt die Temperatur nicht mit t oder T wie in den späteren Abschnitten der Wärmelehre, sondern mit U, um Verwechslungen mit der Zeit t zu vermeiden. Im übrigen soll es uns hier auf die Art der Temperaturskala nicht ankommen. Darüber wird in der Einleitung und (B 3b) gesprochen.

Nach dieser Einsicht ist es leicht, das Ergebnis (3.3) so umzuschreiben, daß daraus ein Naturgesetz wird. Wir vermuten, daß es für den Wärmestrom in P im allgemeineren (auch nichtstationären) Fall gar nicht auf U_1 oder U_2 ankommt, sondern allein auf das Temperaturgefälle dU/dx an der Stelle P selbst. Indem wir (3.3) noch durch den Querschnitt F dividieren und zum limes $a \to 0$ übergehen, erhalten wir für die Wärmestromdichte (das ist Wärmemenge pro cm² und Sek.) an einer hervorgehobenen Stelle des Materials

$$j = -\lambda \cdot \frac{\partial U}{\partial x}. \tag{3.5}$$

Das Minuszeichen haben wir eingeführt, weil wir den in der positiven x-Richtung fließenden Strom als positiv zählen wollen. „Die Wärme fließt bergab." *Der rechnerisch so harmlose Übergang von* (3.3) *nach* (3.5) *ist für das Verständnis physikalischer Überlegungen von grundlegender Bedeutung.* An die Stelle einer auf eine ganze Meßanordnung bezüglichen Aussage ist eine andere getreten, in welcher nur von dem Verhalten an einer hervorgehobenen Stelle des Materials die Rede ist. Man muß sich bei diesem Übergang mit der Phantasie von dem äußeren Aufbau des Experiments trennen und wirklich in das Innere des Materials hineinkriechen.

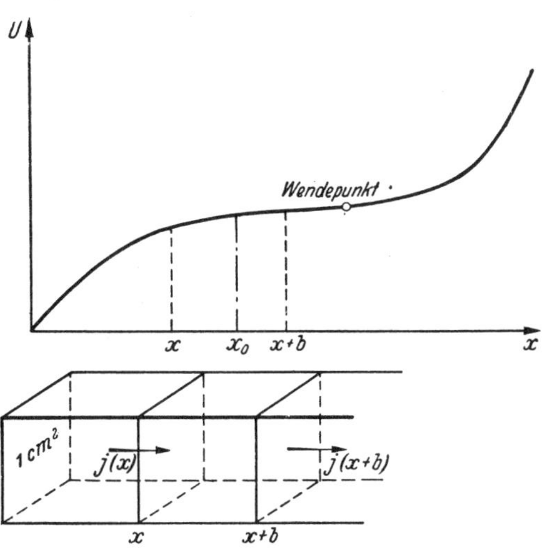

Fig. 56. Zur Wärmebilanz des zwischen x und $x + b$ liegenden Abschnittes eines Stabes vom Querschnitt 1.

Wir beschränken uns auch weiterhin auf die lineare Wärmeleitung. Das bedeutet, daß die Temperatur nur von x und t abhängen soll $[U = U(x, t)]$, daß also U auf einer Ebene senkrecht zur x-Achse konstant ist. Unsere Gl. (3.5) enthält zunächst für den *stationären* Zustand eine einfache Aussage für den Fall, daß λ von x abhängt, daß also unsere Platte in Fig. 55 aus Schichten verschiedener Wärmeleitzahlen zusammengesetzt ist. Im stationären Zustand muß durch jede Schicht der gleiche Wärmestrom hindurchtreten. Also ist j und damit auch $\lambda \cdot \frac{dU}{dx}$ von x unabhängig. Die Steilheit $\frac{dU}{dx}$ der $U(x)$-Kurve ist im stationären Zustand dem Leitvermögen umgekehrt proportional.

Wir fragen jetzt nach der *zeitlichen Änderung der Temperatur* und fassen (Fig. 56) zu diesem Zweck eine Säule unseres Materials vom Querschnitt 1 ins Auge und in dieser wieder zwei benachbarte, bei x und $x + b$ liegende Querschnitte. In der kleinen Zeit τ fließt durch den bei x liegenden Querschnitt die Wärmemenge $j(x)\,\tau$ in das Stück von der Dicke b hinein, während gleichzeitig die Wärmemenge $j(x + b)\,\tau$ herausfließt (lies: „j an der Stelle $x + b$"). Die Differenz $\{j(x) - j(x + b)\}\,\tau$ bleibt also in dem Abschnitt b stecken und wird dessen Temperatur ändern. Nun hat unsere Schicht das Volumen b und die Masse $\varrho \cdot b$ (ϱ = Dichte). Ist weiterhin γ die spezifische Wärme, so ist zur Erwärmung um ein Grad die Wärmemenge $\gamma\varrho b$ erforderlich; sind also $U(x,t)$ und $U(x, t + \tau)$ die Temperaturen unseres Abschnittes zu den Zeiten t und $t + \tau$, so muß während der Zeit τ die Wärmezufuhr $\gamma \varrho b \{U(x, t+\tau) - U(x, t)\}$ erfolgt sein. Diese Wärmezufuhr haben wir aber oben gerade als Differenz der beiden Wärmeströme berechnet. Wir haben also

$$\{j(x) - j(x+b)\}\tau = \varrho b \gamma \{U(x, t+\tau) - U(x, t)\}$$

als Ausdruck für die „Erhaltung der Wärmemenge". Dividieren wir diese Gleichung durch das Produkt $\tau \cdot b$ und gehen wir dann zum Limes $\tau \to 0$ und $b \to 0$ über, so erhalten wir

$$-\frac{\partial j}{\partial x} = \varrho \gamma \cdot \frac{\partial U}{\partial t}.$$

Wenn wir j aus (3.5) einsetzen, so kommt

$$\frac{\partial}{\partial x}\left(\lambda \cdot \frac{\partial U}{\partial x}\right) = \varrho \gamma \frac{\partial U}{\partial t}.$$

Wir nehmen weiterhin an, daß λ eine Konstante ist, also nicht mehr vom Ort abhängt. Dann erhalten wir unter Einführung der für die Geschwindigkeit des Temperaturausgleichs maßgebenden *Temperaturleitfähigkeit*

$$a = \frac{\lambda}{\varrho \gamma}$$

die amtliche *Grundgleichung der Wärmeleitung*

$$\frac{\partial U}{\partial t} = a \cdot \frac{\partial^2 U}{\partial x^2} \tag{3.6}$$

für die Temperatur U als Funktion der beiden Variablen x und t. Wenn für einen bestimmten Augenblick U als Funktion von x gegeben ist, etwa als Kurve in der x-U-Ebene, so ist auch $\partial^2 U/\partial x^2$ bekannt und damit nach (3.6) auch U zu einer um δt späteren Zeit. Denn die Änderung δU ist ja danach gleich

$$\delta U = a \cdot \frac{\partial^2 U}{\partial x^2}\, \delta t.$$

(3.6) ist eine der ältesten partiellen Differentialgleichungen der Physik. Durch ihre Diskussion wurden viele Methoden der theoretischen Physik wie auch der reinen Mathematik entwickelt. Zunächst eine anschauliche Kontrolle: Gegeben sei $U(x, 0)$ etwa als Kurve der Fig. 56. Wir greifen eine Stelle x_0 heraus und fragen, ob diese Stelle im nächsten Augenblick wärmer oder kälter wird. Wir sehen unmittelbar, daß die in der Fig. 56 markierte Stelle x_0 kälter werden muß, weil ja links von x_0 der Gradient von U etwas steiler ist als rechts davon, so daß bei x_0 etwas mehr Wärme ab- als zuströmt. Es kommt tatsächlich auf die Krümmung der $U(x)$-Kurve an, was ja gerade in (3.6) behauptet wird. In Fig. 56 werden somit die links vom Wendepunkt W liegenden Teile kälter, die rechts davon liegenden dagegen wärmer, wenigstens im nächsten Augenblick. Was späterhin geschieht, läßt sich natürlich nicht unmittelbar aus (3.6) ablesen, dazu brauchen wir eine richtige Integration dieser Gleichung.

Als Beispiel behandeln wir die folgende Aufgabe. In einem seitlich isolierten Stab der Länge l sei die Temperaturverteilung für $t = 0$ als $U(x, 0) = f(x)$ irgendwie vorgegeben. Wir fragen: Wie sieht die Temperaturverteilung $U(x, t)$ zu einer späteren Zeit aus, wenn die beiden Enden des Stabes von $t = 0$ ab entweder auf der festen Temperatur $U = 0$ gehalten (auf Eis gelegt) werden, oder aber, wenn die Enden thermisch isoliert sind? Wir haben also diejenige Funktion $U(x, t)$ aufzusuchen, welche die Gl. (3.6) befriedigt und für $t = 0$ sowie für $x = 0$ und $x = l$ die angegebenen Anfangs- und Randbedingungen erfüllt.

2. Lösungsmethoden für die Wärmeleitungsgleichung.

a) Die Fourier-Entwicklung. Um eine Lösung unserer Aufgabe zu finden, müssen wir uns erst eine Weile den Methoden anvertrauen, welche die Mathematiker zur Behandlung der Gl. (3.6) ersonnen haben. Sie basieren alle auf der wichtigen Tatsache, daß (3.6) linear und homogen in U ist. Das bedeutet: Sind $U_1(x, t)$ und $U_2(x, t)$ zwei Lösungen von (3.6), so ist — mit beliebigen Konstanten A und B — auch

$$A\,U_1(x, t) + B\,U_2(x, t) \tag{3.7}$$

eine Lösung. (*Überzeugen Sie sich selbst davon*) Dadurch ergibt sich folgende Methode zur Behandlung unserer Aufgabe: Man verschafft sich zunächst durch Raten oder sonstwie eine Reihe von Lösungen $U_1, U_2, \ldots$ von (3.6), welche zunächst mit dem speziellen Problem nichts zu tun haben brauchen. Danach probiert man, ob man aus den so erratenen Lösungen durch Linearkombination $A_1 U_1 + A_2 U_2 + A_3 U_3 \ldots$ mit geschickt gewählten Zahlen $A_1, A_2 \ldots$ den Anfangs- und Randbedingungen gerecht werden kann.

Beginnen wir danach mit dem Erraten einer Lösung von (3.6). Unsere an Hand von Fig. 56 durchgeführte Überlegung legt es nahe, das Schicksal eines anfänglich sinusförmigen Verlaufes der Temperatur ins Auge zu fassen, also etwa

$$f(x) = \sin\frac{2\pi x}{L},$$

wo L die Wellenlänge der Verteilung bedeutet. Wir wissen, daß im nächsten Augenblick die Wendepunkte der Sinuskurve ihren Wert behalten, während der obere Bogen etwa gedrückt, der untere etwas angehoben wird. Das bringt uns auf die Idee: Bleibt nicht vielleicht die Sinuskurve als solche überhaupt erhalten, indem nur ihre Amplitude im Laufe der Zeit abgesenkt wird? Wir probieren also, ob etwa

$$e^{-\delta \cdot t} \cdot \sin\frac{2\pi x}{L}$$

eine Lösung von (3.6) sein kann. Und siehe da, das ist tatsächlich der Fall, wenn

$$\delta = a\left(\frac{2\pi}{L}\right)^2$$

gewählt wird. Damit haben wir unsere erste „Partikularlösung"

$$U(x, t) = e^{-a\left(\frac{2\pi}{L}\right)^2 t} \sin\frac{2\pi}{L}x. \tag{3.8}$$

In Wahrheit haben wir damit aber nicht eine Lösung, sondern gleich ungeheuer viele; denn für L können wir ja eine beliebige Zahl einsetzen. Außerdem bleibt (3.8) auch dann eine Lösung, wenn wir den Sinus durch Cosinus ersetzen. Die große und folgenreiche Entdeckung von Fourier bestand darin, gesehen zu haben, daß man damit bereits alle Lösungen von (3.6) in Händen hat. Damit ist gemeint, daß sich durch geeignete Kombinationen von Lösungen des Typus (3.8) nach dem Schema (3.7) jedes Problem der linearen Wärmeleitung erledigen läßt.

Aus (3.8) entnehmen wir bereits eine für Abschätzungen wichtige Aussage über die zum Ausgleich von Temperaturdifferenzen erforderliche Zeit: Nach der Zeit

$$\tau = \frac{1}{a}\left(\frac{L}{2\pi}\right)^2$$

sind die Amplituden der $U(x)$-Kurve auf den e-ten Teil gesunken. Diese Zeit wächst also mit dem Quadrat der Wellenlänge.

Eine Methode, welche häufig das Auffinden von Partikularlösungen erleichtert, besteht darin, daß man die Differentialgleichung durch einen Produktansatz der Form

$$U(x, t) = \Theta(t) \cdot X(x)$$

zu lösen versucht. Geht man damit in (3.6) ein und dividiert nach dem Einsetzen durch das Produkt $\Theta \cdot X$, so bleibt

$$\frac{\Theta'}{\Theta} = a \cdot \frac{X''}{X}.$$

Danach wird eine Funktion von t allein, nämlich Θ'/Θ, gleich einer Funktion $a\frac{X''}{X}$ von x allein. Das ist aber nur möglich, wenn beide Funktionen den gleichen konstanten Wert haben, den wir mit $-a\beta^2$ bezeichnen wollen. Dann haben wir in den zwei Gleichungen

$$\frac{\Theta'}{\Theta} = -a\beta^2, \qquad \frac{X''}{X} = -\beta^2$$

die Variabeln separiert. Wir haben für jede der beiden Funktionen $\Theta(t)$ und $X(x)$ eine gewöhnliche Differentialgleichung. In unserem Fall wird

$$\Theta(t) = C \cdot e^{-a\beta^2 t},$$
$$X(x) = A\cos\beta x + B\sin\beta x,$$

wo A, B, C drei Integrationskonstanten bedeuten. Mit

$$\beta = \frac{2\pi}{L}$$

finden wir so unsere Lösung (3.8) wieder. Würde man statt $-a\beta^2$ eine positive oder auch imaginäre Konstante setzen, so erhält man noch ganz andere Lösungen, auf die wir hier jedoch nicht eingehen. Wir kommen nun zu dem oben angedeuteten speziellen Problem.

Ein von $x = 0$ bis $x = l$ reichender Stab sei zur Zeit $t = 0$ gleichmäßig auf $U = U_0$ erwärmt. Von da ab sollen seine beiden Endflächen dauernd auf $U = 0$ gehalten werden. Wir können von diesem Problem des endlichen Stabes

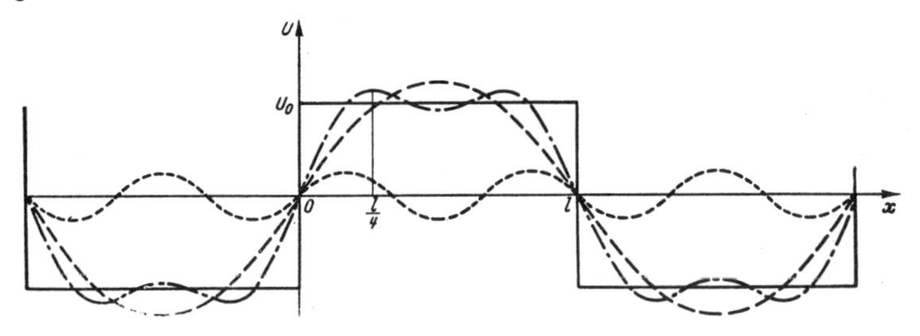

Fig. 57. Die ersten beiden Glieder der Fourier-Entwicklung einer Mäanderkurve.
– – – – $U_0 \frac{4}{\pi} \sin\frac{\pi}{l} x$, - - - - - - - - $U_0 \frac{4}{3\pi} \sin\frac{3\pi}{l} x$, —·—·— Summe der beiden ersten Kurven.

mit Randbedingungen übergehen zu dem eines unendlich langen Stabes ohne Randbedingungen, indem wir uns den Stab nach beiden Seiten hin ins Unendliche verlängert denken und für diesen als Anfangsbedingung fordern, daß er abschnittsweise die Temperaturen $+U_0$ und $-U_0$ besitzt (vgl. Fig. 57). Also von $x = 0$ bis $x = l$ ist $U = U_0$, von $x = l$ bis $x = 2l$ dagegen gleich $-U_0$ usw. Es ist klar, daß während des Wärmeausgleichs die Stellen $x = \pm\nu l$ (ν ganz) dauernd die Temperatur $U = 0$ behalten werden. Unsere Aufgabe ist somit erledigt, wenn es gelingt, die Mäanderkurve der Fig. 57 durch eine Summe von sin- und cos-Funktionen darzustellen. Zeichnerisch sieht man, wie diese Darstellung ungefähr laufen wird. Eine erste Annäherung wird gegeben durch $a_1 \sin\frac{\pi}{l}x$. Diese wird verbessert durch Hinzufügen von $a_3 \sin\frac{3\pi x}{l}$ (mit einer geeignet gewählten Konstanten a_3), sie wird dadurch bei $x = l/2$ abgeflacht, bei $x = 0$ und $x = l$ dagegen besser in die Ecken hineingedrückt. Eine weitere Verbesserung erfolgt durch Hinzufügen von $a_5 \sin 5\frac{\pi}{l}$ usw. Somit hoffen wir, daß es möglich sein wird, unsere Mäanderkurve $f(x)$ als Summe

$$f(x) = a_1 \sin\frac{\pi}{l}x + a_3 \sin\frac{3\pi}{l}x + a_5 \sin\frac{5\pi}{l}x \ldots \tag{3.9}$$

darzustellen und die Zahlen a_1, a_3, a_5 usw. so zu bestimmen, daß

$$\begin{aligned} f(x) &= U_0 \quad \text{für} \quad 0 < x < l \quad \text{und} \quad 2l < x < 3l \text{ usw.}, \\ f(x) &= -U_0 \quad \text{für} \quad l < x < 2l \quad \text{und} \quad 3l < x < 4l \text{ usw.} \end{aligned} \tag{3.9a}$$

wird. Wenn eine solche Darstellung möglich ist, so folgt der Wert eines speziellen Koeffizienten a_ν durch folgenden Kunstgriff: Man multipliziere die ganze Gl. (3.9) mit $\sin\frac{\nu\pi}{l}x$ und integriere über eine Periode, d. h. von $x = 0$ bis $x = 2l$, dann erscheint links für ungerades ν:

$$\int_0^{2l} f(x)\sin\left(\frac{\nu\pi}{l}x\right)dx = U_0\left[\int_0^{l}\sin\left(\frac{\nu\pi}{l}x\right)dx - \int_l^{2l}\sin\left(\frac{\nu\pi}{l}x\right)dx\right] = U_0\frac{4l}{\nu\pi} \tag{3.10}$$

(für gerades ν würde sich 0 ergeben!). Auf der rechten Seite gibt der mit dem Faktor a_ν behaftete Summand

$$a_\nu\int_0^{2l}\sin^2\left(\frac{\nu\pi}{l}x\right)dx = a_\nu \cdot l, \tag{3.10a}$$

dagegen liefern die übrigen Summanden keinen Beitrag, da

$$\int_0^{2l}\sin\left(\frac{\nu\pi}{l}x\right)\sin\left(\frac{\mu\pi}{l}x\right)dx = 0 \qquad \text{für } \nu \neq \mu. \tag{3.10b}$$

Damit sind aber die Zahlen $a_\nu = U_0\frac{4l}{\nu\pi}$ gefunden, also auch die gesuchte Darstellung der Mäanderkurve

$$f(x) = \frac{4}{\pi}U_0\left(\sin\frac{\pi}{l}x + \frac{1}{3}\sin\left(\frac{3\pi}{l}x\right) + \frac{1}{5}\sin\frac{5\pi}{l}x \ldots\right). \tag{3.10c}$$

Wenn wir hier noch jeden Summanden nach der Vorschrift (3.8) mit dem Zeitfaktor $e^{-\nu^2 a\frac{\pi^2}{l^2}t}$ versehen, so haben wir als endgültige Lösung für die Auskühlung unseres Stabes

$$U(x, t) = \frac{4}{\pi}U_0\left(e^{-a\frac{\pi^2}{l^2}t}\sin\frac{\pi}{l}x + \frac{1}{3}e^{-9a\frac{\pi^2}{l^2}t}\sin\left(\frac{3\pi}{l}x\right)\ldots\right). \tag{3.11}$$

An unserer Lösung springt insbesondere folgender Umstand in die Augen: Die verschiedenen Komponenten, in welche wir nach (3.10c) die gegebene Mäanderkurve zerlegt haben, klingen mit ganz verschiedenen Geschwindigkeiten ab.

So ist z. B. nach Ablauf der Zeit $\tau = \frac{1}{a}\frac{l^2}{\pi^2}$ die Grundwelle auf $\frac{1}{e} = 0{,}368$ abgeklungen, die nächste bereits auf $(1/e)^3 = 0{,}050$, die folgende auf $(1/e)^5 = 0{,}0067$. Nach einer wesentlich größeren Zeit ist also praktisch nur noch die Grundwelle vorhanden. Die zunächst als rechnerischer Kunstgriff eingeführte Zerlegung wird also in der Natur durch den Mechanismus der Wärmeleitung insofern wirklich ausgeführt, als aus allen Fourier-Komponenten schließlich die erste herausgesucht wird.

Zeichnen Sie die ersten der Funktionen

$$a_1 \sin x, \quad a_1 \sin x + a_3 \sin 3x, \quad a_1 \sin x + a_3 \sin 3x + a_5 \sin 5x$$

usw. wirklich auf, damit Sie erleben, wie diese Folge es fertigbringt, die Ecken der Mäanderkurve darzustellen.

Die vorstehende Betrachtung liefert uns ein einfaches Beispiel für den Nutzen der Fourier-Reihen in der Physik. Wir wollen im Hinblick auf seine große Bedeutung für viele andere Anwendungen diesen Entwicklungssatz in seiner allgemeinen Fassung wenigstens angeben. Wegen eines strengen Beweises sei auf die Mathematikliteratur verwiesen. Die wichtigste Eigenschaft unserer in Fig. 57 skizzierten Funktion ist die, daß sie in x periodisch mit der Periodenlänge $2l$ ist, d. h. sie erfüllt die Gleichung $f(x + 2l) = f(x)$. Bei einer Wahl einer anderen Längeneinheit

$$x = \frac{l}{\pi}\xi$$

lautet diese Gleichung

$$f\left[\frac{l}{\pi}(\xi + 2\pi)\right] = f\left(\frac{l}{\pi}\xi\right).$$

Durch geeignete Wahl der Längeneinheit können wir also stets erreichen, daß die Periodenlänge 2π wird. Nun lautet der *Fouriersche Entwicklungssatz:* Jede periodische Funktion $f(x)$ mit der Periode 2π, welche in diesem Intervall nur endlich viele Maxima und Minima und nur endlich viele Unstetigkeitsstellen besitzt, läßt sich durch die unendliche Reihe

$$f(x) = \tfrac{1}{2}a_0 + \sum_{\nu=1}^{\infty} a_\nu \cos(\nu x) + \sum_{\nu=1}^{\infty} b_\nu \sin(\nu x) \tag{3.12}$$

darstellen mit

$$a_\nu = \frac{1}{\pi}\int_0^{2\pi} f(x)\cos(\nu x)\,dx \quad \text{und} \quad b_\nu = \frac{1}{\pi}\int_0^{2\pi} f(x)\sin(\nu x)\,dx. \tag{3.12a}$$

Wenn man als bewiesen unterstellt, daß die Reihe (3.12) für jedes x existiert und gleichmäßig konvergiert, so folgt (3.12a) in der oben [Gl. (3.10), (3.10a) und (3.10b)] bereits angedeuteten primitiven Weise. Für viele Zwecke der Anwendung ist die komplexe Schreibweise von (3.12) zweckmäßig in der Form

$$f(x) = \sum_{\nu=-\infty}^{\nu=+\infty} \alpha_\nu e^{i\nu x}, \tag{3.13}$$

$$\alpha_\nu = \frac{1}{2\pi}\int_0^{2\pi} f(x)e^{-i\nu x}\,dx. \tag{3.13a}$$

Überzeugen Sie sich, daß (3.12) und (3.13) den gleichen Tatbestand beschreiben. Dazu müssen Sie nur in (3.13) jeweils die beiden Summanden mit ν und $-\nu$ zusammenfassen. (3.12) und (3.13) werden tatsächlich identisch, wenn

$$a_\nu = \alpha_\nu + \alpha_{-\nu}, \qquad b_\nu = i(\alpha_\nu - \alpha_{-\nu})$$

gewählt wird. Damit $f(x)$ in (3.13) reell sei, muß $\alpha_{-\nu} = \alpha_\nu^*$ sein.

b) Die quellenmäßige Darstellung. Wir haben oben die Lösung (3.8) der Wärmeleitungsgleichung (3.6)

$$\frac{\partial U}{\partial t} = a \cdot \frac{\partial^2 U}{\partial x^2} \tag{3.6}$$

erraten und von ihr aus einen Einblick in die Fourier-Reihen gewonnen. Wir wollen jetzt eine ganz andere Lösung derselben Gleichung erraten. Der nach beiden Seiten hin unendlich lange Stab besitze zur Zeit $t = 0$ überall die Temperatur $U = 0$, nur an einer sehr schmalen Stelle von der Breite b herrsche zu Anfang die Temperatur U_0.

Wie wird die Temperaturverteilung zu einer späteren Zeit aussehen? Wir erwarten natürlich, daß sie sich seitwärts ausbreitet, daß sie also etwa zu den Zeiten t_1 und t_2 den in der Fig. 58 skizzierten Verlauf hat. Versuchen wir zunächst, diese Erwartung formelmäßig zu beschreiben. Für die erwartete Glockenkurve bietet die Mathematik die Funktion vom Typus

$$e^{-\frac{x^2}{s^2}}$$

dar, wo s die Dimension einer Länge hat (im Exponenten darf nur eine dimensionslose Größe stehen). Diese Funktion ist bei $x = s$ auf $1/e$ abgeklungen. s mißt also die Breite unserer Glockenkurve, von der wir aber von vornherein wissen, daß sie mit der Zeit anwachsen muß. Aus der Differentialgleichung sehen wir aber unmittelbar, daß $\sqrt{a\,t}$ die Dimension einer Länge besitzt, also vermuten wir $s^2 = z \cdot at$, wo z eine vorerst unbekannte Zahl bedeutet. Diese Funktion kann aber noch nicht die gesuchte sein, da sie für $x = 0$ dauernd gleich 1 bleibt, während doch die Mittelhöhe mit wachsendem t abnehmen muß. Den von t abhängenden Faktor, welcher für dieses Absinken sorgt, können wir aber aus der Bemerkung entnehmen, daß die gesamte ins Spiel kommende Wärmemenge durch ihren Anfangswert, also das Produkt $U_0 \cdot b$, gegeben ist. Sie muß ja ihren Wert dauernd beibehalten. Die den Wärmeausgleich beschreibende Funktion $U(x, t)$ muß also für alle Werte von t der Bedingung

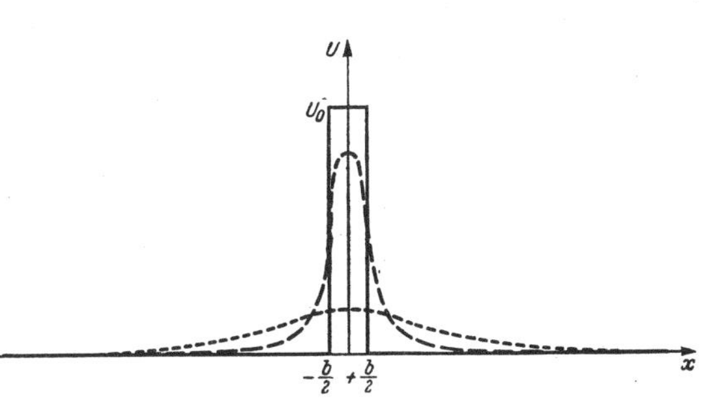

Fig. 58. Ausbreitung einer anfangs auf den schmalen Bereich zwischen $x = -\frac{b}{2}$ und $x = +\frac{b}{2}$ konzentrierten Erwärmung.

$$\int_{-\infty}^{+\infty} U(x, t)\, d\,x = U_0\, b$$

genügen. Versuchen wir also die Lösung

$$g(t) \cdot e^{-\frac{x^2}{z \cdot a t}},$$

so ist von dem Faktor g zu verlangen, daß

$$g(t) \cdot \int_{-\infty}^{+\infty} e^{-\frac{x^2}{z \cdot a t}}\, d\,x = U_0\, b$$

ist. Das Integral ist aber gleich $\sqrt{\pi z a t}$, mithin wäre

$$U(x, t) = U_0 b \frac{1}{\sqrt{\pi z a t}}\, e^{-\frac{x^2}{z \cdot a t}}.$$

Bis dahin haben wir uns nur von der physikalischen Anschauung leiten lassen. Es wird nun höchste Zeit, daß wir uns um die Differentialgleichung (3.6) kümmern. Nun, wenn Sie unsere erratene Funktion in (3.6) einsetzen, so sehen Sie, daß (3.6) tatsächlich befriedigt wird, wenn Sie $z = 4$ setzen. Damit haben wir endgültig

$$U(x, t) = U_0 b \frac{1}{\sqrt{4\pi a t}} e^{-\frac{x^2}{4at}} \tag{3.14}$$

für die Ausbreitung der anfänglich bei $x = 0$ konzentrierten Wärmemenge.

Diskutieren Sie (3.14) als Funktion von t für einen festgehaltenen Ort x_1, über welchen die Wärme hinwegströmt. Zu welcher Zeit hat hier die Temperatur ihren Höchstwert? Kann man aus dem Ergebnis so etwas wie eine Ausbreitungsgeschwindigkeit der Wärme ablesen?

Besondere Aufmerksamkeit verlangt das Verhalten der Funktion (3.14) an der Stelle $x = 0$, $t = 0$. Sie bekommt hier den Wert ∞, wenn man erst $x = 0$ setzt und dann mit t gegen 0 geht. Dagegen ergibt sich $u = 0$, wenn man zuerst (bei endlichem x) $t = 0$ setzt. Tatsächlich wird unsere Lösung hier sinnlos, sie liefert im Limes $t \to 0$ ja auch gar nicht den in Fig. 58 skizzierten Rechteckverlauf der Breite b, sondern eine unendlich hohe und unendlich schmale Zacke vom Flächeninhalt $U_0 b$, welche höchstens im Limes $b \to 0$ als Ersatz für das Rechteck $U_0 b$ genommen werden kann.

Wir werden auf die Lösung (3.14) der Differentialgleichung (3.6) später im Zusammenhang mit der Diffusion von einem ganz anderen Gesichtspunkt aus zurückkommen. Jetzt wollen wir uns überzeugen, daß wir mit (3.14) tatsächlich eine viel allgemeinere Lösung in der Hand haben. Es ist natürlich ganz unwesentlich, ob die Wärme anfangs bei $x = 0$ oder an einer anderen Stelle etwa $x = \xi$ konzentriert war. Nennen wir die Dicke der anfangs geheizten Schicht $d\xi$ und ihre Anfangstemperatur $f(\xi)$, so haben wir in (3.14) nur $U_0 b$ durch $f(\xi)\, d\xi$ und x durch $x - \xi$ zu ersetzen. Nun sei die anfängliche Temperaturverteilung $U(x, 0) = f(x)$ vorgegeben (s. Fig. 59). Wir denken sie in lauter kleine Intervalle $d\xi$ zerschnitten und fassen danach eine bestimmte Stelle x ins Auge.

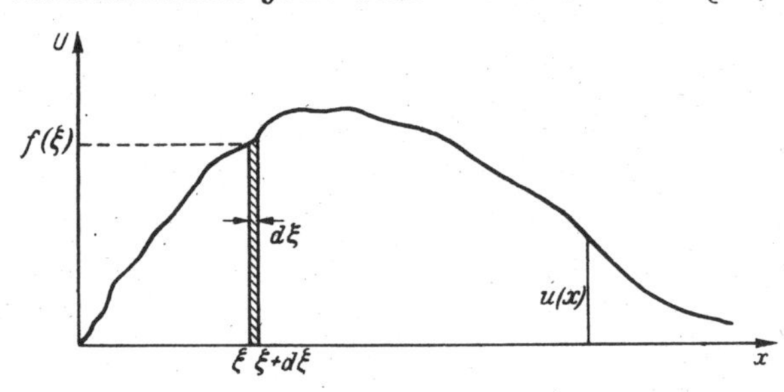

Fig. 59. Zur quellenmäßigen Behandlung der Wärmeleitung.

An dieser wird die von einem einzelnen Abschnitt $f(\xi)\, d\xi$ hervorgerufene Erwärmung durch die soeben abgeleitete Formel beschrieben. Durch Überlagerung der Wirkung aller Abschnitte erhalten wir also an der Stelle x den Temperaturverlauf

$$U(x, t) = \frac{1}{\sqrt{4\pi a t}} \int_{-\infty}^{+\infty} f(\xi)\, e^{-\frac{(x-\xi)^2}{4at}}\, d\xi . \tag{3.15}$$

Damit haben wir also diejenige Lösung von (3.6) gefunden, welche aus einer für $t = 0$ vorgegebenen Verteilung $U(x, 0) = f(x)$ hervorgeht.

Für die Anwendung ist eine andere Schreibweise von (3.15) zweckmäßig. Führt man nämlich an Stelle von ξ die Größe

$$\frac{\xi - x}{\sqrt{4at}} = \beta$$

als Integrationsvariable ein, so erhält man die Formel

$$U(x, t) = \frac{1}{\sqrt{\pi}} \int_{-\infty}^{+\infty} f(x + \beta \sqrt{4at})\, e^{-\beta^2} d\beta, \tag{3.15a}$$

welcher man sogleich ansieht, daß sie für $t = 0$ wirklich $u = f$ ergibt, während der Grenzübergang in (3.15) zunächst recht knifflig aussieht. Er liefert ein weiteres Beispiel für die bereits auf S. 19 diskutierte und in der modernen Physik oft benutzte δ-Funktion:

$$\delta(z) = \lim_{\tau \to 0} \frac{1}{\sqrt{\pi \tau}} e^{-\frac{z^2}{\tau}}.$$

Sie hat die paradoxe Eigenschaft, daß

$$\delta(z) = 0 \quad \text{für} \quad z \neq 0 \quad \text{und} \quad \int_{-\infty}^{+\infty} \delta(z)\, dz = 1.$$

Für eine beliebiges $f(z)$ gilt also

$$\int_{-\infty}^{+\infty} f(z)\, \delta(z)\, dz = f(0).$$

Als ein Beispiel für die Anwendung von (3.15a) sei als Anfangsverteilung für den unendlich langen Stab gegeben:

$$f(x) = U_0 \quad \text{für} \quad x > 0 \quad \text{und} \quad f(x) = -U_0 \quad \text{für} \quad x < 0.$$

Dem entspricht physikalisch ein von $x = 0$ bis ins Unendliche reichender und auf U_0 erwärmter Stab, dessen linke, bei $x = 0$ liegende Stirnfläche von $t = 0$ ab auf $U = 0$ gehalten (auf Eis gelegt) wird. Dann hat f im Integranden von (3.15a) immer den Betrag U_0, er wechselt nur sein Vorzeichen bei demjenigen Wert von β, für welchen

$$x + \beta \sqrt{4at} = 0$$

ist, also bei $\beta = -\frac{x}{\sqrt{4at}}$. Somit wird

$$U(x, t) = \frac{U_0}{\sqrt{\pi}} \left\{ \int_{-\frac{x}{\sqrt{4at}}}^{\infty} e^{-\beta^2} d\beta - \int_{-\infty}^{-\frac{x}{\sqrt{4at}}} e^{-\beta^2} d\beta \right\}. \tag{3.16}$$

Hier steht aber in der geschweiften Klammer die Fläche unter der Gauß-Kurve $e^{-\beta^2}$ zwischen den Stellen $\beta = \pm \frac{x}{\sqrt{4at}}$, also ist

$$U(x, t) = U_0 \frac{2}{\sqrt{\pi}} \int_0^{\frac{x}{\sqrt{4at}}} e^{-\beta^2} d\beta, \tag{3.16a}$$

die hier auftretende Funktion

$$\Phi(z) = \frac{2}{\sqrt{\pi}} \int_0^z e^{-\beta^2} d\beta$$

nennt man das „Fehlerintegral“. Tabellen dafür finden sich z. B. bei Jahnke-Emde, Funktionentafeln. Beachten Sie, wie diese Funktion es fertigbringt, den für $t = 0$ geforderten Rechteckverlauf darzustellen. Die obere Grenze des Integrals in (3.16a) wird im Limes $t \to 0$ entweder $+\infty$ oder $-\infty$, je nach dem Vorzeichen von x, so daß die Funktion selbst nur noch von diesem Vorzeichen abhängt.

In der Nähe von $x = 0$, d. h. für $x \ll \sqrt{4at}$, kann man in erster Näherung den Integranden in (3.16a) $= 1$ setzen und hat dann

$$U(x, t) = U_0 \frac{2}{\sqrt{\pi}} \frac{x}{\sqrt{4at}} \quad \text{für} \quad x \ll \sqrt{4at}. \tag{3.16b}$$

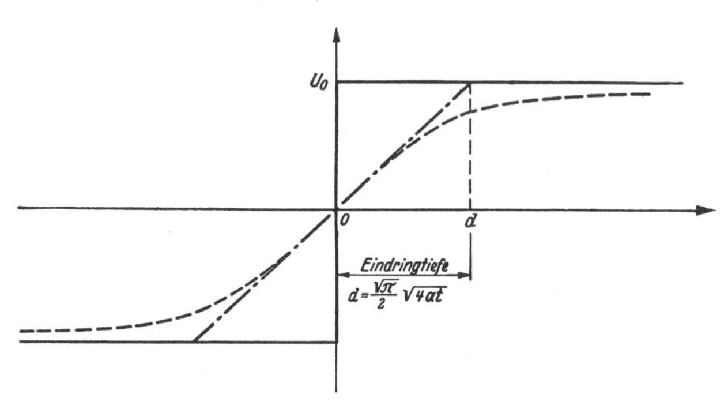

Fig. 60. Abkühlung eines anfänglich gleichmäßig temperierten Stabes von einer Seite.

Daraus entnimmt man als zweckmäßiges Maß für die Eindringungstiefe d des Ausgleichsvorgangs zur Zeit t die Strecke d gleich $\sqrt{\pi} \cdot \sqrt{at}$; das ist die Abszisse des Schnittpunktes der Tangente (3.16b) an die u-x-Kurve mit der geraden $U = U_0$ (vgl. Fig. 60).

B. Thermodynamik.

1. Zustand und Zustandsgleichung.

Zu diesem fortgesetzt benutzten Begriffe sind einige Erläuterungen angebracht. Man pflegt den Zustand eines physikalisch homogenen Körpers zu kennzeichnen durch gewisse Zahlenangaben, wie z. B. Druck, Temperatur, Dichte; bei festen Körpern kommen hinzu Angaben über Zug oder Zugspannung usw. Bei ruhenden Flüssigkeiten und Gasen sind durch zwei solche Zahlenangaben, etwa Druck und Temperatur, alle übrigen, wie z. B. das Volumen und damit auch die Dichte, festgelegt. Wir beschränken uns vorerst auf solche durch zwei Zustandsgrößen zu beschreibende Stoffe. Zur Klarstellung der Worte Druck und Temperatur sei an folgendes erinnert: Jede Definition einer physikalischen Größe ist gleichbedeutend mit einer Vorschrift zu ihrer Messung. Durch Besinnen auf diese fundamentale Tatsache kann man viele Unklarheiten beseitigen. Wenn man z. B. den Druck als Kraft pro Flächeneinheit definiert, so ist diese Definition erst sinnvoll, wenn man sich über die daraus folgende Meßvorschrift im klaren ist, etwa in folgender Weise: Ein Stück von der Fläche F sei aus der Wand herausgeschnitten und als reibungsfrei beweglicher Stopfen wieder an seine Stelle eingesetzt. Der Druck p einer von der Wand umschlossenen Flüssigkeit ist jetzt dadurch definiert, daß man von außen her auf den Stopfen mit der Kraft $p \cdot F$ drücken muß, damit er an seinem Ort bleibt. Damit hätten wir den „Druck auf die Wand“. Selbst diese Erläuterung ist noch nicht voll befriedigend, weil wir nur von dem auf die Wand ausgeübten Druck gesprochen haben, während wir doch im Innern der Flüssigkeit den Zustand an irgendeiner Stelle durch den dort herrschenden Druck zu kennzeichnen pflegen. Was bedeutet hier das Wort Druck? Zur Klärung braucht man wieder notwendig einen Gedankenversuch (Fig. 61). Man denke sich an der zu prüfenden Stelle einen Teil der Flüssigkeit entfernt, so daß in ihr ein kleiner Hohlraum entsteht. Infolge des „Druckes" der Flüssigkeit hat die Umgebung die Tendenz, in dieses Loch hineinzustürzen. Um dieses Hineinstürzen zu verhindern, um also zu erreichen, daß durch die Schaffung des Loches seine Umgebung nicht gestört wird, muß man von innen her auf eine Fläche F der Lochwand die Kraft pF ausüben. Man muß den Hohlraum mit dieser Kraft abstützen. Diese Erläuterung mag zunächst recht pedantisch anmuten. Sie ist aber unvermeidbar, wenn man mit der Aussage, an einer Stelle im Innern der Flüssigkeit existiere ein Druck p, einen physikalischen Sinn verbinden will.

Fig. 61. Zur Definition des Druckes im Innern einer Flüssigkeit.

Wir kommen nun zu dem Begriff der *Zustandsgleichung*. Bei Flüssigkeiten und Gasen ist der Zustand durch zwei Zahlenangaben festgelegt, z. B. durch Angabe von Druck und Temperatur. Eine plastische Veranschaulichung dieser Tatsache bietet die in Fig. 62 skizzierte Anordnung: Die Substanz befinde sich in einem zylindrischen, oben durch einen Stempel der Fläche F abgeschlossenen Gefäß. Der Druck wird gewährleistet durch ein auf dem Stempel sitzendes Gewicht P, die Temperatur dadurch, daß das ganze Gefäß in ein Bad von der Temperatur T eingetaucht ist. Unter diesen Umständen nimmt das Gas ein ganz bestimmtes Volumen V ein, welches somit eine Funktion von p und T ist.

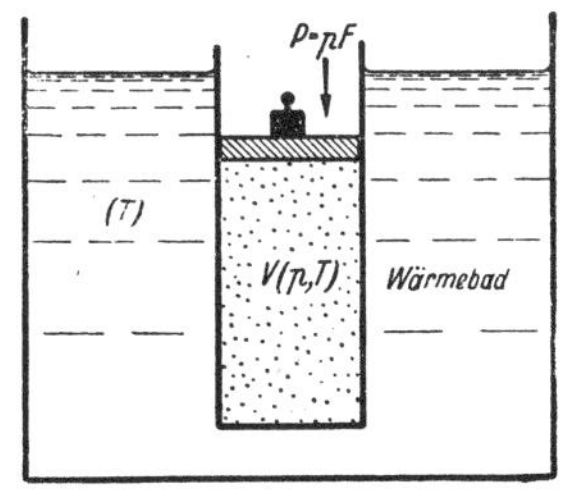

Fig. 62. Experimentelle Realisierung der Funktion $V(p, T)$ der beiden Variabeln p und T.

Die Gleichung $V = V(p, T)$, welche diese Abhängigkeit zum Ausdruck bringt, nennt man die *thermische Zustandsgleichung*. Natürlich ist es ganz unwesentlich, daß wir hier gerade p und T als unabhängige Variable gewählt haben. Man hätte statt dessen ebensogut V und T oder auch V und p zur Kennzeichnung des Zustandes wählen können. Man würde dann p als Funktion von V und T oder T als Funktion von V und p als thermische Zustandsgleichung bezeichnen. Nach dem Energiesatz besitzt die Substanz auch einen bestimmten Energieinhalt E, also muß auch $E = E(V, T)$ eine „Zustandsfunktion" sein. Man nennt diese Gleichung auch die „*kalorische Zustandsgleichung*".

Besonders einfach werden die Zustandsgleichungen für Gase, wenn man sich auf diejenige Näherung beschränkt, in welcher die Gase als „ideal" bezeichnet werden können. Die thermische Zustandsgleichung haben wir oben (S. 88) bereits angegeben. Für die dort auch auftretende individuelle Gaskonstante r haben Messungen an den verschiedensten Gasen ein höchst wichtiges Gesetz ergeben: Wählt man als Gasquantum ein Mol des betreffenden Gases, d. h. so viel Gramm, wie das Molekulargewicht angibt, so erhält man bei allen Gasen denselben Zahlenwert R für r. Bezeichnen wir, um diesen Tatbestand zu formulieren, mit V_M das Volumen von 1 Mol des betreffenden Gases, also etwa von 2 g Wasserstoff (H_2) oder 32 g Sauerstoff (O_2) oder 44 g Kohlensäure (CO_2), so lautet die Zustandsgleichung

$$p V_M = RT, \tag{3.17}$$

welche für alle Gase mit demselben Zahlenwert für R gilt. R wird daher auch oft als universelle Gaskonstante bezeichnet. Ihr Zahlenwert folgt z. B. daraus, daß bei $p = 1$ Atm und $T = 273{,}2°$ das Molvolumen 22,4 Liter beträgt. In absoluten Einheiten (p in dyn/cm², V_M in cm³/Mol) wird

$$R = 8{,}31 \cdot 10^7 \frac{\text{erg}}{°K\,\text{Mol}}.$$

Eine andere Schreibweise der Gasgleichung (3.17) wird sich insbesondere in der Atomphysik als nützlich erweisen. Es sei L die Zahl der Moleküle im Mol. Wir wissen, daß L (die „Loschmidtsche" Konstante) ungefähr $\approx 6 \cdot 10^{23}$ ist, aber der Zahlenwert tut hier nichts zur Sache. Wir dividieren (3.17) durch V_M und erweitern rechts mit der Loschmidtschen Konstanten L:

$$p = \frac{L}{V_M} \frac{R}{L} T.$$

Nun ist $1/V_M$ die Anzahl der Mole im cm³, $L/V_M = n$ die Zahl der Moleküle im cm³. Der Quotient $R/L = k$ heißt Boltzmannsche Konstante. Mit diesen neuen Bezeichnungen lautet (3.17) auch

$$p = nkT. \tag{3.17a}$$

Bei gegebenem T ist danach der Druck *allein durch die Zahl der Moleküle im cm³ gegeben, ganz unabhängig von deren individueller Beschaffenheit.*

Auch die *kalorische Zustandsgleichung idealer Gase* ist besonders einfach, wie Gay-Lussac durch seinen berühmten Überströmungsversuch zeigte (Fig. 63). Ein Gefäß ist durch eine Wand in zwei Räume A und B unterteilt. Im Teilraum A (Volumen V_1) befinde sich ein Gas der Temperatur T_1, der Teilraum B sei zunächst evakuiert. Nun werde die Wand zwischen den beiden Teilräumen plötzlich beseitigt, etwa dadurch, daß sie herausgezogen wird. Das Gas strömt nach B ein und erfüllt jetzt das ganze Gefäß (Volumen V_2).

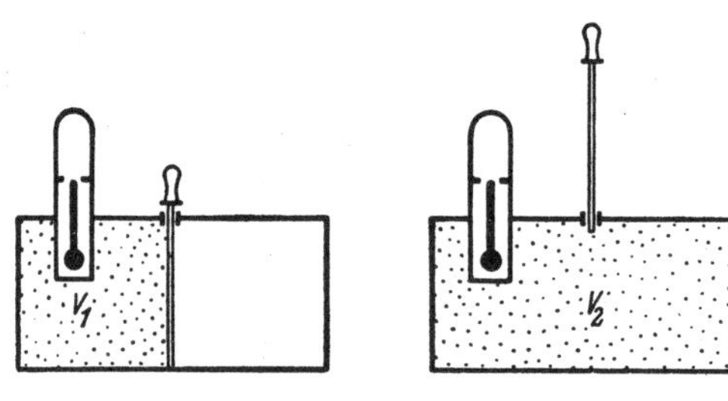

Fig. 63. Gay-Lussacs Überströmungsversuch.

Nachdem die mit der plötzlichen Expansion verbundenen turbulenten Bewegungen abgeklungen sind, werde wieder die Temperatur des Gases gemessen; es ergebe sich der Wert T_2. Da bei dem ganzen Vorgang keine Energie vom Gas nach außen abgegeben wurde, muß die Energie des Gases vor und nach dem Versuch denselben Wert haben; für die Energie als Zustandsfunktion muß also gelten

$$E(V_1, T_1) = E(V_2, T_2). \tag{3.18}$$

Die Messung ergab nun, daß sich bei dem geschilderten Versuch die Temperatur nicht ändert. Zu der Energiegleichung tritt als experimentelles Resultat hinzu $T_1 = T_2$, so daß wir erhalten $E(V_1, T_1) = E(V_2, T_1)$. In Worten: Bei einer isothermen Expansion erfährt die Energie eines idealen Gases keine Änderung. Sie ist eine Funktion der Temperatur allein (und bei konstant gehaltener Temperatur unabhängig vom Volumen):

$$E = E(T). \tag{3.18a}$$

2. Der erste Hauptsatz.

a) Formulierung und physikalische Aussagen. Der erste Hauptsatz der Thermodynamik ist der Satz von der Erhaltung der Energie. Man pflegt ihn in der Form zu schreiben:

$$dE = \delta Q + \delta A. \tag{3.19}$$

Darin bedeutet δQ die dem System zugeführte (kleine) Wärmemenge, δA die an dem System geleistete (kleine) Arbeit, dE die dadurch bewirkte Änderung der Energie E des Systems. Das Wort System ist üblich für irgendeine materielle, genau umgrenzte Anordnung. Machen wir uns den Inhalt der fundamentalen Gl. (3.19) an dem Beispiel eines Gases oder einer Flüssigkeit klar (Fig. 64). Das Gas stehe unter dem Druck p, etwa dadurch, daß es durch einen „Stempel" vom Querschnitt F abgeschlossen ist, auf welchem ein Gewicht $P = pF$ lastet. In dem Gefäß befinde sich eine Heizspirale vom elektrischen Widerstand R, durch welche wir nach Belieben Strom hindurchschicken können. Eine Wärmemenge δQ können wir dem Gas dann dadurch zuführen, daß wir während der Zeit τ den Strom I fließen lassen, so daß $\delta Q = R \cdot I^2 \tau$ ist. Wenn wir dabei den Stempel festklemmen, so wird die Energie E des Gases um eben diese Wärmemenge vergrößert. (Dabei sehen wir von der Wärmekapazität des Gefäßes und der Spirale ab.) Dagegen wird eine Arbeit an dem Gas geleistet, wenn der Stempel unter der Wirkung des Gewichtes P sich etwas abwärts bewegt, etwa um die kleine Strecke Δh. Nach dem Gesetz Arbeit = Kraft mal Weg wird dabei von der Schwerkraft die Arbeit $\delta A = P\Delta h = pF\,\Delta h$ geleistet. Das ist zugleich die Verminderung der potentiellen Energie von P. Unsere Gl. (3.19) besagt, daß sich um eben diesen Betrag die Energie E des Gases vermehrt haben muß. Nun ist $F\Delta h$ gerade die Abnahme des vom Gas erfüllten Volumens V, also $F\Delta h = -dV$. Für den Fall eines Gases oder einer Flüssigkeit erhält damit (3.19) die spezielle Gestalt

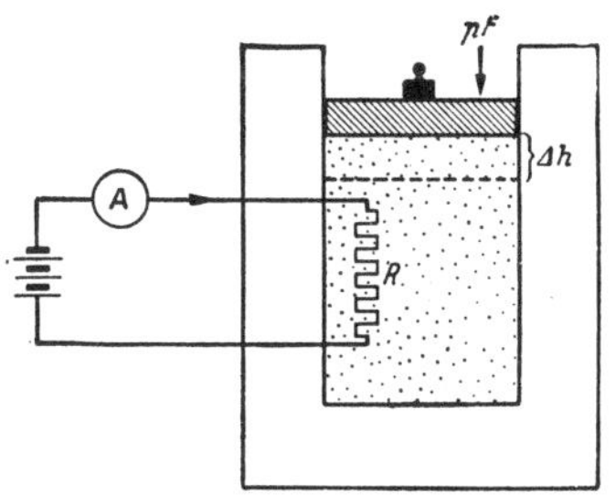

Fig. 64. Energieänderung einer Gasmenge durch Wärmezufuhr und Arbeitsleistung.

$$dE = \delta Q - p\,dV. \tag{3.20}$$

Zur Bewegung des Stempels um größere Beträge denken wir uns folgende Vorkehrung: Neben dem Gefäß befinde sich ein vertikales Regal mit sehr viel dicht übereinander geordneten Fächern. In jedem Fach liege eine größere Anzahl von sehr kleinen Gewichten, desgleichen sei das Gewicht P auf dem Stempel in viele kleine Gewichte unterteilt (s. Fig. 65). Um jetzt den Stempel zu senken, verschieben wir in horizontaler Richtung ein kleines Gewicht aus demjenigen Fach des Regals, welches sich gerade neben dem Stempel befindet. Dadurch wird der Stempel ein klein wenig heruntersinken, etwa um die Strecke dx. Dabei hat er die Arbeit $P\,dx$ geleistet, seine potentielle Energie ist um diesen Betrag kleiner geworden. Nennen wir h die Höhe des Stempels über dem Boden, so ist $dx = -dh$, also ist die geleistete Arbeit

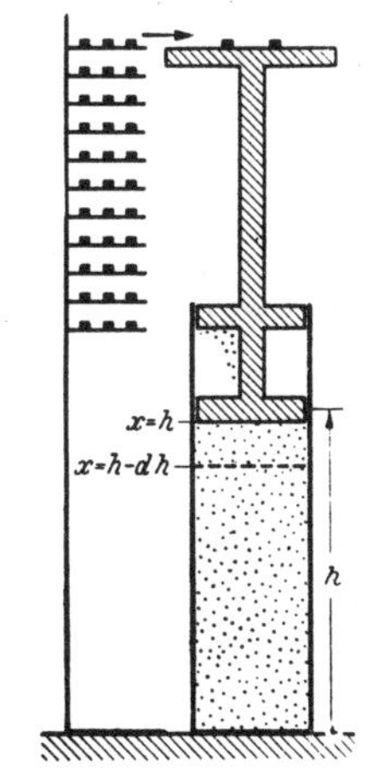

Fig. 65. Reversible Kompression eines Gases durch horizontale Verschiebung kleiner Gewichte vom Regal auf den Stempel.

$$\delta A = -P\,dh = -\frac{P}{F}\,d(Fh) = -p\,dV. \tag{3.21}$$

Will man eine endliche Kompression des Gases bewirken, so hat man den angedeuteten Prozeß fortzusetzen, also immer nur horizontale Verschiebungen kleiner Gewichte vorzunehmen, so daß auf dem Stempel stets das zur jeweiligen Höhe h gehörige Gewicht $P(h)$ sitzt, bis auf eines der kleinen Zusatzgewichte, welches man aber im Limes beliebig klein machen kann. Die bei einer endlichen Verschiebung von h_1 nach $h_2 (h_2 < h_1)$ am Gas geleistete Arbeit wird dann

$$\int_1^2 \delta A = -\int_{h_1}^{h_2} P(h)\,dh = -\int_{V_1}^{V_2} p(V)\,dV = \int_{V_2}^{V_1} p(V)\,dV.$$

Diese ganze Arbeit ist bei unserer Anordnung materiell vorzeigbar als Abnahme der potentiellen Energie aller an dem Vorgang beteiligten Gewichte. Diese selbst gehören nicht mit zum „System". Sie sind Bestandteile der äußeren Vorrichtung, mit welcher wir das System bearbeiten.

Es ist jetzt höchste Zeit, die obige Bezeichnung dE und δQ zu erläutern, nämlich den Unterschied zwischen dem geraden d und dem krummen δ. Oben wurde hervorgehoben, daß E eine Zustandsfunktion ist, d. h. der Energieinhalt hat einen bestimmten Wert, sobald die den Zustand kennzeichnenden Größen (also T und V oder auch p und V) gegeben sind. Beschreiben wir etwa den Zustand durch p und V, so können wir ihn durch einen Punkt in der V-p-Ebene kennzeichnen. Dann sind sowohl $T = T(V, p)$ wie auch $E = E(V, p)$ Zustandsgrößen, d. h. jedem Punkt der Ebene ist ein bestimmter Zahlenwert von E zugeordnet. Wenn ich nun, von p_1, V_1 ausgehend, p um dp und V um dV ändere, so ist damit eine bestimmte Änderung von E, nämlich

$$dE = \left(\frac{\partial E}{\partial V}\right)_p dV + \left(\frac{\partial E}{\partial p}\right)_V dp \tag{3.22}$$

verbunden. Bei einer endlichen Änderung des Zustandes, etwa von V_1, p_1 nach V_2, p_2, ändert sich dann die Energie im ganzen um

$$\int_1^2 dE = E_2 - E_1,$$

und zwar ist diese Änderung unabhängig vom Verlauf des von 1 *nach* 2 *führenden Weges.* Durch die Gleichung

$$E_2 = E_1 + \int_1^2 dE$$

kann man geradezu die Energie in einem beliebigen Zustand 2 definieren, sobald E_1 und der Zuwachs dE, welchen E bei einer infinitesimalen Änderung erfährt, gegeben sind. Ist diese Änderung in einem allgemeinen Fall durch zwei Funktionen $X(V, p)$ und $Y(V, p)$ beschrieben, in der Weise, daß

$$dE = X\,dV + Y\,dp$$

ist, so ist von diesem Ausdruck zu verlangen, daß er ein vollständiges Differential sei; das bedeutet: Es muß $\partial X/\partial p = \partial Y/\partial V$ sein. Nur dann kann $X = \partial E/\partial V$ und $Y = \partial E/\partial p$ sein. Und nur dann ist das Linienintegral $\int_1^2 dE$ wirklich vom Wege unabhängig. Im Gegensatz dazu sind δQ und δA keine vollständigen Differentiale. Es existiert keine Zustandsfunktion „Wärmemenge Q" oder „Arbeit A"; es hat keinen Sinn, zu sagen, das betrachtete Gas enthalte eine bestimmte Wärmemenge. δQ meint also nur „eine kleine Wärmemenge". Es ist *nicht* das Differential einer Funktion Q. Ebenso ist es mit δA. Betrachten wir zur Erläuterung die Arbeit $\int_1^3 -\delta A$, welche gewonnen wird, wenn das Gas aus dem Zustand 1 in den Zustand **3** übergeführt wird (Fig. 66). Aus der Relation $-\delta A = p\,dV$ sieht man unmittelbar, in welcher Weise dieses Integral vom Wege abhängt: Führt man das Gas über 2 nach 3, so ist $\int_1^3 -\delta A$ gleich dem Inhalt der in der Figur schraffierten Fläche, welche von dem durchlaufenen Weg und der Abszissenachse begrenzt wird. Führt man dagegen das Gas über den Weg 1—4—3, so ist (4)$\int_1^3 -\delta A$ gerade um den Flächeninhalt des Vierecks 1—2—3—4 kleiner als im ersten Fall. Es hat also wirklich keinen Sinn, zu sagen, zwischen den Zuständen (1) und (3) bestehe ein bestimmter Unterschied der Größe A. Die „Arbeit“ ist eben keine Zustandsfunktion, weil sie vom Wege abhängig ist. Besonders drastisch kommt diese Eigenschaft zum Ausdruck, wenn man den geschlossenen Weg 1—2—3—4—1 durchläuft. Wir deuten einen geschlossenen Weg durch $\oint$ an. Dann ist selbstverständlich

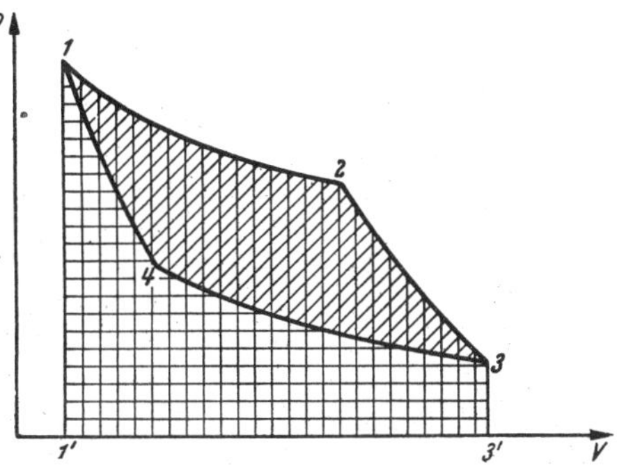

Fig. 66. Die bei der Expansion von (1) nach (3) gewonnene Arbeit $\int p\,dV$ hängt vom Weg ab.

$$\oint dE = 0\,, \quad \text{also} \quad \oint \delta Q = -\oint \delta A \quad \text{und} \quad \oint \delta A = \oint p\,dV. \tag{3.23}$$

Bei einem geschlossenen Umlauf ist die Energie zu ihrem alten Wert zurückgekehrt, dagegen ist die im ganzen zugeführte Wärmemenge gleich der im ganzen geleisteten Arbeit, welche ihrerseits gleich der Fläche des durchlaufenen „Indikatordiagramms“ ist. Nach dem Umlauf befindet sich das Gas wieder im gleichen Zustand, obwohl ihm eine endliche Wärmemenge zugeführt wurde.

b) Spezielle Zustandsänderungen. Schreiben wir die Energiegleichung (3.20) in der Form

$$\delta Q = dE + p\,dV, \tag{3.24}$$

so besagt sie: Die dem Gas zugeführte Wärmemenge δQ wird verbraucht, um die Energie des Gases um dE zu vergrößern und gleichzeitig die Arbeit $p\,dV$ zu leisten. Letztere können wir z. B. in der Form von gehobenen Gewichten direkt vorzeigen, wenn der Druck durch einen belasteten Stempel erzeugt wird. In welcher Weise δQ sich auf diese beiden Größen dE und $p\,dV$ verteilt, hängt von der Versuchsführung ab. Wir betrachten hier vier charakteristische Arten derselben. Sie unterscheiden sich dadurch, daß entweder das Volumen oder der Druck oder die Temperatur konstant gehalten wird, oder schließlich, daß überhaupt keine Wärme zugeführt wird. Ist E als Funktion von T und V gegeben, ist nach (3.20) auf jeden Fall

$$\delta Q = \left(\frac{\partial E}{\partial T}\right)_V dT + \left\{\left(\frac{\partial E}{\partial V}\right)_T + p\right\} dV. \tag{3.25}$$

Wir betrachten nun die folgenden vier Fälle.

α) *Konstantes Volumen.* Bei der Wärmezufuhr sei also der Stempel festgeklemmt, d. h. $dV = 0$, also

$$\delta Q = \left(\frac{\partial E}{\partial T}\right)_V dT.$$

Das Verhältnis $\delta Q/dT$ von zugeführter Wärme und Temperaturerhöhung nennt man spezifische Wärme c. Erfolgt also die Erwärmung bei konstantem Volumen, so haben wir speziell[1]

$$c_V = \left(\frac{\partial E}{\partial T}\right)_V. \tag{3.26}$$

In diesem Fall dient die ganze zugeführte Wärme zur Erhöhung der Energie E.

β) *Konstanter Druck.* Läßt man während der Erwärmung den Druck konstant, so muß sich das Volumen ändern. Ist V als Funktion von p und T bekannt, so ist

$$dV = \left(\frac{\partial V}{\partial p}\right)_T dp + \left(\frac{\partial V}{\partial T}\right)_p dT.$$

Im Fall $dp = 0$ haben wir also nach (3.25)

$$(\delta Q)_p = \left\{\frac{\partial E}{\partial T} + \left(\frac{\partial E}{\partial V} + p\right)\frac{\partial V}{\partial T}\right\} dT.$$

Bei Beschränkung auf 1 Mol eines idealen Gases wird $\partial E/\partial V = 0$ und $V = RT/p$, somit das bekannte Resultat

$$c_p = \frac{(\delta Q)_p}{dT} = c_V + R. \tag{3.27}$$

Von der zugeführten Wärme $c_p dT$ dient also der Teil $c_V dT$ zur Erhöhung der Energie des Gases, der Teil $R dT$ dagegen zur Leistung der mit der Ausdehnung verknüpften Arbeit.

γ) *Konstante Temperatur* (isotherme Expansion). Dann ist $dT = 0$, also

$$\delta Q = \left(\frac{\partial E}{\partial V} + p\right) dV. \tag{3.28}$$

Bei dieser Versuchsführung (der das Gas enthaltende Zylinder befindet sich in einem Wärmebad der festen Temperatur T) ist eine Temperaturerhöhung per definitionem ausgeschlossen. Die Wärme δQ dient zur Erhöhung der inneren Energie (falls E von V abhängt) sowie zur Deckung der äußeren Arbeit $p\,dV$. Besonders lehrreich ist hier der Fall des idealen Gases, bei welchem ja E von V nicht abhängt, also $\partial E/\partial V = 0$ ist. Dann ist einfach $\delta A = p\,dV$. Bei der isothermen Expansion eines idealen Gases ändert sich dessen Energie überhaupt nicht. *Die bei der Expansion gewonnene Arbeit $p\,dV$ wird quantitativ durch die Wärme δQ gedeckt, welche dem Wärmebad entzogen wird.*

δ) *Adiabatische Expansion.* Das ist eine Expansion des thermisch isolierten Gases, also $\delta Q = 0$. Dann ist mit der Expansion dV eine durch

$$c_V dT + \left(\frac{\partial E}{\partial V} + p\right) dV = 0$$

gegebene Abkühlung verbunden. Für das ideale Gas ist wieder $\partial E/\partial V = 0$ und $p = RT/V$. Nach Division durch T wird dann

$$c_V d \ln T + R d \ln V = 0.$$

Nun ist nach (3.27)

$$R = c_p - c_V.$$

Mit der üblichen Abkürzung $\varkappa = c_p/c_V$ für das Verhältnis der beiden spezifischen Wärmen wird also

$$d \ln T + d \ln V^{\varkappa - 1} = 0.$$

[1] Für ein ideales Gas ist c_V konstant (vgl. S. 122ff.).

Also gilt bei der adiabatischen Expansion

(3.29) $$T V^{\varkappa-1} = \text{const}.$$

Da allgemein $RT = pV$ ist, so hat man auch

(3.29a) $$p V^{\varkappa} = \text{const}$$

als Ausdruck für die adiabatische Expansion.

Eine berühmte Anwendung dieser Gleichung und zugleich eine wichtige Methode zur Messung von $\varkappa = c_p/c_V$ liefert die Schallfortpflanzung. Für die Schallgeschwindigkeit w liefert die Hydrodynamik (vgl. S. 85) die folgende Aussage. Sei ϱ die Dichte des Mediums (in g/cm³) und p als Funktion von ϱ bekannt, also $p = p(\varrho)$, so gilt

$$w = \sqrt{\frac{dp}{d\varrho}}.$$

Mit dem Molvolumen V (Volumen von M Gramm des Gases, M = Molekulargewicht) wird $\varrho = M/V$, also

$$p = \varrho \cdot \frac{RT}{M}.$$

Nun ist:

Bei der isothermen Kompression: $p = \text{const} \cdot \varrho$, also $\left(\frac{dp}{d\varrho}\right)_{\text{isoth}} = \frac{p}{\varrho}$.

Bei der adiabatischen Kompression: $p = \text{const} \cdot \varrho^{\varkappa}$, also $\left(\frac{dp}{d\varrho}\right)_{\text{ad}} = \varkappa \frac{p}{\varrho}$.

Wir erhalten also, je nachdem, ob die Schallbewegung isotherm oder adiabatisch verläuft, einen verschiedenen Ausdruck für die Schallgeschwindigkeit w, und zwar wird

$$(w)_{\text{isoth}} = \sqrt{\frac{RT}{M}},$$

$$(w)_{\text{ad}} = \sqrt{\varkappa \frac{RT}{M}}.$$

Tatsächlich gehen die Schallschwingungen so rasch vor sich, daß zum Temperaturausgleich keine Zeit bleibt. In Übereinstimmung mit den Messungen ist also $w = w_{\text{ad}}$.

Rechnen Sie selbst den Wert w_{ad} numerisch für Luft aus ($M = 29$, $T = 290\,°\text{K}$, $\varkappa = 1{,}40$).

c) Die Entropie des idealen Gases. Für ein ideales Gas folgt aus (3.25)

$$\delta Q = c_V\, dT + \frac{RT}{V}\, dV.$$

Wir haben oben mit Nachdruck betont, daß Q keine Zustandsfunktion ist. Wenn wir aber obige Gleichung durch T dividieren, so steht rechts wirklich ein vollständiges Differential. In der Tat wird

$$\frac{\delta Q}{T} = c_V \frac{dT}{T} + R \frac{dV}{V} = d(c_V \ln T + R \ln V).$$

Mit der Abkürzung[1]

(3.30) $$S = c_V \ln T + R \ln V$$

---

[1] Der im Text angegebene Ausdruck für S hat den Schönheitsfehler, daß man sinnvollerweise nur von dimensionslosen Größen den Logarithmus bilden sollte. Tatsächlich kommen in den Anwendungen nur Differenzen

$$S_2 - S_1 = c_V \ln \frac{T_2}{T_1} + R \ln \frac{V_2}{V_1}$$

vor. Bei ihnen aber ist diese Forderung erfüllt.

wird also

$$\frac{\delta Q}{T} = dS \quad \text{und} \quad \int_1^2 \frac{\delta Q}{T} = S_2 - S_1. \tag{3.31}$$

Die hier gewonnene Zustandsfunktion S heißt Entropie. Während $\int_1^2 \delta Q$ vom Weg abhängt, ist das beim Integral $\int_1^2 \frac{\delta Q}{T}$ nicht mehr der Fall. Dies sieht zunächst aus wie ein Rechenkunststück, welches auf das ideale Gas beschränkt ist. Tatsächlich ist die in der letzten Gleichung enthaltene Definition einer neuen Zustandsfunktion von ungeheurer Allgemeinheit. Man kann sie geradezu als den Kernpunkt des zweiten Hauptsatzes der Thermodynamik betrachten, welchen wir uns nun ansehen wollen.

3. Der zweite Hauptsatz der Thermodynamik.

a) Das Prinzip der Carnotschen Wärmekraftmaschine. Den zweiten Hauptsatz haben wir oben bereits dahin präzisiert, daß es unmöglich sein soll, ein Perpetuum mobile zweiter Art zu konstruieren, das wäre eine periodisch wirkende Maschine, bei welcher nach einem vollständigen Umlauf nichts weiter geschehen ist als Leistung von Arbeit und Abkühlung eines Wärmereservoirs. Die Forderung „vollständiger Umlauf“ ist besonders zu beachten. Denn wir sahen oben bereits, daß bei der isothermen Expansion eines Gases die dem Wärmebad entnommene Wärme restlos in Arbeit verwandelt wird. Zur Herstellung des vollständigen Umlaufs müßte man aber das Gas wieder komprimieren. Und dann müßte man — das ist die Behauptung des zweiten Hauptsatzes — mindestens dieselbe Arbeit wieder aufwenden, welche man vorher — bei der Expansion — gewonnen hatte. Wir betrachten als eine besonders übersichtliche Anordnung die sogenannte Carnotsche Wärmekraftmaschine, welche zwischen Wärmereservoiren von den Temperaturen T_1 und T_2 arbeitet in einer durch die Fig. 67 angedeuteten Weise. Das Gas befinde sich zunächst im Zustand A in einem Wärmebad von der Temperatur T_1. Wir lassen es isotherm expandieren bis zum Zustand B. Dabei werde dem Bad die Wärmemenge Q_1 entzogen. Dann trennen wir das Gas vom Wärmebad und expandieren es adiabatisch bis C. Bei dieser Expansion erniedrige sich die Temperatur auf T_2. Wir bringen es nunmehr in Berührung mit dem Wärmebad T_2 und komprimieren bis zum Zustand D. Dabei werde an das Bad T_2 die Wärme Q_2 abgegeben. Zum Schluß lösen wir wieder den Kontakt mit T_2 und komprimieren adiabatisch, bis der Ausgangszustand A wieder erreicht ist.

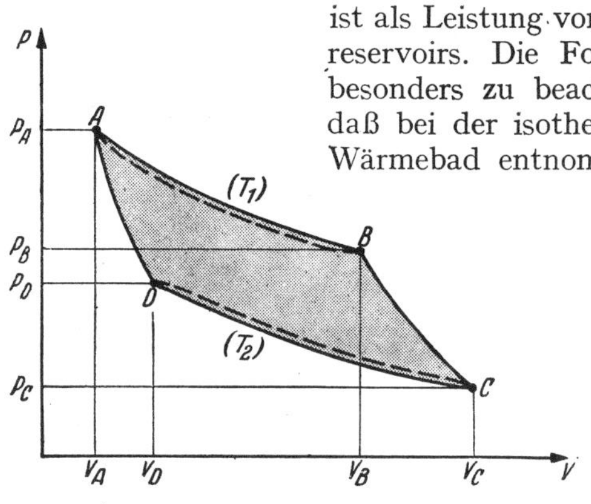

Fig. 67. Diagramm zum Carnotschen Kreisprozeß.

Auf Grund unserer früheren Überlegung können wir die Arbeit-Wärme-Bilanz dieser Maschine fast ohne Berechnung hinschreiben. Zunächst folgt aus dem ersten Hauptsatz, daß die gewonnene Arbeit A gleich der Differenz der Wärmemenge Q_1 und Q_2 sein muß, also

$$A = Q_1 - Q_2.$$

Ferner sehen wir oben, daß für ein ideales Gas (welches wir zunächst als Arbeitssubstanz voraussetzen) $\int_1^2 \frac{\delta Q}{T}$ vom Weg unabhängig ist, daß also insbesondere $\oint \frac{\delta Q}{T}$ für einen geschlossenen Weg $ABCDA$ gleich 0 sein muß. Nun hat auf dem Abschnitt AB die Temperatur dauernd den konstanten Wert T_1. Also ist

$$\int_A^B \frac{\delta Q}{T} = \frac{1}{T_1}\int_A^B \delta Q = \frac{Q_1}{T_1}.$$

Auf den Adiabaten BC und CA ist $\delta Q = 0$, auf CD schließlich wird $\int_C^D \frac{\delta Q}{T} = -\frac{Q_2}{T_2}$.

Somit geht die Gleichung $\oint \frac{\delta Q}{T} = 0$ für unser Carnotsches Viereck über in die Gleichung

(3.32) $$\frac{Q_1}{T_1} = \frac{Q_2}{T_2}.$$

Setzt man von hier

(3.32a) $$Q_2 = Q_1 \cdot \frac{T_2}{T_1}$$

in die Gleichung für A ein, so resultiert

(3.33a) Gewonnene Arbeit: $$A = Q_1 \cdot \frac{T_1 - T_2}{T_1}.$$

Mit der Abkürzung

(3.33a) $$\eta = \frac{T_1 - T_2}{T_1}$$

können wir also sagen: Von der dem heißeren Reservoir entnommenen Wärme Q_1 ist der Bruchteil $Q_1\eta$ in mechanische Arbeit umgewandelt. Der Rest $Q_2 = Q_1(1-\eta)$ wurde dem kälteren Reservoir zugeführt. Man nennt η den *Wirkungsgrad* der Wärmekraftmaschine. Machen wir uns zunächst klar, daß der errechnete Wirkungsgrad einen Höchstwert darstellt, der praktisch niemals erreicht werden kann. Wir haben nämlich angenommen, daß unser Gas die durch das Carnotsche Viereck vorgeschriebenen Gleichgewichtszustände auch wirklich durchläuft, daß es z. B. auf den Isothermen AB immer genau die Temperatur T_1 des Wärmebades besitzt. Das ist aber unmöglich. Denn auf diesem Abschnitt soll ja eine bestimmte Wärmemenge (nämlich Q_1) aus dem Reservoir in das Gas einströmen. Das tut sie aber nur, wenn das Gas etwas kälter ist als das Reservoir. Das zum Überströmen von Q_1 erforderliche Temperaturgefälle ist um so kleiner, je langsamer die Expansion vor sich geht. Nur bei „unendlich langsamer Expansion" hat auch das Gas stets die Temperatur T_1. Bei jeder endlichen Geschwindigkeit durchläuft es eine unterhalb von T_1 liegende Kurve (in Fig. 67 gestrichelt gezeichnet). Aus dem gleichen Grunde verläuft der Übergang von C nach D stets etwas oberhalb der Isotherme T_2. Es soll ja Wärme vom Gas an das Bad T_2 abgegeben werden! Die Fläche des Indikatordiagramms wird in jedem Fall verkleinert, der Wirkungsgrad wird also kleiner als $\frac{T_1 - T_2}{T_1}$. „Der unendlich langsame Prozeß", bei welchem im Limes dieser Wert wirklich erreicht wird, ist zugleich *reversibel*, d. h. wir können die Maschine auch „rückwärts" laufen lassen in der Richtung $ADCBA$, indem wir die Arbeit A aufwenden, dem unteren Reservoir die Wärmemenge Q_2 entziehen und dem oberen dafür die Wärme $Q_1 = Q_2 + A$ zuführen. Läuft die Maschine mit endlicher Geschwindigkeit, so hat das zum Wärmeübergang erforderliche Temperaturgefälle zur Folge, daß die jetzt beim Rückwärtsgang aufgewandte Arbeit größer ist als die Fläche des Carnotschen Vierecks. Die Abweichung vom idealen Verhalten geht also jetzt stets in dem Sinne, daß nach der Ausführung je eines vollen Vorwärts- und Rückwärtsganges im ganzen Arbeit aufgewandt und als Wärme den beiden Reservoiren zugeführt wurde. Für die weiteren Überlegungen ist die Annahme wesentlich, daß es möglich ist, mit den benutzten Vorkehrungen ein reversibles Arbeiten beliebig gut anzunähern.

b) Die physikalischen Aussagen des 2. Hauptsatzes. Nun kommt die entscheidende Einführung des 2. Hauptsatzes: Angenommen, wir hätten neben der oben beschriebenen Carnotschen Gasmaschine noch irgendeine andere Arbeitsmaschine, welche periodisch und reversibel in solcher Weise funktioniert, daß sie dem Bad 1 eine Wärmemenge Q_1' entnimmt, dem Bad 2 eine Wärmemenge Q_2' zuführt und die Differenz als Arbeitsleistung A' nach außen abgibt. Diese zweite Maschine kann im übrigen ganz beliebig konstruiert sein und irgendwelche Verdampfungsvorgänge oder chemische Reaktionen oder auch elektrische Hilfsmittel ausnutzen. *Wir behaupten nun,* der Wirkungsgrad dieser zweiten Maschine muß notwendig mit derjenigen der Carnotschen Maschine übereinstimmen, d. h. es muß sein

$$A' = Q_1' \eta', \qquad \eta' = \frac{T_1 - T_2}{T_1},$$
$$Q_2' = Q_1'(1 - \eta').$$

„*Der Carnotsche Wirkungsgrad* $\eta = \frac{T_1 - T_2}{T_1}$ *gilt allgemein für jede zwischen den beiden Wärmereservoiren* T_1 *und* T_2 *reversibel arbeitende und periodisch wirkende Kraftmaschine.*" „Periodisch" bedeutet dabei, daß nach einem Umlauf der Maschine die Situation der benutzten Apparatur sich nur insofern geändert hat, als daß die beiden Wärmebäder die Wärmemengen Q_1' bzw. Q_2' abgegeben bzw. aufgenommen haben und eine Arbeit A' geleistet worden ist. Dabei kann man stets annehmen, daß die Arbeit A' in Form von gehobenen Gewichten vorzeigbar ist. Dieser merkwürdige Satz folgt unmittelbar aus dem Postulat der Unmöglichkeit des Perpetuum mobile zweiter Art. Zum Beweis wollen wir nun die zweite Maschine so dimensionieren, daß gerade $Q_1' = Q_1$, daß also beide Maschinen beim Vorwärtsgang dem oberen Reservoir die gleiche Wärmemenge entnehmen. Ist jetzt η' der Wirkungsgrad der zweiten Maschine, so wäre nach einem Umlauf:

Maschine I	Maschine II
$A = \eta Q_1$	$A' = \eta' Q_1$
$Q_2 = (1 - \eta) Q_1$	$Q_2' = (1 - \eta') Q_1$

Wenn jetzt η' kleiner als η ist, so lassen wir die Maschine I vorwärts und die Maschine II rückwärts laufen. Dann hätten wir nach einem Umlauf beider Maschinen im ganzen die Arbeit

$$A - A' = Q_1(\eta - \eta')$$

gewonnen und dem unteren Wärmereservoir die gleiche Energie in Form von Wärme

$$Q_2' - Q_2 = Q_1(\eta - \eta')$$

entzogen, während nach Voraussetzung im ganzen aus dem oberen Reservoir keine Wärme entnommen wurde. Beide Maschinen zusammen wären also wirklich ein Perpetuum mobile zweiter Art, da ja nach einem Umlauf nichts weiter passiert ist, als daß die Arbeit $A - A'$ auf Kosten des einen Wärmereservoirs T_2 geleistet wurde. Es muß also $\eta = \eta'$ sein. (Der Fall $\eta' > \eta$ erledigt sich natürlich durch Umkehrung der Arbeitsrichtung beider Maschinen.) Bei dieser ganzen Beweisführung war gar nicht mehr davon die Rede, daß die Maschine I mit einem idealen Gas betrieben wurde. Wir haben ja nur gezeigt, daß irgend zwei, reversibel arbeitende, Maschinen den gleichen Wirkungsgrad besitzen müssen. Dieses Resultat setzt uns in den Stand, eine Temperaturskala ohne jede Bezugnahme auf eine spezielle Substanz zu definieren, indem wir den für das (nicht existierende) ideale Gas geltenden Wirkungsgrad

$$\eta = \frac{T_1 - T_2}{T_1}$$

zur *Definition der Temperatur* benutzen. Damit diese Definition eindeutig wird, müssen wir noch über einen für alle T willkürlichen konstanten Faktor verfügen. Denn mit T würde ja auch die Skala aT mit festem a den gleichen Wert von η liefern. Über diesen Faktor verfügen wir so, daß der Siedepunkt des Wassers gerade **100°** über seinem Schmelzpunkt liegen soll. Ist in dieser Skala T_0 der Schmelzpunkt des Eises, so wäre grundsätzlich T_0 zu messen durch Wirkungsgrad η_0 einer zwischen den Temperaturen des siedenden Wassers ($T_0 + 100°$) und des schmelzenden Eises (T_0) reversibel arbeitenden Maschine:

$$\eta_0 = \frac{100}{T_0 + 100}. \tag{3.34}$$

Bei dieser thermodynamischen Temperaturdefinition (Kelvin-Skala) ist vom idealen Gas nicht mehr die Rede. Das Gasthermometer hat jetzt lediglich die Bedeutung, daß sich mit seiner Hilfe die Kelvin-Temperatur (wenigstens in guter Näherung) in einem beschränkten Bereich besonders bequem realisieren läßt. Wir bemerken noch, daß ganz allgemein der Wirkungsgrad jeder irreversibel arbeitenden Maschine *kleiner* als $\frac{T_1 - T_2}{T_1}$ ist. Wäre er nämlich größer, so könnte man wieder durch Kopplung mit der Carnot-Maschine das Perpetuum mobile zweiter Art konstruieren.

Bei den konkreten Anwendungen unseres Satzes vom Wirkungsgrad kann man in verschiedener Weise vorgehen. Entweder man treibt die allgemein theoretischen Betrachtungen noch etwas weiter und sieht dann, daß die oben für das ideale Gas gewonnene Entropiedefinition

$$S_2 - S_1 = \int_1^2 \frac{\delta Q}{T}$$

für jedes beliebige System zu einer Zustandsfunktion führt, wobei, wie es sein muß, der Wert des Integrals vom Weg unabhängig ist. Nur muß der Weg in jedem Falle reversibel durchlaufen werden. Ein lehrreiches, schon vorher berührtes Beispiel bietet die isotherme Expansion eines idealen Gases. Wir vergleichen die beiden Zustände $I(V = V_1)$ und $II(V = V_2)$. Nach dem Gay-Lussac-Versuch kann man den Übergang von I nach II dadurch herstellen, daß man durch Beseitigung der Zwischenwand das Gas ohne Arbeitsleistung und ohne Wärmezufuhr in das größere Volumen V_2 überströmen läßt. Das ist aber kein Weg, um die Entropieveränderung zu ermitteln, da er irreversibel ist. Dazu muß man den Übergang reversibel durchführen. Das kann z. B. so geschehen, daß man das Gefäß in ein Bad der Temperatur T bringt, die Wand durch einen beweglichen Stempel ersetzt und diesen Stempel so langsam in die neue Lage II bringt, daß dabei das Gas dauernd die Temperatur T behält. Bei diesem Herausschieben des Stempels wird vom Gas die mechanische Arbeit $\int_1^2 p\,dV$ geleistet. Da die

Energie des Gases sich dabei nicht ändert, muß die ganze Arbeitsleistung durch Wärmezufuhr aus dem Bad gedeckt werden. Die dem Gas zugeführte Wärme beträgt also

$$Q = \int_1^2 p\, dV = RT \int \frac{dV}{V} = RT(\ln V_2 - \ln V_1)\,. \tag{3.35}$$

Die Entropiezunahme $\int_1^2 \frac{\delta Q}{T}$ ist sofort anzugeben, da ja bei dem betrachteten Prozeß die Temperatur konstant blieb. Also ist

$$S_2 - S_1 = \int_1^2 \frac{\delta Q}{T} = \frac{Q}{T} = R(\ln V_2 - \ln V_1)\,, \tag{3.36}$$

was ja nach (3.35) zu erwarten war.

4. Einige Kreisprozesse.

Die andere Methode der thermodynamischen Behandlung irgendeines Vorganges besteht darin, daß man mit seiner Hilfe eine reversibel arbeitende Wärmekraftmaschine konstruiert und fordert, daß diese den Carnotschen Wirkungsgrad besitzt. Diese Methode ist besonders instruktiv. Wir möchten sie die apparative Methode nennen, da es immer darauf ankommt, einen geeigneten Apparat zu erfinden. Wir erläutern sie an drei ganz verschiedenen Beispielen, nämlich dem Peltier-Effekt, der Verdampfung und der Wärmestrahlung. An Verschiedenartigkeit lassen diese drei Beispiele wirklich nichts zu wünschen übrig.

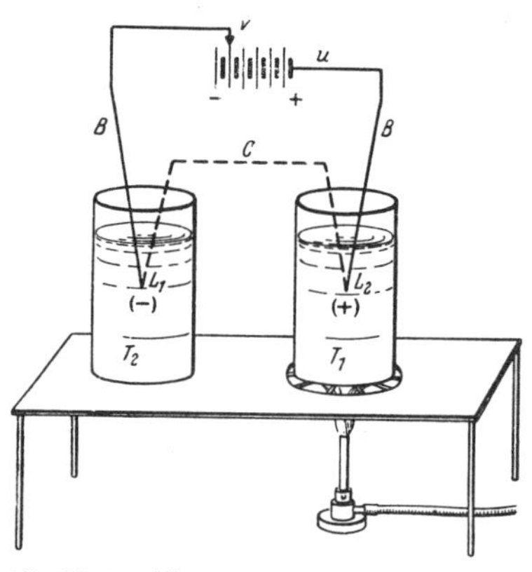

Fig. 68. Das Thermoelement als Wärmekraftmaschine.

a) Thermokraft und Peltier-Effekt. Als Wärmebäder seien zwei Gefäße mit Wasser von den Temperaturen T_1 und T_2 gegeben (Fig. 68). In die beiden Gefäße tauchen die beiden Lötstellen eines Thermoelements, gebildet aus dem Metall B und dem Metall C (letzteres in der Figur gestrichelt). Der Draht C laufe direkt von der einen Lötstelle zur anderen. Dann herrscht zwischen den Enden u und v von B eine elektrische Thermospannung U, welche bei nicht zu großen Temperaturunterschieden der Differenz von T_1 und T_2 proportional ist. Wir setzen also

$$U = q(T_1 - T_2)\,. \tag{3.37}$$

q ist also die spezifische Thermospannung. Mit dieser Spannung können wir Arbeit leisten, z. B. einen Motor treiben oder einen Akku aufladen. Wir ziehen die letztere Methode vor. Dabei denken wir uns einen Akku, der in sehr viele Zellen unterteilt ist, von denen jede nur eine sehr kleine Spannung haben soll, das eine Ende (u) von B sei mit dem einen Pol des Akkus fest verbunden, das andere (v) mit einem Gleitkontakt so verschiebbar, daß man am Akku jede beliebige Spannung abgreifen kann. Stellt man v so ein, daß gerade die Spannung U abgegriffen wird, so ist die Thermospannung kompensiert. Es passiert gar nichts. Verringere ich jetzt die abgegriffene Spannung ganz wenig, so fließt der Strom I in solchem Sinn, daß der Akku aufgeladen wird. In der Zeit t leistet die aus dem

Thermoelement bestehende Maschine die elektrische Arbeit $A = UIt$. Diese ist jetzt im Akku aufgespeichert und steht zur Leistung mechanischer Arbeit zur Verfügung. Diese Maschine ist auch reversibel. Ich brauche v nur in der entgegengesetzten Richtung etwas zu verschieben, um zu erreichen, daß jetzt vom Akku aus Arbeit in das aus Thermoelement und Wärmebädern bestehende System hineingesteckt wird. Auch hier bemerken wir wieder, daß strenge Umkehrbarkeit nicht realisiert werden kann, da ja im Fall der Arbeitsleistung die Spannung am Akku etwas kleiner, im anderen dagegen etwas größer als U sein muß, damit überhaupt ein endlicher Strom in der gewünschten Richtung fließt.

Nun die entscheidende Frage nach der Energiebilanz. Nach dem Energiesatz muß die ganze gewonnene Arbeit aus dem Energieinhalt der beiden Bäder gedeckt werden, d. h. es muß ein Wärmeübergang zwischen den stromdurchflossenen Lötstellen und dem Bad erfolgen. Nach dem zweiten Hauptsatz beteiligen sich die beiden Bäder in solcher Weise daran, daß dem heißeren Bad T_1 eine Wärmemenge Q_1 entzogen, dem kälteren Bad T_2 eine Wärmemenge Q_2 zugeführt wird, so daß

$$A = Q_1 - Q_2 \qquad \text{(1. Hauptsatz)}$$

und

$$A = Q_1 \cdot \frac{T_1 - T_2}{T_1} \qquad \text{(2. Hauptsatz)}$$

ist. Mit dem oben ermittelten Wert $A = q(T_1 - T_2) I \cdot t$ wird also

$$Q_1 = T_1 \cdot q \cdot I \cdot t \quad \text{und} \quad Q_2 = T_2 \cdot q \cdot I \cdot t. \tag{3.38}$$

„Wenn durch die auf der Temperatur T gehaltene Lötstelle während der Zeit t der Strom I in der Richtung $B \rightarrow C$ hindurchfließt, so nimmt diese Lötstelle die Wärme $q \cdot T \cdot I \cdot t$ aus ihrer Umgebung auf; das Bad wird etwas abgekühlt. Fließt der Strom dagegen in der Richtung $C \rightarrow B$ (Lötstelle II), so wird die Umgebung erwärmt." Das ist aber genau der Peltier-Effekt, den wir somit durch Anwendung des Satzes vom Wirkungsgrad nicht nur entdeckt, sondern auch gleich quantitativ beschrieben haben.

Es wird manchem Leser aufgefallen sein, daß bei dieser ganzen Überlegung die mit jedem Strom verknüpfte Joulesche Wärme in den Drähten B und C ignoriert wurde. Diese ist stets positiv und proportional zum Quadrat I^2 der Stromstärke, während die Peltier-Wärme linear mit I anwächst. Nun kann man grundsätzlich I stets so klein wählen, daß das quadratische Glied, also die Joulesche Wärme, neben dem linearen Glied vernachlässigbar klein wird. Unsere Maschine arbeitet also erst im „Limes $I = 0$" reversibel.

Aber auch in diesem Fall ergibt sich noch eine recht beachtenswerte Schwierigkeit. Die Thermodynamik verlangt doch anscheinend, daß bei unserer in Fig. 68 skizzierten thermodynamischen Kraftmaschine die Peltier-Wärme sich genau wie $T_1 : T_2$ verhält, daß also die gewonnene Arbeit $A = Q_1 - Q_2$ der Temperaturdifferenz $T_1 - T_2$ streng proportional ist. Das bedeutet weiterhin, daß die in (3.37) eingeführte spezifische Thermokraft q von der Temperatur unabhängig sein muß. Davon ist aber nach Ausweis der vorliegenden Messungen gar nicht die Rede, vielmehr ist auch bei kleinen Werten von $T_1 - T_2$ der Faktor q noch stark von der Temperatur selbst abhängig. Wir stehen damit vor der Alternative: Entweder ist die Thermodynamik falsch, oder aber es fehlt bei unserer Skizze noch ein wesentliches Element, damit die Maschine wirklich reversibel arbeiten kann. Zum Glück ist das letztere der Fall. Es tritt nämlich noch ein neuer Effekt auf, den wir bisher übersehen haben. Das ist der *Thomson-Effekt*. Dieser besteht darin, daß beim Vorhandensein des Temperaturgefälles in einem Metall ein elektrischer Strom noch eine zusätzliche Wärmeentwicklung bewirkt, welche ebenfalls vom Strom linear abhängt und als „Thomson-Wärme" gemessen werden kann. Nun ist in den Drähten B und C der Fig. 68 ja notwendig ein Temperaturgefälle (von T_1 nach T_2) vorhanden. Damit unsere Maschine reversibel arbeitet, müßten wir also entlang der Drähte noch eine ganze Reihe von Bädern anbringen, welche an jeder Stelle für eine zeitliche Konstanz der Temperatur sorgen, indem sie die Thomson-Wärme aufnehmen (oder abgeben).

Dieser zusätzliche Wärmeaustausch ist in der Gesamtbilanz mit aufzunehmen. Die Durchführung dieser etwas kniffligen Überlegungen wollen wir uns hier ersparen. Sie liefert neben dem Peltier-Effekt zusätzlich eine vollständige Theorie des Thomson-Effektes.

b) Die Verdampfung. Der Peltier-Effekt ist zwar als Beispiel zum Wirkungsgrad recht übersichtlich und instruktiv, mutet aber als Quelle einer Wärmekraftmaschine etwas kümmerlich und weltfremd an. Wir wenden uns nun dem Urtyp der Kraftmaschine, der eigentlichen Dampfmaschine zu. Das ihr zugrunde liegende Phänomen besteht darin, daß jede Flüssigkeit, welche einen vorher evakuierten Hohlraum teilweise erfüllt, so lange verdampft, bis sich ein bestimmter, nur von der Temperatur abhängiger Druck, nämlich der Dampfdruck P (auch Sättigungsdruck genannt), eingestellt hat. Nur bei diesem Druck sind Dampf und Flüssigkeit miteinander im Gleichgewicht. Machen wir uns diese Situation an Hand der Fig. 69 noch einmal klar: Das Gefäß im Wärmebad T ist teilweise mit Dampf, teilweise mit Flüssigkeit erfüllt und oben durch einen mit dem Druck P belasteten Stempel abgeschlossen. Diese Anordnung ist nur dann stabil, wenn P genau gleich dem zu T gehörigen Dampfdruck ist. Vergrößert man P nur ein klein wenig, so senkt der Stempel sich herab, bis der ganze Dampf kondensiert ist, der Stempel also direkt auf der Flüssigkeit sitzt. Bei einer minimalen Verkleinerung von P dagegen muß der Stempel so lange steigen, bis die ganze Flüssigkeit verdampft ist. Wir bezeichnen mit V_{fl} und V_{Da} das Volumen von einem Mol Flüssigkeit bzw. Dampf bei einer Temperatur T. Dann ist die bei der Verdampfung eines Mols gewonnene Hubarbeit

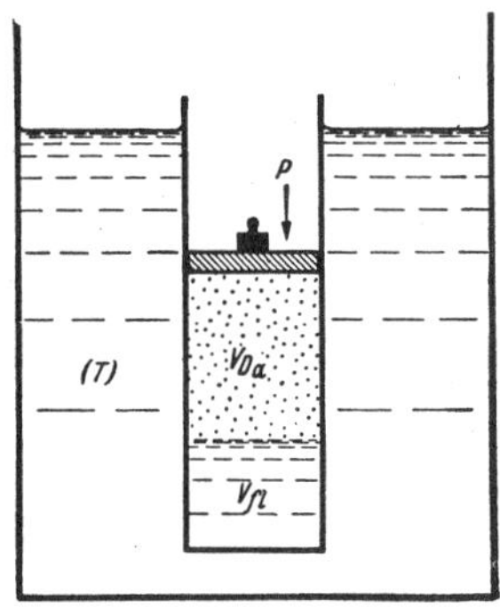

Fig. 69. Der Dampfdruck P ist eine Funktion von T allein.

$$A = P(V_{\mathrm{Da}} - V_{\mathrm{fl}}). \tag{3.39}$$

Um während der Verdampfung die Temperatur konstant zu halten, muß dabei dem Bad eine bestimmte Wärmemenge Q_M entzogen werden. Um nun einen vollen Arbeitsgang mit unserer Maschine auszuführen, durchlaufen wir den im P-V-Diagramm der Fig. 70 skizzierten Kreisprozeß. Nachdem wir bei der isothermen Verdampfung bei dem konstanten Dampfdruck $P(T)$ von A nach B gekommen sind, entfernen wir den nur noch Dampf enthaltenden Arbeitszylinder aus dem Bad T und expandieren den Dampf adiabatisch auf die Temperatur $T' < T$ (Punkt C' des Diagramms) und bringen ihn in Kontakt mit einem Wärmebad T'. In C' ist der Dampf aber übersättigt. (Man denke an die Wilson-Kammer!) Um den zu T' gehörigen Sättigungsdruck zu erreichen, müssen wir also isotherm expandieren (von C' nach C). Jetzt können wir bei T' wieder kondensieren. Damit gelangen wir zum Punkt D. Schließlich trennen wir wieder vom Bad T' und erwärmen die Flüssigkeit auf T, so daß A wieder erreicht ist. Dazu brauchen wir die Wärme $c_{\mathrm{fl}}(T - T')$, welche z. B. aus Bädern entnommen werden kann, die zwischen T und T' liegen und die wir wenigstens teilweise zu der bei T entnommenen Wärme Q hinzurechnen müssen. Nunmehr wird die gewonnene Arbeit

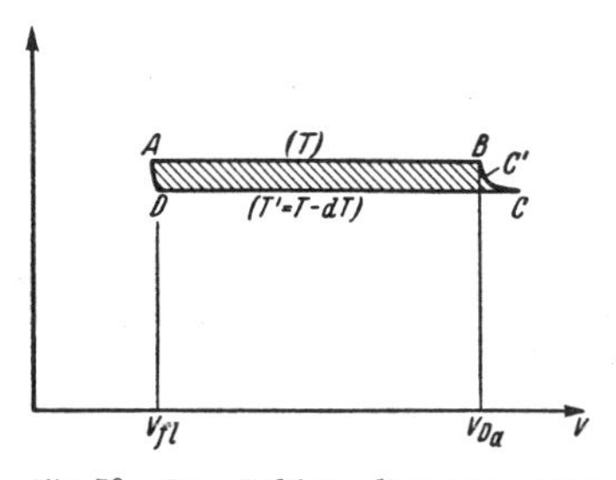

Fig. 70. Das Indikatordiagramm einer zwischen $T - dT$ und T arbeitenden Dampfmaschine.

$$A = \{Q + c_{\mathrm{fl}}(T - T')\}\frac{T - T'}{T}. \tag{3.40}$$

Dann gehen wir zum Limes $dT = T - T' \to 0$ über. *In der Grenze $dT \to 0$* wird $A = (V_{\mathrm{Da}} - V_{\mathrm{fl}}) \cdot dP$, also

(3.41)
$$(V_{\mathrm{Da}} - V_{\mathrm{fl}})\,dP = Q\frac{dT}{T}.$$

Bei diesem Übergang zum infinitesimalen Kreisprozeß spielen die mit den Ästen $B \to C$ und $D \to A$ verknüpften Komplikationen keine Rolle mehr. Ihr Einfluß geht streng gegen Null, so daß wir für $P(T)$ die Differentialgleichung

(3.41a)
$$\frac{dP}{dT} = \frac{Q}{(V_{\mathrm{Da}} - V_{\mathrm{fl}})\,T}$$

erhalten. Das ist die sogenannte Clausius-Clapeyron-Gleichung für den Gleichgewichtsdruck zweier Phasen einer Substanz. Sie ist eines der wichtigsten Resultate der ganzen Thermodynamik und zugleich eine der Grundgleichungen der physikalischen Chemie.

Zu unserer Ableitung ist noch zu bemerken, daß wir über die Eigenschaften des Dampfes oder der Flüssigkeit keinerlei Annahmen brauchen. Es kam überhaupt nur das Volumen dieser beiden Phasen vor. Daher gilt unsere Gleichung auch für andere Phasenumwandlungen, wie z. B. für die Verschiebung des Schmelzpunktes durch einen äußeren Druck. Bedeuten T_s den Schmelzpunkt, L die Schmelzwärme, V_{fest} und V_{fl} die Volumina der festen und flüssigen Phase, so liefert (**3.41** a)

(3.41b)
$$\frac{dT_s}{dP} = \frac{(V_{\mathrm{fl}} - V_{\mathrm{fest}})\,T}{L}$$

quantitativ den Anstieg von T_s mit dem Druck. Zum Beispiel wird bei Wasser in der Gegend von 0° C dT_s/dP negativ werden, die Schmelztemperatur also durch Druck erniedrigt, da hier V_{fest} größer als V_{fl} ist.

Bei der speziellen Anwendung auf den normalen Verdampfungsvorgang gestattet unsere Gleichung eine sehr häufig benutzte Vereinfachung. Wenn man nämlich V_{fl} als klein neben V_{Da} vernachlässigt und überdies annimmt, daß sich der Dampf als ideales Gas behandeln läßt, daß also

$$V_{\mathrm{Da}} = \frac{RT}{P}$$

gesetzt werden kann, so erhalten wir die Clausius-Clapeyron-Gleichung in der Form

(3.41c)
$$\frac{d\ln P}{dT} = \frac{Q_M}{RT^2}.$$

Daraus läßt sich grundsätzlich die ganze Dampfdruckkurve [d. h. $P = P(T)$] berechnen, sobald Q_M als Funktion von T bekannt ist. Wenn wir für den Augenblick annehmen, Q_M sei konstant, so würde folgen $\ln P = \mathrm{Const} - \frac{Q_M}{RT}$, also

(3.41d)
$$P(T) = C e^{-\frac{Q_M}{RT}}.$$

In Wahrheit ist aber Q_M temperaturabhängig, $P(T)$ sieht also wesentlich komplizierter aus. Wir haben trotzdem diese sehr unexakte Gleichung für $P(T)$ hingeschrieben, weil ihre Gestalt für viele Gleichungen der Wärmelehre typisch ist: Im Exponenten der e-Funktion steht der Quotient aus zwei Energien, die sich in der Sprache der Atomphysik etwa kennzeichnen lassen als die Energie Q_M, mit welcher die L Moleküle des Mols an die Flüssigkeit gebunden sind, die man also zu ihrer Abtrennung aufwenden muß. Im Nenner dagegen steht die kinetische Energie der thermischen Bewegung, welche im Durchschnitt zur Verfügung steht. Um den praktischen Inhalt der Gl. (**3.41** c) zu kennzeichnen, schreiben wir sie in der Form

(3.41e)
$$\frac{dP}{P} = \frac{Q_M}{RT}\,\frac{dT}{T}.$$

Die Verdampfungswärme von 1 g Wasser beträgt 540 cal, diejenige von 1 Mol also $Q_M = 18 \cdot 540 = 9700$ cal. Mit $R = 2 \frac{\text{cal}}{{}^\circ\text{K}}$ und der Siedetemperatur $T = 373^\circ$ wird $\frac{Q_M}{RT} = \frac{9700}{2 \cdot 373} = 13$. Also ist bei kleinen Erwärmungen dT die prozentuale Druckerhöhung 13mal so groß wie diejenige der absoluten Temperatur. Fragen wir z. B. nach dem Dampfdruck bei 101° C, also 1° über dem Siedepunkt, so wird

$$\frac{dP}{P} = 13 \cdot \frac{1}{373} = 0{,}035 .$$

Der Dampfdruck ist bei 101° um 3,5% höher als bei 100°.

c) Wärmestrahlung und Stephan-Boltzmannsches Gesetz. Fällt eine Licht- oder Wärmestrahlung auf eine Wand, so übt sie auf diese einen Druck aus. Diesen Strahlungsdruck wollen wir zur Konstruktion einer Kraftmaschine ausnutzen. Ein evakuierter Hohlraum, dessen Wandung auf einer Temperatur T gehalten wird, ist von einer Wärmestrahlung erfüllt, deren Beschaffenheit nach Kirchhoff allein von T abhängt. Sie entsteht dadurch, daß die Wand Strahlung emittiert und auch absorbiert. Bei einer bestimmten Energiedichte u der Strahlung wird ein Gleichgewicht für die Absorption und Emission erreicht. Wir interessieren uns für die Frage, wie u von T abhängt. Dazu brauchen wir noch einen Zusammenhang zwischen u und dem Strahlungsdruck p. Diesen wollen wir hier nicht ableiten, sondern aus der Elektrizitätslehre übernehmen. Allein aus der Annahme, daß die Strahlung elektromagnetischer Natur ist, folgt der einfache Zusammenhang

$$p = \frac{u}{3} .$$

Nun machen wir einen Kreisprozeß ähnlich dem, welchen wir oben beim Dampfdruck ausführten. Wir denken uns den Strahlungshohlraum durch einen verschiebbaren Stempel abgeschlossen (Fig. 71). Zunächst soll in einem Wärmebad T der Stempel so weit herausgeschoben werden, daß das mit Strahlung erfüllte Volumen von V_1 auf V_2 anwächst. Dabei muß dem Wärmebad T eine Wärmemenge Q entzogen werden, welche dazu verbraucht wird, um 1. das zusätzliche Volumen $V_2 - V_1$ mit der Strahlungsenergie $u(V_2 - V_1)$ zu erfüllen, und 2., um die gewonnene mechanische Arbeit $p(V_2 - V_1)$ zu decken. Es muß also gelten

$$Q = (u + p)(V_2 - V_1).$$

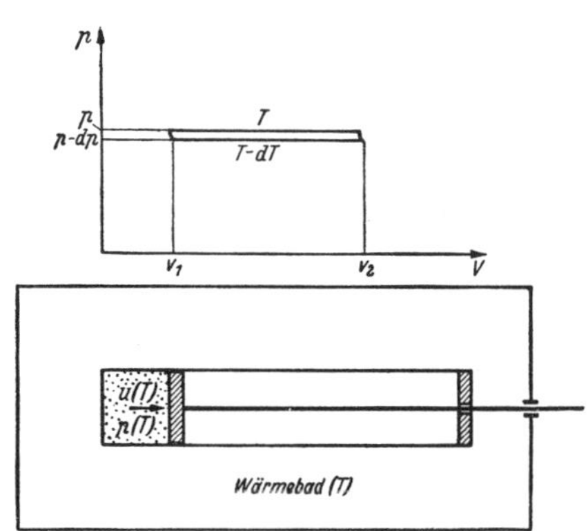

Fig. 71. Die Verwendung der Hohlraumstrahlung zur Gewinnung von Arbeit.
Oben: Das zugehörige Indikatordiagramm.

Nunmehr entfernen wir den Strahlungsraum wieder aus dem Bad T, erniedrigen unter adiabatischer Expansion die Temperatur der Strahlung und damit den Druck ein wenig und schieben jetzt in einem zweiten Wärmebad $T - dT$ den Stempel wieder hinein. Beim ganzen Prozeß ist die Arbeit $A = dp(V_2 - V_1)$ gewonnen. Die Unsauberkeit des Verfahrens auf den kleinen, die Änderung von T bedingenden Abschnitten wird wieder gegenstandslos, wenn wir zum infinitesimalen Prozeß übergehen ($dT \to 0$, $dp \to 0$). Der Satz vom Wirkungsgrad

$$A = Q \cdot \frac{dT}{T}$$

fordert somit

$$(V_2 - V_1)\,dp = (u + p)\,(V_2 - V_1)\,\frac{dT}{T}\,. \tag{3.42}$$

Setzen wir hier $p = u/3$ ein, so haben wir also

$$\frac{1}{3}\,du = \frac{4}{3}\,u \cdot \frac{dT}{T}$$

oder

$$d\ln u = 4 \cdot d\ln T = d\ln T^4.$$

Also wird

$$\ln u = \ln T^4 + \text{Const}$$

oder mit einer Integrationskonstanten σ

$$u = \sigma T^4. \tag{3.43}$$

„Die Energiedichte der Hohlraumstrahlung wächst proportional zur vierten Potenz der absoluten Temperatur." Dieses Gesetz wurde zuerst experimentell von Stephan beobachtet. Die obige theoretische Begründung stammt von Boltzmann. Weitere Untersuchung der Hohlraumstrahlung, insbesondere der spektralen Zusammensetzung von u, führte über das Wiensche Verschiebungsgesetz zur Planckschen Formel und damit zur Quantentheorie. Wir gehen hier aber darauf nicht näher ein.

Für die Physik ist das Stephan-Boltzmannsche Gesetz so bedeutsam, weil es den Ausgangspunkt für die Messung sehr hoher Temperaturen liefert. Denn die Größe T ist ja allein durch die Anwendung des zweiten Hauptsatzes (Satz vom Wirkungsgrad) in unsere Gleichung hineingekommen. Mit Hilfe von Strahlungsmessungen läßt sich also die absolute Temperatur auch dann noch sauber messen, wenn keine festen Körper mehr zur Konstruktion anderer Thermometer existieren.

Zunächst ist hier nur etwas ausgesagt über die Strahlung im Innenraum eines geschlossenen Hohlraumes. Man wird mit Recht fragen, wie man diese denn der Messung zugänglich machen kann. Tatsächlich geht man so vor, daß man an dem Hohlraum ein kleines Loch anbringt und die aus diesem Loch herauskommende Strahlung z. B. mit einem Bolometer mißt. Dabei muß das Loch so klein sein, daß durch seine Anwesenheit das thermische Gleichgewicht im Innern des Hohlraumes nicht merklich gestört wird. Man nennt diese Strahlung auch schwarze Strahlung, weil das Loch ja bei gewöhnlicher Temperatur absolut schwarz aussehen würde. Es verschluckt alle von außen auftreffende Strahlung, ohne etwas zu reflektieren. Man bezeichnet einen Körper (ein Stück Kohle oder einen Himmelskörper) dann als schwarz, wenn er — ebenso wie jenes Loch — alle auffallende Strahlung absorbiert. Befindet er sich überdies auf einer einheitlichen Temperatur, so verlangt die Thermodynamik, daß die von ihm ausgehende Strahlung die gleiche Beschaffenheit hat wie diejenige, die von dem kleinen Loch des Hohlraums ausgeht. Sie gestattet dann auch eine bolometrische Messung der Temperatur.

C. Kinetische Gastheorie.

Die kinetische Gastheorie behauptet, daß ein Gas aus einer großen Anzahl von Molekülen besteht, von denen jedes einzelne geradlinig mit konstanter Geschwindigkeit durch den Raum fliegt. Diese Bewegung des einzelnen Moleküls wird nur kurzzeitig unterbrochen durch Zusammenstöße mit der Wand oder mit anderen Molekülen. Die Theorie hat die Aufgabe, aus diesem Bild heraus die beobachtbaren Eigenschaften möglichst quantitativ abzuleiten. Als solche kommen zunächst in Frage die Zustandsgleichung $p = p(V, T)$, die spezifische Wärme und weiterhin die innere Reibung, Wärmeleitfähigkeit usw.

Wir haben somit zunächst eine rein mechanische Fragestellung vor uns, die wir für den Fall, daß die Moleküle als Massenpunkte idealisiert werden dürfen, etwa folgendermaßen zu formulieren hätten: x_i, y_i, z_i seien die Koordinaten des i-ten Moleküls. Der Index i läuft von 1 bis N. Zwischen irgend zwei Molekülen i und k bestehe eine potentielle Energie w, welche nur vom Abstand $r_{ik} = \sqrt{(x_i - x_k)^2 + (y_i - y_k)^2 + (z_i - z_k)^2}$ abhängt, und zwar in solcher Weise, daß w für große r gleich 0 ist, für $r_{ik} = 2a$ (a = Molekülradius) steil ins Unendliche geht. Außerdem bestehe eine potentielle Energie Φ gegen die Wand, welche für das i-te Molekül so von seinem Abstand b_i von der Wand abhängt, daß Φ für $b_i \to 0$ positiv unendlich wird, sonst aber (im Innern des Volumens V) gleich 0 ist. Die gesamte potentielle Energie U wäre also eine Funktion von $3N$ Variabeln:

$$U(x_1 \ldots z_N) = \tfrac{1}{2} \sum_{i \neq k} \sum w(r_{ik}) + \sum_i \Phi(b_i). \tag{3.44}$$

Daraus würden die drei N Bewegungsgleichungen folgen:

$$m_i \ddot{x}_i = -\frac{\partial U}{\partial x_i}, \quad m_i \ddot{y}_i = -\frac{\partial U}{\partial y_i}, \quad m_i \ddot{z}_i = -\frac{\partial U}{\partial z_i}. \qquad i = 1 \ldots N$$

Eine vollständige Lösung würde die Angabe der $3N$ Zeitfunktionen $x_1(t) \ldots z_N(t)$ verlangen, bei Vorgabe des Anfangszustandes $x_1(0) \ldots z_N(0)$, $\dot{x}_1(0) \ldots \dot{z}_N(0)$, als der $6N$ Zahlen, durch welche man Ort und Geschwindigkeit aller N Moleküle zur Zeit $t = 0$ willkürlich vorgeben kann. Natürlich ist dieses Problem hoffnungslos kompliziert. Gott schütze uns vor dem Mann, der etwa eines Tages die vollständige Lösung präsentiert. Wir wollen ja auch gar nicht wissen, wie sich das einzelne Molekül bewegt. Was uns interessiert, sind lediglich gewisse Mittelwerte, wie z. B. der Druck, also die Kraft, welche auf einen nicht zu kleinen Teil der Wand ausgeübt wird. So ist die kinetische Gastheorie der Anfang einer allgemeineren, als „statistische Mechanik" bezeichneten Disziplin.

1. Zustandsgleichung idealer Gase.

Wir beginnen mit der Berechnung des Druckes, welchen unsere N in ein Volumen V eingesperrten Moleküle auf die Wand ausüben. Wir verfügen über die oben erklärte Funktion $\Phi(b_i)$ so, daß die Moleküle von der Wand völlig elastisch reflektiert werden. Dann kann offenbar von einem Druck im Sinne einer zeitlich konstanten Kraft nicht mehr die Rede sein. Um die Verhältnisse klar zu übersehen, gehen wir auf die ursprüngliche Definition zurück: Wir denken aus der Wand ein kleines Stück der Fläche f herausgeschnitten und als „Stempel" in dem so entstandenen Loch frei beweglich (Fig. 72).

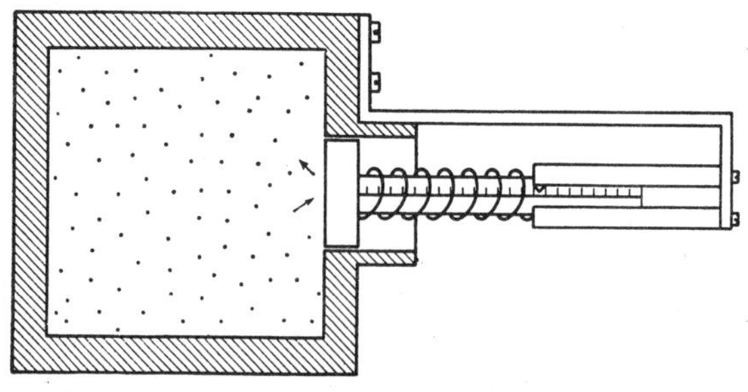

Fig. 72. Die Wirkung der Stöße auf den Stempel wird im Mittel kompensiert durch die von der Feder ausgeübte Kraft $p \cdot f$.

Damit der Stempel jetzt nicht herausgeschleudert wird, müssen wir von außen mit der Kraft $p \cdot f$ gegen ihn drücken. Das ist der experimentelle Tatbestand. Wir können nun aber nicht mehr verlangen, daß der Stempel dabei in Ruhe bleibt, da ja die gleichmäßige Kraft $p \cdot f$ niemals durch die regellosen Molekülstöße kompensiert werden kann. Nennen wir X_i die vom Molekül Nr. i auf den Stempel (der Masse M) ausgeübte Kraft, so gilt in jedem Augenblick für die x-Koordinate des Stempels

$$M\ddot{x} = X_1 + + X_2 \cdots + X_N - p \cdot f.$$

Alles, was wir durch die richtige Wahl von p erreichen können, ist, daß der Stempel „im Mittel" in Ruhe bleibt, d. h. seine Geschwindigkeit soll möglichst nahe bei Null bleiben. Der zeitliche Verlauf der auf den Stempel wirkenden Kraft ist in Fig. 73 veranschaulicht. Die monoton wirkende Kraft $-p \cdot f$ wird durch eine Reihe von Zacken überlagert, wobei jede Zacke durch den Aufprall eines Moleküls erzeugt wird. Die Folge dieser unregelmäßigen Kraft ist eine Brownsche Bewegung des ganzen Stempels, wie wir sie später noch genauer betrachten werden.

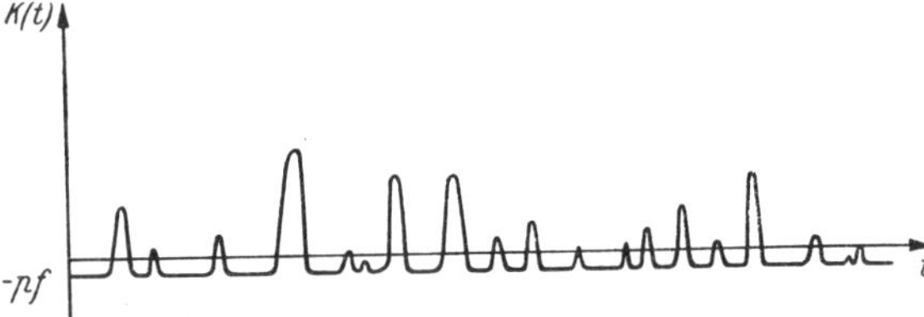

Fig. 73. Zeitlicher Verlauf der auf den Stempel der Fig. 72 wirkenden Kraft.

Integrieren wir unsere Gleichung über eine Zeit t, so wird

$$(M\dot{x})_t - (M\dot{x})_0 = \int_0^t (X_1\,dt) + \cdots + \int_0^t X_n\,dt - t \cdot p \cdot f. \tag{3.45}$$

Indem wir diesen Ausdruck gleich Null setzen, fordern wir, daß der in der Zeit t auf den Stempel übertragene Impuls gleich Null bleibe. Nun ist die Kraft X_i, welche das i-te Molekül auf den Stempel ausübt, nur dann von 0 verschieden, wenn das Molekül sich in der unmittelbaren Nähe des Stempels befindet. Bedeutet $\dot{x}_i$ die x-Komponente der Geschwindigkeit des i-ten Moleküls und m seine Masse, so gilt nach dem Satz von actio und reactio für die Bewegung dieses Moleküls während seines Anpralls gegen die Wand

$$-m\ddot{x}_i = +X_i.$$

Integrieren wir diese Gleichung über die ganze Dauer des Stoßes gegen die Wand, so erhalten wir links die Größe $2mv_i$, da wir ja die Kraft als elastisch angenommen haben, rechts dagegen $\int_{(\text{Stoß})} X_i\,dt$, das Zeitintegral über die Dauer des Stoßes. Bezeichnen wir noch — zur einfacheren Schreibweise — mit ξ, η, ζ die Komponenten der Geschwindigkeit, so wird der nach Gl. (3.45) in der Zeit t übertragene Impuls zu Null, wenn

$$tpf = 2m \sum{}' \xi_i \tag{3.46}$$

ist. $\sum'$ bedeutet dabei Summation über alle in t auf f auftreffenden Moleküle. Die Zahl der Summanden ist hier gleich der Anzahl der Moleküle, welche in der Zeit t auf die Fläche f auftreffen. Zur Weiterführung der Rechnung brauchen wir den für alles weitere entscheidenden Begriff der Zustandsverteilung. Durch ihn erhält unsere ganze Überlegung den statistischen Charakter. Wir machen nämlich die Annahme, daß unsere N Moleküle sich „gleichmäßig" über den Raum V verteilen. Das soll besagen: In einem beliebig herausgegriffenen kleinen

Teilvolumen dV sollen sich $N\frac{dV}{V} = n\,dV$ Moleküle befinden. Dabei bezeichnen wir mit $n = \frac{N}{V}$ „die Zahl der Moleküle in der Volumeneinheit". Diese Aussage ist natürlich nur dann sinnvoll, wenn das „Volumenelement" dV so groß ist, daß es noch sehr viele Moleküle enthält. Andernfalls hätten wir mit starken Schwankungen der in dV enthaltenen Molekülzahl zu rechnen, welche uns erst später beschäftigen werden. Nunmehr wollen wir diese n Moleküle noch nach ihrer Geschwindigkeit sortieren. Dazu denken wir uns von jedem einzelnen die drei Geschwindigkeitskomponenten ξ, η, ζ gemessen. Aus der so erhaltenen Tabelle aller vorkommenden Geschwindigkeiten wählen wir diejenigen aus, für welche die Geschwindigkeiten ξ, η, ζ in einem bestimmten Intervall

(3.47) $$\xi \text{ bis } \xi + d\xi, \quad \eta \text{ bis } \eta + d\eta, \quad \zeta \text{ bis } \zeta + d\zeta$$

liegen. Diese Zahl nennen wir

(3.48) $$n \cdot F(\xi, \eta, \zeta)\, d\xi\, d\eta\, d\zeta.$$

Der Faktor n wurde hinzugefügt, damit für das Integral über alle Geschwindigkeiten

(3.48a) $$\iiint\limits_{\xi,\eta,\zeta=-\infty}^{+\infty} F(\xi, \eta, \zeta)\, d\xi\, d\eta\, d\zeta = 1$$

gilt. Diese Funktion $n \cdot F$ nennen wir die Geschwindigkeitsverteilung. Wir können sie der Anschauung noch näherbringen, wenn wir uns ein ξ-η-ζ-Koordinatensystem zeichnen (den „Geschwindigkeitsraum") und darin für jedes der n Moleküle den seiner Geschwindigkeit entsprechenden Punkt markieren. Unsere Funktion $F(\xi, \eta, \zeta)$ gibt dann die Belegungsdichte des so entstehenden Sternenhimmels an. Kinematisch kann man dieses Bild so entstehen lassen, daß man alle n Moleküle am Ursprung des Geschwindigkeitsraumes vereinigt denkt und sie zur Zeit $t = 0$ jedes mit seiner Geschwindigkeit fortfliegen läßt. Dann gibt die Lage der Moleküle zur Zeit $t = 1$ gerade das Bild der Geschwindigkeitsverteilung. Ist F bekannt, so können wir die verschiedenen *Mittelwerte* bilden, die wir durch einen Querstrich andeuten. Nach Voraussetzung ist

$$\iiint\limits_{-\infty}^{+\infty} F(\xi, \eta, \zeta)\, d\xi\, d\eta\, d\zeta = 1.$$

Damit wird z. B. der Mittelwert von $\xi^2 = v_x^2$

(3.49) $$\overline{\xi^2} = \iiint\limits_{-\infty}^{+\infty} \xi^2 F\, d\xi\, d\eta\, d\zeta$$

und der Mittelwert der kinetischen Energie E_{kin}

(3,49a) $$\overline{E}_{\text{kin}} = \iiint \frac{m}{2}(\xi^2 + \eta^2 + \zeta^2)\, F \cdot d\xi\, d\eta\, d\zeta.$$

Eine andere Beschreibung der Funktionen F benutzt den Begriff der Wahrscheinlichkeit, indem man sagt: Greife ich aus den n Molekülen willkürlich eines heraus, so besteht die Wahrscheinlichkeit $F\, d\xi\, d\eta\, d\zeta$ dafür, daß die Geschwindigkeit des herausgegriffenen Moleküls gerade im Intervall (3.47) liegt. Stets ist bei der Erklärung die Angabe des Intervalls $d\xi\, d\eta\, d\zeta$ wesentlich. *Es wäre ganz falsch, zu sagen, $F(\xi, \eta, \zeta)$ sei die Wahrscheinlichkeit dafür, daß ein Molekül gerade die Geschwindigkeit ξ, η, ζ besitzt.* Diese Wahrscheinlichkeit für einen exakt vorgegebenen Zahlenwert ist nämlich immer gleich Null. Erst für ein endliches Intervall besteht eine endliche Wahrscheinlichkeit.

Nun können wir die in (3.46) begonnene Berechnung des Druckes leicht zu Ende führen: Zur Auswertung der Summe (3.46) betrachten wir zunächst den Beitrag der hervorgehobenen Moleküle (3.47) zur Gesamtsumme. In der kleinen Zeit τ legen alle diese Moleküle die gerichtete Strecke $\xi\tau$, $\eta\tau$, $\zeta\tau$ zurück. Innerhalb der Zeit τ stoßen also alle diejenigen Moleküle auf f, welche sich zur Zeit 0 in dem schiefen Zylinder mit der Grundfläche f und der Höhe $\xi\tau$ befinden (Fig 74). Ihre Zahl beträgt $f\xi\tau\cdot n\cdot F\,d\xi\,d\eta\,d\zeta$. Jedes dieser Moleküle überträgt bei der Reflektion den Impuls $2m\xi$ auf den Stempel. Der Beitrag dieser Moleküle zur rechten Seite in (3.46) ist also $2n\cdot m\xi^2\tau F(\xi,\eta,\zeta)\,d\xi\,d\eta\,d\zeta$. Jetzt können wir über alle auftreffenden Moleküle summieren. Das bedeutet Integration über η und ζ von $-\infty$ bis $+\infty$, über ξ dagegen von 0 bis ∞. Somit resultiert

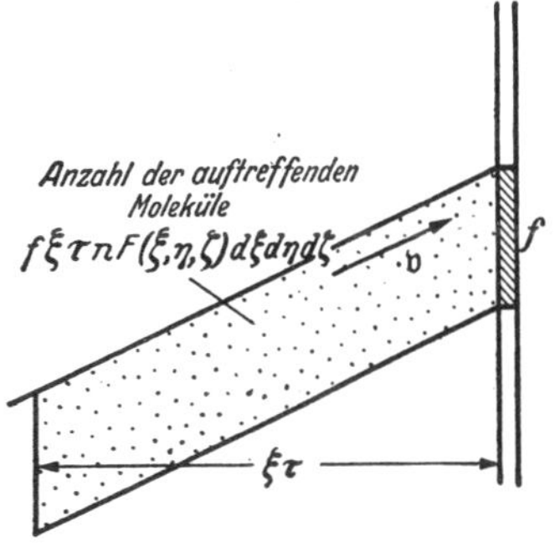

Fig. 74. Die in der Zeit τ auf die Fläche f auftreffenden Moleküle mit der Geschwindigkeit $\mathfrak{v}=(\xi,\eta,\zeta)$.

$$p = 2\cdot n\cdot m\int\limits_{\xi=0}^{\infty}\iint\limits_{-\infty}^{+\infty}\xi^2 F(\xi,\eta,\zeta)\,d\xi\,d\eta\,d\zeta.$$

Ohne nähere Annahmen über die Funktion F kommen wir hier nicht weiter. Wir brauchen aber nur zwei sehr allgemeine Annahmen, um fertig zu werden. Diese sind für ein ruhendes Gas unmittelbar plausibel.

1. F ist symmetrisch in ξ, d. h. nach links gerichtete Geschwindigkeiten kommen ebenso oft vor wie nach rechts gerichtete. Wir drücken das aus durch die Forderung

$$F(-\xi) = F(\xi).$$

Dann wird $2\int\limits_0^{\infty}\ldots d\xi = \int\limits_{-\infty}^{+\infty}\ldots d\xi$. Nach der durch (3.49) erklärten Mittelwertsbildung also

$$p = n\cdot m\cdot\overline{\xi^2}.$$

2. F ist kugelsymmetrisch. Die x-Richtung soll nicht vor der y- und z-Richtung ausgezeichnet sein. Dann ist

$$\overline{\xi^2} = \overline{\eta^2} = \overline{\zeta^2} = \tfrac{1}{3}\,\overline{v^2},$$

wenn $v = \sqrt{\xi^2+\eta^2+\zeta^2}$ der Betrag der Geschwindigkeit ist. Damit haben wir

$$p = \tfrac{1}{3}\,n\,m\,\overline{v^2}. \tag{3.50}$$

Das ist ein Ergebnis der reinen Mechanik. Beachtet man, daß

$$u = \tfrac{1}{2}\,n\,m\,\overline{v^2}$$

die ganze in einem cm^3 enthaltene kinetische Energie der Translation darstellt, so besagt (3.50), daß $p=\frac{2}{3}u$ ist. Eine ähnliche Relation wurde oben bei der Hohlraumstrahlung verwandt. Für diese galt aber $p=\frac{1}{3}u$. Den auffallenden und wichtigen Unterschied im Zahlenfaktor ($\frac{1}{3}$ gegen $\frac{2}{3}$) kann man auch durch die Lichtquantenvorstellung begründen, indem man die Wärmestrahlung auffaßt als bestehend aus Teilchen von der Ruhmasse 0, welche sich alle mit Lichtgeschwindigkeit bewegen und bei denen zwischen Impuls P und Translationsenergie E die Relation $P=\frac{1}{c}\cdot E$ gilt. Die Relativitätstheorie fordert nämlich allgemein $P=\frac{1}{c}\sqrt{E^2-m^2c^4}$. Darin sind beide Extremfälle enthalten: Für $m=0$ ergibt sich die Lichtquantenformel. Die von uns oben allein benutzte klassische Mechanik dagegen ist beschränkt auf den Fall, daß E nur wenig größer als die Ruheenergie mc^2 ist. Mit $E_{\text{kin}} = E - mc^2$ wird in dieser Grenze

$$P = \frac{1}{c} \sqrt{E - mc^2} \sqrt{E + mc^2} \approx \sqrt{2mE_{\text{kin}}} = \frac{2E_{\text{kin}}}{v},$$

wie man in der gewöhnlichen Mechanik gewohnt ist.

Nun gehen wir zur Zustandsgleichung über. Wenn wir jetzt fordern, daß unsere in V eingesperrten N Massenpunkte wirklich ein angemessenes Bild eines idealen Gases darstellen, so muß (3.50) identisch sein mit dessen Zustandsgleichung

$$p = nkT. \tag{3.51}$$

Das besagt aber: Zwischen der mittleren kinetischen Energie eines Moleküls und der Temperatur T muß die Beziehung

$$\tfrac{1}{2} m \overline{v^2} = \tfrac{3}{2} kT \tag{3.52}$$

[oder auch für eine Komponente von $\mathfrak{v}$:

$$\tfrac{1}{2} m \overline{\xi^2} = \tfrac{1}{2} kT] \tag{3.52a}$$

bestehen. In der Form „*mittlere kinetische Energie eines Freiheitsgrades* $= \frac{1}{2} kT$“ ist dieses Ergebnis der Ausgangspunkt der ganzen mechanischen Wärmetheorie. Tatsächlich ist es hier zum erstenmal gelungen, eine bisher der Wärmelehre eigentümliche Größe, nämlich die Temperatur, auf eine rein mechanisch erklärte Größe zurückzuführen. Das gelingt hier allerdings nur in einem sehr speziellen Fall. Die Verallgemeinerung und Vertiefung dieser Einsicht ist der Inhalt der statistischen Mechanik.

Die experimentelle Prüfung von (3.52): Unser Ergebnis enthält zunächst nur eine notwendige Bedingung dafür, daß unser mechanisch erklärter Punkthaufen sich hinsichtlich der Zustandsgleichung (3.51) wie ein ideales Gas verhält. Wir wissen aber noch gar nicht, ob denn die kinetische Energie auch wirklich den durch (3.52) gegebenen Wert besitzt. Eine direkte Prüfung würde in einer unmittelbaren Messung der Geschwindigkeit oder ihrer x-Komponente ξ bestehen. Das ist tatsächlich möglich mit Hilfe der neuerdings sehr entwickelten Methode der Molekularstrahlen: Man läßt durch ein kleines in der Wand angebrachtes Loch einzelne Moleküle aus dem Gefäß ins Hochvakuum herausfliegen und mißt direkt ihre Geschwindigkeit. Aber schon lange bevor diese raffinierte Versuchstechnik entwickelt war, hatte man bereits eine rein thermische Methode durch die Messung der spezifischen Wärme. Wenn nämlich unsere Moleküle keine andere Energie enthalten als diejenige der Translationsbewegung, so wäre ja der ganze Energieinhalt U unserer N Moleküle

$$U = N \cdot \tfrac{1}{2} m \overline{v^2},$$

also nach (3.52)

$$U = \tfrac{3}{2} NkT.$$

Für die Energie eines Mols wäre also mit $N = L$ (Loschmidtsche Konstante) und $L \cdot k = R$ auch

$$U = \tfrac{3}{2} RT.$$

Die spezifische Wärme c_V war aber oben erkärt als $\left(\frac{\partial U}{\partial T}\right)_V$, somit würden wir erhalten $c_V = \frac{3}{2} R$. Wegen $c_p - c_V = R$ ergäbe sich damit

$$\varkappa = \frac{c_p}{c_V} = 1 + \frac{R}{c_V} = 1 + \frac{2}{3}.$$

Unser Bild führt also zwangsläufig zu

$$c_V = \tfrac{3}{2} R, \quad \varkappa = 1{,}67. \tag{3.53}$$

Diese Werte waren nun zur Zeit ihrer Entdeckung (vor etwa 90 Jahren!) in krassem Widerspruch mit den Messungen an den damals bekannten üblichen Gasen wie H_2, O_2 oder N_2. Diese ergaben

$$c_V = \tfrac{5}{2} R, \quad \varkappa = 1{,}40. \tag{3.54}$$

Die Aufklärung dieses Widerspruchs führte zu einer wichtigen Einsicht: Die für (3.53) entscheidende Voraussetzung war doch, daß die Energie U nur aus der kinetischen Energie der Translation des Schwerpunktes besteht. Bei den genannten zweiatomigen Molekülen kommt aber noch die Rotation um eine zur Verbindungslinie der beiden Atome senkrechte Achse hinzu. U ist also sicher größer als $\frac{3}{2} RT$. Um wieviel U zu vergrößern ist, können wir mit den hier entwickelten Mitteln nicht entscheiden. Wir bedienen uns daher des erst von der allgemeinen statistischen Mechanik bewiesenen Gleichverteilungssatzes, daß auf *jeden* Freiheitsgrad die kinetische Energie $\frac{1}{2} k \cdot T$ entfällt. Die Zahl der Freiheitsgrade ist definiert als die Anzahl der Zahlenangaben, welche zur eindeutigen Festlegung der Konfiguration (einer Momentfotografie) erforderlich sind. Bei einem als starr gedachten zweiatomigen Molekül sind das drei Angaben für die Lage des Schwerpunktes und zwei Angaben für die Richtung der Molekülachse (etwa die geographische Länge und Breite auf einer das Molekül umgebenden Kugel). Wir erhalten dann pro Molekül fünf Freiheitsgrade und damit nach dem Gleichverteilungsgesetz

$$U = \tfrac{5}{2} RT,$$

also für c_V und $\varkappa$ gerade die in (3.54) angegebenen wirklich beobachteten Werte. Dagegen sollten die zuerst errechneten Werte (3.53) für einatomige Gase zu Recht bestehen. Das ist auch tatsächlich der Fall. Das erste derartige Gas, für welches aus der Schallgeschwindigkeit $c_p/c_V = 1{,}67$ gemessen wurde, war Quecksilberdampf. Später kamen die Edelgase (He, Ne, Ag) hinzu.

Diese in allen Lehrbüchern wiedergegebene Ableitung der Formeln (3.53) und (3.54) für die spezifischen Wärmen von ein- und zweiatomigen Gasen enthält eine grobe Gedankenlosigkeit, auf die man nachdrücklich hinweisen muß. Wir haben bei der obigen Darstellung [Ableitung von (3.50)] die Moleküle als „Massenpunkte“ behandelt. Ein Massenpunkt ist aber eine durchaus wirklichkeitsfremde Abstraktion. Wir wissen, daß auch das einzelne Atom ein endliches Gebilde von einem recht komplizierten inneren Aufbau ist. Wenn wir uns schon die Freiheit nehmen, die inneren Bewegungen innerhalb des Atoms zu ignorieren, so sollten wir doch mindestens das Atom als starren Körper behandeln. Ein solcher hat aber notwendig 6 Freiheitsgrade, ganz unabhängig von der speziellen Gestalt, welche wir ihm zuschreiben. Wir bekämen dann nach dem Gleichverteilungssatz mindestens $U = 3RT$, also $c_V = 3R$, in eklatantem Widerspruch zu den Messungen an einatomigen Gasen. Von diesem Gesichtspunkt aus müssen wir das Meßresultat geradezu als eine Katastrophe für die statistische Mechanik ansehen. Tatsächlich findet diese Schwierigkeit ihre Auflösung erst in der Quantentheorie, durch welche der Gleichverteilungssatz eine wesentliche Einschränkung erfährt. Danach erfordert die Anregung eines Rotations-Freiheitsgrades eine ganz bestimmte Mindestenergie. Wenn diese wesentlich größer ist als die thermische Energie kT, so wird der entsprechende Freiheitsgrad überhaupt nicht angeregt, er ist „eingefroren“. (Zum Beispiel kann man dem H-Atom — ein Kern und ein Elektron — nur dadurch Rotationsenergie zuführen, daß man das Elektron auf die nächsthöhere Quantenbahn anhebt.) Durch diese Einsicht ist man berechtigt, beim Einzelatom jede Rotation zu ignorieren und beim zweiatomigen Molekül noch die Rotation um die Molekülachse außer acht zu lassen, wie es zur Gewinnung der Formeln (3.53) und (3.54) nötig war. Erst durch die Quantentheorie finden also unsere vorstehenden Betrachtungen ihre nachträgliche Rechtfertigung. In einem mehratomigen Molekül müßten überdies noch die Oszillationen der Atome gegeneinander berücksichtigt werden. Auch deren Vernachlässigung ist nach der Quantentheorie, solange das Schwingungsquantum $h\nu$ groß gegen kT ist, zulässig.

Durch die kinetische Gastheorie werden viele Eigenschaften der Gase unmittelbar verständlich. Wir weisen zunächst hin auf die Unabhängigkeit der Energie vom Volumen (Gay-Lussac-Versuch). Wenn die Moleküle bei dem in Fig. 63 skizzierten Gay-Lussac-Versuch nach Entfernung der Zwischenwand ins Vakuum stürzen, so besteht ja keine Veranlassung für eine Änderung ihrer mittleren Geschwindigkeit. Andererseits können wir jetzt auch anschaulich beschreiben, weshalb ein Gas bei einer adiabatischen Expansion kälter werden muß. Zur Durchführung einer solchen Expansion muß man einen das Gas begrenzenden Stempel mit einer (kleinen) Geschwindigkeit w herausziehen (etwa in der x-Richtung). Das hat zur Folge, daß ein mit der Geschwindigkeit ξ auf den Stempel treffendes Molekül jetzt mit der kleineren Geschwindigkeit $\xi - 2w$ reflektiert wird. Jedes auftreffende Molekül verliert also an kinetischer Energie

$$\frac{m}{2}\left(\xi^2 - (\xi - 2w)^2\right) \approx 2m\xi w.$$

Dabei haben wir w als klein gegen ξ angenommen, weil ja sonst die Expansion gar nicht adiabatisch wäre.

Berechnen Sie daraus selbst den Verlust des Gases an kinetischer Energie bei einer adiabatischen Expansion um dV!

Zum Abschluß geben wir noch eine äußerst primitive Herleitung unserer Grundgleichung (3.50) an, welche zwar das Problem in unzulässiger Weise vereinfacht, aber zufällig zum richtigen Resultat führt. Nehmen wir nämlich an, alle Moleküle hätten die gleiche Geschwindigkeit v und es seien die Richtungen so verteilt, daß je ein Sechstel aller Moleküle sich genau in den sechs Richtungen $+x$, $-x$, $+y$, $-y$, $+z$, $-z$ bewegen. Auf die Flächeneinheit einer senkrecht zur x-Achse orientierten Wand treffen dann in der Zeit von 0 bis τ alle Moleküle auf, welche zur Zeit 0 im Zylinder mit der Grundfläche 1 und der Höhe $v\tau$ sind und sich in der $+x$-Richtung bewegen. Das sind $\frac{1}{6}\,nv\tau$. Jedes überträgt den Impuls $2\,mv$ auf die Wand, so daß im Ganzen

$$p\tau = \tfrac{1}{6}\,nv\tau\cdot 2mv = \tfrac{1}{3}\,\tau n m v^2$$

wird. Abgesehen davon, daß in (3.50) das dort genau erklärte Mittel $\overline{v^2}$ an Stelle von v^2 steht, ist das unser früheres Resultat.

2. Die Maxwellsche Geschwindigkeitsverteilung.

Von der Geschwindigkeitsverteilung $F(\xi, \eta, \zeta)$ haben wir bisher nur vorauszusetzen brauchen, daß sie kugelsymmetrisch sei und daß

$$\frac{m}{2}\,\overline{\xi^2} = \frac{m}{2}\,\overline{\eta^2} = \frac{m}{2}\,\overline{\zeta^2} = \frac{1}{2}\,kT$$

sei. Die Kugelsymmetrie besagt, daß F nur vom Betrag, nicht aber von der Richtung der Geschwindigkeit abhängen soll. F ist in Wahrheit nur eine Funktion der einen Variablen $\xi^2 + \eta^2 + \zeta^2$. Die Maxwellsche Geschwindigkeitsverteilung, welche wir nachher eingehend begründen werden, gibt dieser Funktion die Gestalt

$$F(\xi, \eta, \zeta) = C\,e^{-\beta(\xi^2+\eta^2+\zeta^2)}. \tag{3.55}$$

Wenn man diese Form hat, so ergeben sich die beiden Konstanten aus den Forderungen

$$\int^{+\infty} F\,d\xi\,d\eta\,d\zeta = 1 \quad \text{und} \quad \frac{m}{2}\,\overline{\xi^2} = \frac{1}{2}\,kT.$$

Es wird nämlich nach (3.55)

$$\overline{\xi^2} = \frac{\int\limits_{-\infty}^{+\infty} \xi^2 e^{-\beta\xi^2} d\xi}{\int\limits_{-\infty}^{+\infty} e^{-\beta\xi^2} d\xi} = -\frac{d}{d\beta} \ln \int\limits_{-\infty}^{+\infty} e^{-\beta\xi^2} d\xi = -\frac{d}{d\beta} \ln \beta^{-\frac{1}{2}} = \frac{1}{2\beta},$$

ferner ist

$$\int\limits_{-\infty}^{+\infty} e^{-\beta\xi^2} d\xi = \sqrt{\frac{\pi}{\beta}},$$

daraus folgt

$$\beta = \frac{m}{2kT}, \qquad C = \left(\frac{m}{2\pi kT}\right)^{\frac{3}{2}},$$

also endgültig:

$$F(\xi,\eta,\zeta) = \left(\frac{m}{2\pi kT}\right)^{\frac{3}{2}} e^{-\frac{\frac{m}{2}(\xi^2+\eta^2+\zeta^2)}{kT}}. \tag{3.56}$$

Enthält 1 cm³ des Gases im ganzen n Moleküle, so wird also die Zahl der Moleküle je cm³ im Geschwindigkeitsintervall $\mathfrak{v}$ bis $\mathfrak{v} + d\mathfrak{v}$

$$n(\xi,\eta,\zeta)\, d\xi\, d\eta\, d\zeta = n \left(\frac{m}{2\pi kT}\right)^{\frac{3}{2}} e^{-\frac{\frac{m}{2}(\xi^2+\eta^2+\zeta^2)}{kT}} d\xi\, d\eta\, d\zeta. \tag{3.56a}$$

Das charakteristische Merkmal der Verteilung (3.56) ist also eine e-Funktion, deren Exponent im Zähler die kinetische Energie, im Nenner dagegen die „thermische Energie" kT enthält. Man könnte jetzt, ausgehend von (3.56), fragen, wie groß die Wahrscheinlichkeit für einen bestimmten Wert von $v = \sqrt{\xi^2 + \eta^2 + \zeta^2}$ oder auch für einen Wert der Energie $E = \frac{m}{2} v^2$ sei. *Es wäre ein ganz grober Fehler,* zu behaupten, diese Wahrscheinlichkeit sei proportional zu $e^{-\frac{\frac{m}{2}v^2}{kT}}$ bzw. $e^{-\frac{E}{kT}}$. Denn die Wahrscheinlichkeit für einen bestimmten, arithmetisch scharf gegebenen Wert von v ist immer gleich 0! Wir haben oben schon betont, daß F allein überhaupt keine Bedeutung hat, sondern erst das Produkt $F\, d\xi\, d\eta\, d\zeta$ von F mit einem Intervall im Geschwindigkeitsraum. Daher kann man, wenn man sich für die v-Verteilung interessiert, nur fragen nach einer Wahrscheinlichkeit $w(v)\,dv$ dafür, daß v im Intervall v bis $v + dv$ liegt.

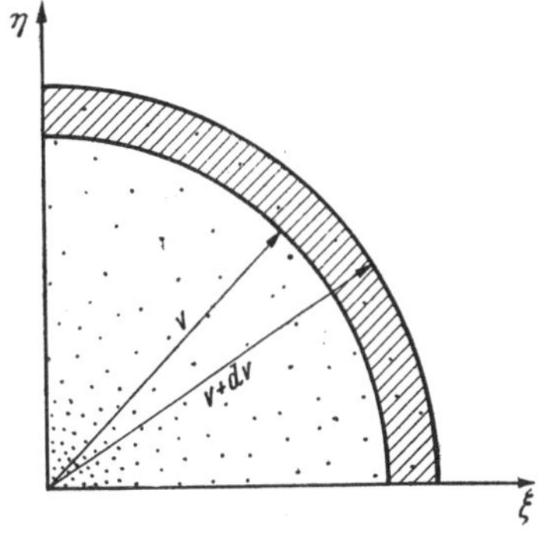

Fig. 75. Das Intervall zwischen v und $v + dv$ im Geschwindigkeitsraum.

Diesem Intervall entspricht im Geschwindigkeitsraum eine Kugelschale, welche von den beiden Kugeln $\xi^2 + \eta^2 + \zeta^2 = v^2$ und $\xi^2 + \eta^2 + \zeta^2 = (v + dv)^2$ begrenzt wird (Fig. 75). Deren Volumen ist aber $4\pi v^2\, dv$. Wir bekommen somit

$$w(v)\, dv = \iiint\limits_{v}^{v+dv} F(\xi,\eta,\zeta)\, d\xi\, d\eta\, d\zeta = 4\pi C e^{-\frac{\frac{m}{2}v^2}{kT}} v^2 dv. \tag{3.57}$$

Es tritt also ein Faktor v^2 zu unserer Funktion hinzu! Machen Sie sich zeichnerisch den Verlauf der neuen Funktion $v^2 e^{-\beta v^2}$ klar. Obwohl die Dichte F unseres Punkthimmels bei $\xi = \eta = \zeta = 0$ am größten ist, so ist doch $w(v)$ an dieser Stelle gleich Null. Das Volumen der zu dv gehörigen Kugelschale wächst eben mit v^2 an. Suchen wir dagegen die Wahrscheinlichkeit $b(E)dE$ für das Energieintervall E bis $E + dE$, so ist zu beachten, daß

$$E = \frac{m}{2} v^2, \quad \text{also} \quad v = \sqrt{\frac{2}{m}} \sqrt{E}$$

und

$$v^2 dv = \frac{2}{m} E \sqrt{\frac{2}{m}} \frac{dE}{2\sqrt{E}} = \frac{1}{2} \left(\frac{2}{m}\right)^{\frac{3}{2}} E^{\frac{1}{2}} dE,$$

also ist

$$b(E)\,dE = \text{const} \cdot e^{-\frac{E}{kT}} \sqrt{E}\, dE. \tag{3.58}$$

Natürlich muß auch daraus wieder $\overline{E} = \frac{3}{2} kT$ folgen. *Überzeugen Sie sich selbst davon!*

Zu einem höchst lehrreichen Ergebnis führt die folgende Fragestellung: Wir greifen aus unseren N Molekülen nicht eines, sondern eine größere Anzahl, etwa ν, heraus und fragen nach der Wahrscheinlichkeit $b_\nu(E)dE$ dafür, daß deren Gesamtenergie $E = E_1 + E_2 + \cdots E_\nu$ in einem gegebenen Intervall E bis $E + dE$ liege. Zunächst ist die Wahrscheinlichkeit dafür, daß das erste Molekül in $d\xi_1 d\eta_1 d\zeta_1$ und gleichzeitig das zweite in $d\xi_2 d\eta_2 d\zeta_2$ usw. liege, gegeben durch

$$F(\xi_1\eta_1\zeta_1)\, d\xi_1 d\eta_1 d\zeta_1\, F(\xi_2\eta_2\zeta_2)\, d\xi_2 d\eta_2 d\zeta_2 \ldots F(\xi_\nu\eta_\nu\zeta_\nu) \cdot d\xi_\nu d\eta_\nu d\zeta_\nu .$$

Das ist nach (3.56) proportional zu

$$e^{-\frac{E_1 + E_2 \cdots + E_\nu}{kT}}\, d\xi_1 d\eta_1 \ldots d\zeta_\nu .$$

Diesen Ausdruck haben wir im Sinne unserer Fragestellung zu integrieren über alle Werte der 3ν Variabeln ξ_1 bis ζ_ν, für welche die Gesamtenergie

$$E = \frac{m}{2} (\xi_1^2 + \cdots + \zeta_\nu^2)$$

im Intervall E bis $E + dE$ liegt. Dazu haben wir also das Volumen einer Kugelschale im 3ν-dimensionalen Raum $\left(\text{Kugelradius } r = \sqrt{\frac{2}{m}} \sqrt{E}\right)$ zu ermitteln. Bis auf eine Konstante, die uns zum Glück nicht zu interessieren braucht, ist das Volumen der n-dimensionalen Hyperkugel gleich const $\cdot\, r^n$, in unserem Falle also gleich const $\cdot (\sqrt{E})^{3\nu} = \text{const} \cdot E^{\frac{3\nu}{2}}$. Durch Differenzieren nach E ergibt sich für das Volumen der Schale dE also const $\cdot \frac{3\nu}{2} E^{\frac{3\nu}{2} - 1} dE$. Als Antwort erhalten wir somit

$$b_\nu(E)\,dE = C' e^{-\frac{E}{kT}} E^{\frac{3\nu}{2} - 1} dE. \tag{3.59}$$

[Für $\nu = 1$ muß natürlich wieder (3.58) herauskommen.] Erste Kontrolle von (3.59): Natürlich muß $\overline{E} = \nu \cdot \frac{3}{2} kT$ werden. Stimmt das? Beachten Sie zur Berechnung von

$$\overline{E} = \frac{\int\limits_0^\infty E\, b_\nu(E)\, dE}{\int\limits_0^\infty b_\nu(E)\, dE}$$

wieder, daß im Zähler die Ableitung des Nenners nach $-\frac{1}{kT}$ steht!

Für große Werte von ν hat die Funktion $b_\nu(E)$ in (3.59) einen höchst überraschenden Verlauf. Sie besteht aus zwei Faktoren, von denen der erste mit wachsendem E sehr stark gegen Null geht, während der zweite ungeheuer stark anwächst. Um dieses Verhalten bequem zu übersehen, vereinfachen wir die Bezeichnungen etwas und untersuchen die Funktion

$$f(x) = e^{-nx} x^n = (e^{-x} x)^n.$$

Die hier zur n-ten Potenz erhobene Funktion $e^{-x} x$ hat ihr Maximum bei $x = 1$ und hat hier den Wert e^{-1}. Es ist übersichtlicher, wenn das Maximum gleich 1 ist. Setzen wir also

$$F(x) = e^n f(x) = (e^{-x+1} x)^n,$$

so haben wir eine Funktion, welche für $x = 1$ stets den Wert 1 hat, für jedes von 1 verschiedene x bei großen Werten von n dagegen ungeheuer klein wird (Fig. 76). Das Maximum von $f(x)$ wird also sehr steil. Für sehr große n wird F praktisch zu Null, sobald x merklich von 1 verschieden ist. Das Verhalten in der Nähe von $x = 1$

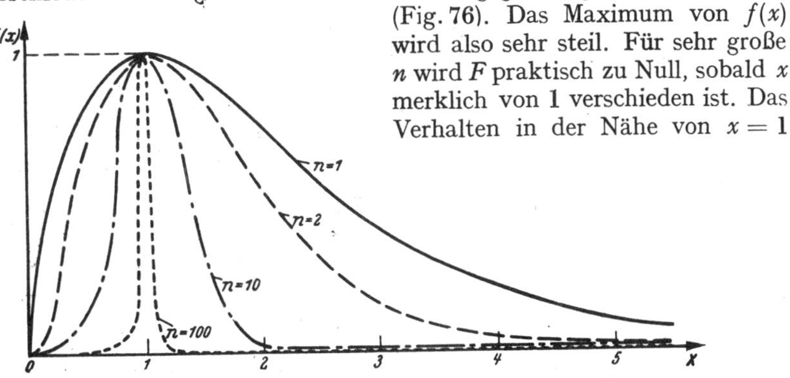

Fig. 76. Die Funktion $F(x) = e^n \cdot (e^{-x} x)^n$ für verschiedene Werte von n. Mit $x = \frac{E}{kTn}$ und $n = \frac{3\nu}{2} - 1$ ist F die Energieverteilungsfunktion für ν Moleküle.

wird noch durchsichtiger, wenn wir $x = 1 + \varepsilon$ setzen und nach ε entwickeln:

$$e^{-x+1} x = e^{-\varepsilon}(1 + \varepsilon) \approx \left(1 - \varepsilon + \frac{\varepsilon^2}{2}\right)(1 + \varepsilon) \approx 1 - \frac{\varepsilon^2}{2}.$$

In der Nähe von $x = 1$ wird also

$$F(x) \approx \left(1 - \frac{\varepsilon^2}{2}\right)^n \approx e^{-\frac{\varepsilon^2 n}{2}}.$$

$F(x)$ ist also bereits auf $\frac{1}{e}$ abgesunken, wenn $\varepsilon = \sqrt{\frac{2}{n}}$ oder $x = 1 \pm \frac{\sqrt{2}}{\sqrt{n}}$ ist. Die Übertragung dieses Resultats auf unsere Gleichung

$$b_\nu(E) = e^{-\frac{E}{kT}} E^{\frac{3\nu}{2} - 1}$$

liegt auf der Hand. Mit der Abkürzung $\frac{3\nu}{2} - 1 = n$ haben wir b_ν in der Form

$$b_\nu(E) = C'(kTn)^n \left\{e^{-\frac{E}{kTn}} \frac{E}{kTn}\right\}^n$$

zu schreiben und

$$\frac{E}{kTn} = x$$

zu setzen. $b_\nu(E)$ hat für große ν ein ungeheuer steiles Maximum bei $x = 1$, also bei $E_{\max} = \left(\frac{3\nu}{2} - 1\right) kT$. Das Maximum liegt also etwas tiefer als der Mittelwert $\overline{E} = \frac{3\nu}{2} kT$, was aber bei dem gegenüber $x = 1$ unsymmetrischen Verlauf der Kurve $e^{-x} \cdot x$ nicht verwunderlich ist. Die Schärfe des Maximums von $b_\nu(E)$

hat eine für die ganze Wärmelehre grundlegende Bedeutung. Die Thermodynamik beginnt ja mit der Behauptung, daß die Energie eines Gases eine Funktion von V und T sei. Betrachten wir aber nur ein Molekül des Gases von der Temperatur T, so gilt für dessen Energie die sehr breite Verteilungskurve $b(E)$ der Gl. (3.58). Es ist also keine Rede davon, daß durch Vorgabe der Temperatur auch seine Energie gegeben sei. Ähnlich ist es bei einem aus nur wenigen Molekülen bestehenden Gas, welches sich in einem auf T temperierten Gefäß befindet. Wenn wir dagegen zu sehr vielen Molekülen übergehen, etwa $\nu = 10^{20}$, so können wir an Hand des Verlaufes der $b_\nu(E)$-Kurve sagen, daß die Energie praktisch mit Sicherheit den Wert $E = \frac{3\nu}{2} kT$ besitzt. Der Unterschied zwischen $\overline{E}$ und $E_{\max}$ spielt dann keine Rolle mehr. Schon die einfache Aussage, die Energie sei eine Funktion der Temperatur, wird erst sinnvoll, wenn das Maximum von $b_\nu(E)$ zu einer nadelscharfen Spitze ausgeartet ist. Dieser Tatbestand ist für die ganze Wärmelehre so charakteristisch, daß wir nachher — im Zusammenhang mit den Schwankungserscheinungen — nochmals darauf zurückkommen werden.

3. Boltzmanns Begründung der Maxwellschen Geschwindigkeitsverteilung.

Wir skizzieren zunächst die Idee der Boltzmannschen Überlegung. Es möge zur Zeit $t = 0$ irgendeine von (3.56a) beliebig abweichende Geschwindigkeitsverteilung $n(\xi, \eta, \zeta)$ gegeben sein, die wir uns als Punkthimmel im Geschwindigkeitsraum vorstellen. Dieser Himmel wird dauernd szintillieren. Wenn zwei Moleküle zusammenstoßen, werden sie beide nach dem Zusammenstoß eine andere Geschwindigkeit haben als vorher. Die ihnen zugeordneten Punkte werden also im Augenblick des Zusammenstoßes verschwinden und dafür werden an einer anderen Stelle des Geschwindigkeitsraumes zwei neue Punkte auftauchen. Die Verteilung der Punkte über den Raum wird sich dauernd ändern. Die Verteilung $n(\xi, \eta, \zeta)$ wird also außer von ξ, η, ζ auch noch von t abhängen;

$$n = n(t, \xi, \eta, \zeta).$$

Zur Ermittlung der Zeitabhängigkeit greifen wir ein bestimmtes Kästchen $d\xi, d\eta, d\zeta$ des Geschwindigkeitsraumes heraus und fragen:

Erstens: Wie viele der in $d\xi\, d\eta\, d\zeta$ enthaltenen Moleküle erleiden innerhalb der kleinen Zeit τ einen Zusammenstoß, so daß sie am Ende der Zeit τ nicht mehr dem Intervall angehören? (Zahl A.)

Zweitens: Wie viele der außerhalb $d\xi\, d\eta\, d\zeta$ befindlichen Moleküle erfahren in τ einen solchen Zusammenstoß, daß sie danach in diesem Intervall liegen? (Zahl B.) Beide Zahlen A und B sind natürlich von der Verteilungsfunktion $n(\xi, \eta, \zeta)$ abhängig. Hat man sie berechnet, so gilt offenbar

$$\{n(t + \tau, \xi, \eta, \zeta) - n(t, \xi, \eta, \zeta)\}\, d\xi\, d\eta\, d\zeta = B - A. \tag{3.60}$$

Damit die Verteilung stationär sei, muß $B = A$ sein. Aus dieser Forderung werden wir die stationäre Verteilung ermitteln. Es kommt alles darauf an, die Wirkung der Zusammenstöße auf die Verteilung im einzelnen zu untersuchen.

Im Interesse einer kürzeren Schreibweise werden wir in diesen Paragraphen häufig $n(\mathfrak{v})$ an Stelle von $n(\xi, \eta, \zeta)$ schreiben, desgleichen $d\mathfrak{v}$ an Stelle von $d\xi\, d\eta\, d\zeta$. Ein Integral der Form $\int f(\mathfrak{v})\, d\mathfrak{v}$ bedeutet ein dreifaches Integral $\int f(\xi, \eta, \zeta)\, d\xi\, d\eta\, d\zeta$ über den Geschwindigkeitsraum.

a) Der einzelne Zusammenstoß. Zwei Moleküle mit den Geschwindigkeiten $\mathfrak{v}_1 = \{\xi_1 \eta_1 \zeta_1\}$ und $\mathfrak{v}_2 = \{\xi_2 \eta_2 \zeta_2\}$ mögen so zusammenstoßen, daß sie nach dem Stoß die Geschwindigkeit $\mathfrak{v}_1'$ und $\mathfrak{v}_2'$ besitzen. Während des Stoßvorganges sollen andere als die gegenseitigen Kräfte der beiden Moleküle nicht wirksam sein. Dann können bei gegebenen Werten von $\mathfrak{v}_1$ und $\mathfrak{v}_2$ nur solche Werte für $\mathfrak{v}_1'$ und $\mathfrak{v}_2'$ auftreten, welche den Sätzen der Erhaltung des Impulses und der Energie genügen, d. h. es muß sein $\mathfrak{v}_1' + \mathfrak{v}_2' = \mathfrak{v}_1 + \mathfrak{v}_2$ und $\frac{m}{2}(\mathfrak{v}_1'^2 + \mathfrak{v}_2'^2) = \frac{m}{2}(\mathfrak{v}_1^2 + \mathfrak{v}_2^2)$. Für den Übergang von den gestrichenen zu den ungestrichenen Größen existieren also die Invarianten

$$(3.61)\qquad \begin{aligned} &\mathfrak{v}_1 + \mathfrak{v}_2 = \mathfrak{v}_1' + \mathfrak{v}_2' \quad \left\{ \begin{aligned} \xi_1 + \xi_2 &= \xi_1' + \xi_2', \\ \eta_1 + \eta_2 &= \eta_1' + \eta_2', \\ \zeta_1 + \zeta_2 &= \zeta_1' + \zeta_2'; \end{aligned} \right. \\ &\mathfrak{v}_1^2 + \mathfrak{v}_2^2 = \mathfrak{v}_1'^2 + \mathfrak{v}_2'^2 \quad \left\{ \begin{aligned} &\xi_1^2 + \eta_1^2 + \zeta_1^2 + \xi_2^2 + \eta_2^2 + \zeta_2^2 \\ &\quad = \xi_1'^2 + \eta_1'^2 + \zeta_1'^2 + \xi_2'^2 + \eta_2'^2 + \zeta_2'^2. \end{aligned} \right. \end{aligned}$$

Für einen Beobachter, welcher sich mit der Geschwindigkeit $\mathfrak{g} = \frac{\mathfrak{v}_1 + \mathfrak{v}_2}{2}$ des Schwerpunktes der beiden Teilchen bewegt, ergibt sich daraus ein sehr einfaches Bild. Bezeichnen wir mit $\mathfrak{w}_1$, $\mathfrak{w}_2$ usw. die von ihm beobachteten Geschwindigkeiten, so ist

$$\mathfrak{w}_1 = \mathfrak{v}_1 - \frac{\mathfrak{v}_1 + \mathfrak{v}_2}{2}, \qquad \mathfrak{w}_2 = \mathfrak{v}_2 - \frac{\mathfrak{v}_1 + \mathfrak{v}_2}{2} \quad \text{usw.}$$

Nach (3.61) ist dann

$$\mathfrak{w}_1 + \mathfrak{w}_2 = 0, \qquad \mathfrak{w}_1' + \mathfrak{w}_2' = 0, \qquad \mathfrak{w}_1^2 = \mathfrak{w}_2^2 = \mathfrak{w}_1'^2 = \mathfrak{w}_2'^2.$$

Im Schwerpunktsystem sieht jeder Stoß so aus, daß beide Teilchen mit der gleichen Geschwindigkeit geradlinig aufeinander zufliegen und nachher mit der gleichen Geschwindigkeit in einander entgegengesetzter Richtung

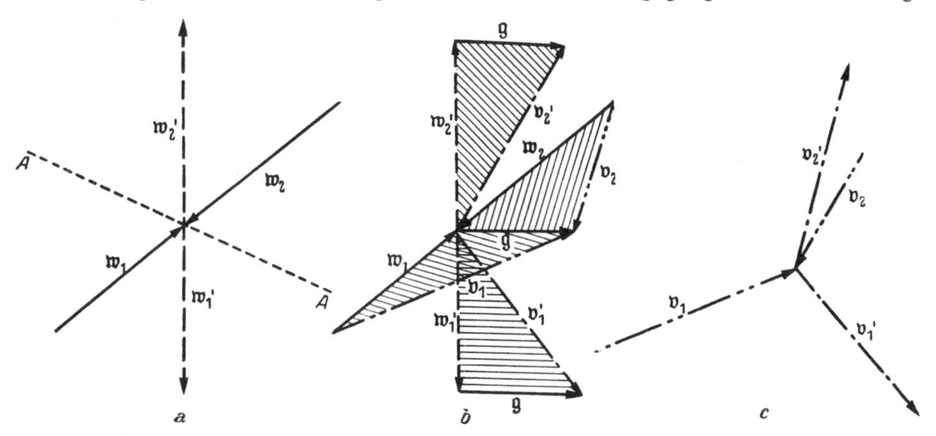

Fig. 77. Zusammenstoß zwischen zwei gleichen Molekülen.
a beobachtet im Schwerpunktsystem; c beobachtet in einem dagegen mit $-\mathfrak{g}$ bewegten System; b Konstruktion zum Übergang von a nach c.

davonfliegen. In Fig. 77 ist angedeutet, wie aus diesem einfachen Bild durch Überlagerung irgendeiner Schwerpunktgeschwindigkeit $\mathfrak{g}$ ein kompliziertes Bild des Zusammenstoßes entsteht.

b) Der Stoßzahlenansatz. Zunächst seien in der Volumeneinheit N_1 Moleküle mit der Geschwindigkeit $\mathfrak{v}_1$ und N_2 Moleküle mit $\mathfrak{v}_2$ vorhanden. In einer Zeit τ werden einigen von ihnen zusammenstoßen. τ sei so klein gewählt, daß während dieser Zeit die Zahlen N_1 und N_2 noch keine merkliche Veränderung erfahren. Von all diesen in τ erfolgenden Stößen fragen wir speziell nach denjenigen, bei welchen nach dem Stoß die Geschwindigkeit des ersten zwischen $\mathfrak{v}_1'$ und $\mathfrak{v}_1' + d\mathfrak{v}_1'$, diejenige des zweiten zwischen $\mathfrak{v}_2'$ und $\mathfrak{v}_2' + d\mathfrak{v}_2'$ liegt. Die Zahl dieser Stöße sei

$$N_1 N_2 \tau f(\mathfrak{v}_1, \mathfrak{v}_2, \mathfrak{v}_1', \mathfrak{v}_2')\, d\mathfrak{v}_1' d\mathfrak{v}_2'. \tag{3.62}$$

Dieser Ansatz muß starkes Befremden erregen, da ja wegen der Bedingung (3.61) die Größen $\mathfrak{v}_1'$ und $\mathfrak{v}_2'$ gar nicht beliebig gewählt werden, z. B. ist $\mathfrak{v}_2'$ nach (3.61) gleich $\mathfrak{v}_1 + \mathfrak{v}_2 - \mathfrak{v}_1'$, so daß eine Intervallgröße $d\mathfrak{v}_2'$ *neben* $d\mathfrak{v}_1'$ keinen Sinn hat. Zur Beleuchtung dieser Schwierigkeit betrachten wir eine einfachere Aufgabe. Auf der x-Achse befinde sich an einer Stelle $x = a$ eine exakt punktförmige Masse m. Ich habe den Wunsch, diese Art der Belegung durch eine Belegungsdichte $\varrho(x)$ zu beschreiben von der Art, daß $\varrho(x)\,dx$ die auf den Abschnitt dx entfallende Masse bedeutet. Das sieht zunächst hoffnungslos aus, gelingt aber doch durch folgenden Kunstgriff. Ich ersetze in Gedanken die bei a konzentrierte Masse durch eine kontinuierliche Verteilung in der Umgebung von a, so daß $m = \int\limits_{-\infty}^{+\infty} \varrho(x)\,dx$ ist. Die Breite dieser Massenverteilung kann ich kleiner wählen als jede vorgegebene — beliebig kleine — endliche Schranke. Wenn dann dx klein ist gegen diese ,,Unschärfe" der Massenverteilung, so hat $\varrho(x)\,dx$ wirklich die gewünschte Bedeutung. Da man im Sinne der Integralrechnung nachher doch zum Limes $dx \to 0$ übergeht, so ist der hier als Kunstgriff eingeführten Unschärfe keine untere Grenze gesetzt. In diesem Sinne lassen wir auch an den Energie- und Impulsbedingungen eine kleine Unschärfe zu, in dem Sinne, daß $f(\mathfrak{v}_1, \mathfrak{v}_2, \mathfrak{v}_1', \mathfrak{v}_2')$ zu 0 wird, wenn die zwölf Argumente dieser Funktion ,,merklich" von den Bedingungen (3.61) abweichen, im übrigen f aber eine durchaus stetige Funktion insbesondere von $\mathfrak{v}_1'$ und $\mathfrak{v}_2'$ wird. Physikalisch ist natürlich von einer Aufgabe der Gl. (3.61) nicht die Rede, da ja die Unschärfe unter jede angebbare endliche Schranke gedrückt werden kann.

Die so in (3.62) erklärte Funktion f befriedigt jetzt zwei Relationen, die für alles weitere entscheidend sind. Die erste besagt, daß

$$f(\mathfrak{v}_1, \mathfrak{v}_2, \mathfrak{v}_1', \mathfrak{v}_2') = f(\mathfrak{v}_2, \mathfrak{v}_1, \mathfrak{v}_2', \mathfrak{v}_1') \tag{3.63}$$

ist, daß also f sich nicht ändert, wenn man gleichzeitig $\mathfrak{v}_1$ mit $\mathfrak{v}_2$ und $\mathfrak{v}_1'$ mit $\mathfrak{v}_2'$ vertauscht. Das folgt unmittelbar aus der Definition, da wir mit diesen Vertauschungen nur die Bezeichnung der Teilchen geändert haben. Wesentlich schwieriger ist der Beweis der zweiten Relation

$$f(\mathfrak{v}_1, \mathfrak{v}_2, \mathfrak{v}_1', \mathfrak{v}_2') = f(\mathfrak{v}_1', \mathfrak{v}_2', \mathfrak{v}_1, \mathfrak{v}_2), \tag{3.64}$$

welche behauptet, daß f sich nicht ändert, wenn man die gestrichenen und ungestrichenen $\mathfrak{v}$-Werte vertauscht.

Zum Beweis von (3.64) denken wir uns erstens einen Beobachter, der sich selbst mit einer Geschwindigkeit $\mathfrak{g}$ bewegt und die Stöße (3.62) zählt. Er muß natürlich dieselbe Anzahl erhalten. Für ihn sind aber alle vier Geschwindigkeiten geändert, statt $\mathfrak{v}_1$ beobachtet er $\mathfrak{v}_1 - \mathfrak{g}$ usw., während die Intervalle $d\mathfrak{v}_1'$, $d\mathfrak{v}_2'$ für ihn dieselbe Größe behalten. Also muß gelten

$$f(\mathfrak{v}_1, \mathfrak{v}_2, \mathfrak{v}_1', \mathfrak{v}_2') = f(\mathfrak{v}_1 - \mathfrak{g}, \mathfrak{v}_2 - \mathfrak{g}, \mathfrak{v}_1' - \mathfrak{g}, \mathfrak{v}_2' - \mathfrak{g}).$$

Zweitens denken wir uns einen Beobachter, dessen Achsenkreuz gegen das ursprüngliche irgendwie gedreht ist. Anstatt $\mathfrak{v}_1$ mißt er etwa eine Geschwindigkeit $\alpha\mathfrak{v}_1$, wo α symbolisch eine Drehung des Vektors andeuten soll. Auch für ihn erfahren die Intervallgrößen $d\mathfrak{v}_1'$, $d\mathfrak{v}_2'$ keine Veränderung, auch nicht die Zahl der Stöße. Also wird auch

$$f(\mathfrak{v}_1, \mathfrak{v}_2, \mathfrak{v}_1', \mathfrak{v}_2') = f(\alpha\mathfrak{v}_1, \alpha\mathfrak{v}_2, \alpha\mathfrak{v}_1', \alpha\mathfrak{v}_2').$$

Jetzt erfolgt der Beweis von (3.64) durch eine dreifache Umformung von f. Wir gehen zunächst zu einem mit der Schwerpunktgeschwindigkeit $\mathfrak{g} = \frac{\mathfrak{v}_1 + \mathfrak{v}_2}{2}$ bewegten Koordinatensystem über und erhalten

$$f(\mathfrak{v}_1, \mathfrak{v}_2, \mathfrak{v}_1', \mathfrak{v}_2') = f(\mathfrak{w}_1, \mathfrak{w}_2, \mathfrak{w}_1', \mathfrak{w}_2'),$$

wo nun die $\mathfrak{w}$ die einfache Lage der Fig. 77a haben. Nunmehr drehen wir das Koordinatensystem um die Gerade A—A (Winkelhalbierende von $\mathfrak{w}_1$ und $\mathfrak{w}_2'$) als Achse um einen Winkel von 180°. Dabei geht $\mathfrak{w}_1$ in $\mathfrak{w}_1'$, $\mathfrak{w}_2$ in $\mathfrak{w}_2'$ usw. über, so daß als Resultat der Drehung

$$\alpha\mathfrak{w}_1 = \mathfrak{w}_1', \quad \alpha\mathfrak{w}_2 = \mathfrak{w}_2', \quad \alpha\mathfrak{w}_1' = \mathfrak{w}_1, \quad \alpha\mathfrak{w}_2' = \mathfrak{w}_2$$

wird. Somit

$$f(\mathfrak{w}_1, \mathfrak{w}_2, \mathfrak{w}_1', \mathfrak{w}_2') = f(\mathfrak{w}_1', \mathfrak{w}_2', \mathfrak{w}_1, \mathfrak{w}_2).$$

Gehen wir jetzt — das ist die dritte Umformung — unter Hinzufügung von $\mathfrak{g} = \frac{\mathfrak{v}_1 + \mathfrak{v}_2}{2}$ wieder zum ursprünglichen Koordinatensystem zurück, so haben wir als Resultat die Relation (3.64) vor uns, welche damit ebenfalls bewiesen ist.

c) Die Berechnung von A und B in (3.60). $n(\mathfrak{v}_1, t)\,d\mathfrak{v}_1$ sei die Zahl der Moleküle im Geschwindigkeitsintervall $\mathfrak{v}_1$ bis $\mathfrak{v}_1 + d\mathfrak{v}_1$. Mit A bezeichnen wir die Zahl derjenigen unter ihnen, welche in der Zeit τ durch Zusammenstöße mit anderen Molekülen aus diesem Intervall herausgeworfen werden; das sind aber alle diejenigen von den $n(\mathfrak{v}_1, t)\,d\mathfrak{v}_1$, welche innerhalb τ überhaupt einen Zusammenstoß erleiden. Diese können wir direkt aus (3.62) entnehmen, wenn wir dort N_1 durch $n(\mathfrak{v}_1)\,d\mathfrak{v}_1$ und N_2 durch $n(\mathfrak{v}_2)\,d\mathfrak{v}_2$ ersetzen und dann über alle $d\mathfrak{v}_1'\,d\mathfrak{v}_2'$ und $d\mathfrak{v}_2$ integrieren. Also

$$A = \tau \cdot d\mathfrak{v}_1 \int \cdots \int n(\mathfrak{v}_1)\, n(\mathfrak{v}_2)\, f(\mathfrak{v}_1, \mathfrak{v}_2, \mathfrak{v}_1', \mathfrak{v}_2')\, d\mathfrak{v}_2\, d\mathfrak{v}_1'\, d\mathfrak{v}_2'.$$

Mit B bezeichneten wir die Zahl derjenigen Stöße innerhalb τ, welche so erfolgen, daß nach dem Stoß einer der beiden Partner sich im Intervall $\mathfrak{v}_1 d\mathfrak{v}_1$ befindet. Die Zahl der Stöße, bei denen zwei Partner aus den Intervallen $\mathfrak{v}_1' d\mathfrak{v}_1'$ bzw. $\mathfrak{v}_2' d\mathfrak{v}_2'$ in die Intervalle $\mathfrak{v}_1 d\mathfrak{v}_1$ bzw. $\mathfrak{v}_2 d\mathfrak{v}_2$ geraten, ist gegeben durch

$$\tau n(\mathfrak{v}_1')\, d\mathfrak{v}_1'\, n(\mathfrak{v}_2')\, d\mathfrak{v}_2'\, f(\mathfrak{v}_1', \mathfrak{v}_2', \mathfrak{v}_1, \mathfrak{v}_2)\, d\mathfrak{v}_1\, d\mathfrak{v}_2.$$

Daraus erhalten wir durch Integration über $\mathfrak{v}_2$, $\mathfrak{v}_1'$ und $\mathfrak{v}_2'$ die Zahl

$$B = \tau\, d\mathfrak{v}_1 \int \cdots \int n(\mathfrak{v}_1')\, n(\mathfrak{v}_2')\, f(\mathfrak{v}_1', \mathfrak{v}_2', \mathfrak{v}_1, \mathfrak{v}_2)\, d\mathfrak{v}_2\, d\mathfrak{v}_1'\, d\mathfrak{v}_2'.$$

Nach (3.60) ist

$$n(\mathfrak{v}_1, t + \tau)\, d\mathfrak{v}_1 - n(\mathfrak{v}_1, t)\, d\mathfrak{v}_1 = B - A.$$

Wenn wir jetzt von der fundamentalen Gleichung (3.64) Gebrauch machen, so haben wir nach Division durch $\tau d\mathfrak{v}_1$ im $\lim \tau \to 0$

$$\frac{\partial n(\mathfrak{v}_1, t)}{\partial t} = -\iiint d\mathfrak{v}_2\, d\mathfrak{v}_1'\, d\mathfrak{v}_2' \{n(\mathfrak{v}_1)\, n(\mathfrak{v}_2) - n(\mathfrak{v}_1')\, n(\mathfrak{v}_2')\}\, f(\mathfrak{v}_1, \mathfrak{v}_2, \mathfrak{v}_1', \mathfrak{v}_2'). \tag{3.65}$$

d) Die Geschwindigkeitsverteilung. Nach (3.65) ist die Verteilung $n(\mathfrak{v}_1)$ sicher dann stationär, wenn

$$n(\mathfrak{v}_1)\, n(\mathfrak{v}_2) = n(\mathfrak{v}_1')\, n(\mathfrak{v}_2') \tag{3.66}$$

ist für alle Werte $\mathfrak{v}_1$, $\mathfrak{v}_2$, $\mathfrak{v}_1'$, $\mathfrak{v}_2'$, welche den Energie-Impuls-Bedingungen genügen. (Für davon abweichende Werte der vier Geschwindigkeiten besorgt ja die Funktion f das Verschwinden des Integranden.) Wir werden nachher zeigen, daß (3.66) zum Gleichgewicht auch notwendig ist. Zunächst wollen wir (3.66) zur Ermittlung von $n(\mathfrak{v})$ ausnutzen. Nach (3.61) sind die Invarianten

$$\begin{aligned} p_x &= \xi_1 + \xi_2, \\ p_y &= \eta_1 + \eta_2, \\ p_z &= \zeta_1 + \zeta_2, \\ E &= \xi_1^2 + \eta_1^2 + \zeta_1^2 + \xi_2^2 + \eta_2^2 + \zeta_2^2 \end{aligned}$$

vier Kombinationen aus $\mathfrak{v}_1$ und $\mathfrak{v}_2$, welche sich beim Übergang zu den gestrichenen Größen nicht ändern. (3.66) ist also sicher erfüllt, wenn das Produkt $n(\mathfrak{v}_1) n(\mathfrak{v}_2)$ sich als Funktion dieser vier Invarianten treiben läßt:

$$n(\xi_1, \eta_1, \zeta_1) \cdot n(\xi_2, \eta_2, \zeta_2) = F(p_x, p_y, p_z, E). \tag{3.67}$$

Eine nicht durch die vier Invarianten ausdrückbare Größe darf aber auch in F nicht vorkommen, weil dann nach (3.66) auch diese neue Größe beim Stoß konstant bleiben müßte. Das würde aber das Vorhandensein einer fünften Invarianten bedeuten, welche nicht existiert, da alle mit der Invarianz von $\mathfrak{p}$ und E verträglichen Stöße auch wirklich vorkommen. — Bilden wir nun von (3.67) den Logarithmus, so steht links die Summe $\ln(n(\mathfrak{v}_1)) + \ln(n(\mathfrak{v}_2))$, wo der erste Summand nur von $\mathfrak{v}_1$, der zweite nur von $\mathfrak{v}_2$ abhängt. Das ist aber auf der rechten Seite nur dann der Fall, wenn $\ln F$ linear in p_x, p_y, p_z und E ist. Damit ist aber unser Problem gelöst. Mit fünf willkürlichen Konstanten a, b, c, β, C' muß sein

$$\ln n(\xi, \eta, \zeta) = a\xi + b\eta + c\zeta - \beta(\xi^2 + \eta^2 + \zeta^2) + C'.$$

Durch eine andere Verfügung über die fünf Konstanten kann man auch schreiben

$$\ln n = -\beta\{(\xi - u)^2 + (\eta - v)^2 + (\zeta - w)^2\} + C''.$$

Also

$$n(\xi, \eta, \zeta) = C e^{-\beta[(\xi - u)^2 + (\eta - v)^2 + (\zeta - w)^2]}. \tag{3.68}$$

Die physikalische Bedeutung dieser fünf Konstanten C, u, v, w, β ist diese: Die Größen u, v, w sind die Komponenten der mittleren Geschwindigkeit. Denn aus (3.68) folgt

$$\bar{\xi} = u, \quad \bar{\eta} = v, \quad \bar{\zeta} = w.$$

Für einen mit dieser Geschwindigkeit mitbewegten Beobachter ruht das Gas als Ganzes. Für ihn sind $u = 0$, $v = 0$, $w = 0$. Es bleiben

$$n(\xi, \eta, \zeta) = C e^{-\beta(\xi^2 + \eta^2 + \zeta^2)}.$$

Das ist aber gerade die in (3.55) angegebene Maxwellsche Verteilung für N Moleküle der Temperatur T, wenn

$$C = n\sqrt{\frac{m}{2\pi k T}}, \qquad \beta = \frac{m}{2kT}$$

gewählt wird.

e) Boltzmanns *H*-Theorem. Zum Schluß zeigen wir nach einer sehr geistvollen Überlegung Boltzmanns, daß die Gl. (3.66) wirklich für ein Gleichgewicht notwendig ist. Dazu betrachten wir die zeitliche Änderung der Größe

$$H = \int d\mathfrak{v}_1 n(\mathfrak{v}_1) \ln n(\mathfrak{v}_1).$$

Es ist

$$\frac{\partial}{\partial t}[n(\mathfrak{v}) \ln n(\mathfrak{v})] = \frac{\partial n}{\partial t} \ln n + \frac{\partial n}{\partial t}.$$

Nun ist die Gesamtzahl der Teilchen konstant, d. h.

$$\frac{d}{dt}\int n(\mathfrak{v})\,d\mathfrak{v} = \int \frac{\partial n}{\partial t}\,d\mathfrak{v} = 0\,.$$

Somit wird

$$\frac{dH}{dt} = \int d\mathfrak{v}_1 \frac{\partial n(\mathfrak{v}_1)}{\partial t} \ln n(\mathfrak{v}_1)\,.$$

Mit $\partial n/\partial t$ aus (3.65) erhalten wir

$$\frac{dH}{dt} = -\int d\mathfrak{v}_1 d\mathfrak{v}_2 d\mathfrak{v}_1' d\mathfrak{v}_2' \ln n(\mathfrak{v}_1)\cdot\{n(\mathfrak{v}_1)n(\mathfrak{v}_2) - n(\mathfrak{v}_1')n(\mathfrak{v}_2')\}\,f(\mathfrak{v}_1,\mathfrak{v}_2,\mathfrak{v}_1',\mathfrak{v}_2')\,.$$

Diese Gleichung schreiben Sie bitte noch dreimal mit anderer Bezeichnung der Integrationsvariabeln hin, und zwar, indem Sie

1. $\mathfrak{v}_1$ mit $\mathfrak{v}_2$ und gleichzeitig $\mathfrak{v}_1'$ mit $\mathfrak{v}_2'$,
2. $\mathfrak{v}_1$ mit $\mathfrak{v}_1'$ und gleichzeitig $\mathfrak{v}_2$ mit $\mathfrak{v}_2'$,
3. $\mathfrak{v}_1$ mit $\mathfrak{v}_2'$ und gleichzeitig $\mathfrak{v}_2$ mit $\mathfrak{v}_1'$.

vertauschen. Dabei ändert sich nach (3.63) und (3.64) die Funktion f nicht, während in den Fällen 2 und 3 die Klammer $\{\ldots\}$ ihr Vorzeichen wechselt. Wenn Sie nun alle vier Gleichungen addieren, so bekommen Sie

$$(3.69)\qquad 4\frac{dH}{dt} = -\int d\mathfrak{v}_1 d\mathfrak{v}_2 d\mathfrak{v}_1' d\mathfrak{v}_2' \{\ln(n(\mathfrak{v}_1)n(\mathfrak{v}_2)) - \ln(n(\mathfrak{v}_2')n(\mathfrak{v}_1'))\}\times \\ \times [n(\mathfrak{v}_1)n(\mathfrak{v}_2) - n(\mathfrak{v}_2')n(\mathfrak{v}_1')]\times f(\mathfrak{v}_1\mathfrak{v}_2\mathfrak{v}_1'\mathfrak{v}_2')\,.$$

Der Witz dieser eigentümlichen Rechnung liegt nun darin, daß der Integrand rechter Hand niemals negativ werden kann. Denn für irgend zwei reelle positive Größen x und y hat $\ln x - \ln y$ stets dasselbe Vorzeichen wie $x - y$. Die Größe H muß daher notwendig abnehmen, solange die Gl. (3.66) für irgendeinen der durch (3.61) erlaubten Werte von $\mathfrak{v}_1, \mathfrak{v}_2, \mathfrak{v}_1', \mathfrak{v}_2'$ verletzt ist. Die Stöße müssen also, wenn wir von einer beliebigen Verteilung ausgehen, schließlich dazu führen, daß sich die Verteilung (3.68) herstellt. Erst dann hat die Größe H einen konstanten Wert erreicht. Das ist der Inhalt von Boltzmanns H-Theorem.

f) Das Vorzeichen der Zeit. Das Boltzmannsche H-Theorem scheint ein äußerst merkwürdiges Paradoxon zu enthalten, welches zu vielen Kontroversen Veranlassung gab. Die n Gasmoleküle sind ein mechanisches System, dessen Konfiguration sich gemäß den Gleichungen

$$m\ddot{x}_i = -\frac{\partial}{\partial x_i} U(x_1 \ldots x_n \ldots)$$

zeitlich verändert. Diese Gleichungen enthalten nur den zweiten, nicht aber den ersten Differentialquotienten nach der Zeit. Wenn also $x_i(t)$ eine Lösung ist, d. h. eine mögliche Bewegung des ganzen Systems, so ist $x_i(-t)$ auch eine Lösung. Anschaulich bedeutet das: Wenn man in einem bestimmten Augenblick die Geschwindigkeiten aller Moleküle umkehren würde (gemäß einem Kommando „Kehrt marsch!"), so würde das System alle früheren Zustände in genau umgekehrter Richtung durchlaufen. Hätte man etwa den Ablauf kinematographisch aufgenommen, würde der erhaltene Film sowohl bei Vorwärts- wie auch bei Rückwärtsdrehung einen mit den Grundgesetzen der Mechanik verträglichen Ablauf beschreiben. Wenn also irgend zwei zu verschiedenen Zeiten aufgenommene Momentaufnahmen vorgelegt sind, so ist es grundsätzlich unmöglich, zu entscheiden, welche von beiden die frühere und welche die spätere ist. Und nun haben wir im H-Theorem, ausgehend von den einfachen rein mechanischen Gleichungen des Stoßes zweier Kraftzentren, eine Größe entdeckt, welche sich einsinnig mit der Zeit ändert. Durch Messung der Größe H können wir eindeutig zwischen Vergangenheit und Zukunft entscheiden. Die Lösung dieses Paradoxons liegt in der Erkenntnis, daß wir uns zur Ableitung des H-Theorems nicht allein auf die Mechanik gestützt haben, sondern außerdem den Stoßzahlenansatz über die Zahl der innerhalb τ erfolgenden Stöße zugrunde gelegt haben. Bei der Unregelmäßigkeit der Molekülbewegung wird es immer wieder vorkommen, daß gelegentlich innerhalb τ viel mehr und gelegentlich auch weniger Stöße auftreten. Durch (3.62) haben wir tatsächlich ein statistisches Element in die Rechnung hineingebracht. Diese Gleichung ist genauer so zu lesen: Wenn man die von der Gl. (3.62) beschriebene Zählung mit den N_1 und N_2 Molekülen der Geschwindigkeiten $\mathfrak{v}_1$ und $\mathfrak{v}_2$ sehr oft wiederholt, so findet man als Mittel aller Zählungen das Resultat (3.62). Und in diesem Sinne beansprucht auch das H-Theorem nur im Mittel strenge Gültigkeit. In der statistischen Mechanik wird eingehend gezeigt, daß die Größe H bei häufiger Wiederholung in der erdrückenden Mehrzahl der Fälle abnimmt.

4. Schwankungserscheinungen.

a) Die quadratische Streuung. Wir hatten bisher schon mehrfach Gelegenheit, auf den unregelmäßigen Charakter der von der kinetischen Theorie beschriebenen Erscheinungen hinzuweisen. Zuerst bei der Betrachtung des Druckes (Fig. 73) und zuletzt beim Zusammenhang zwischen Energie und Temperatur. Wir wollen hier diesen statistischen Charakter in etwas allgemeinerer Weise betrachten. Dazu brauchen wir zunächst einen Grundbegriff aus der statistischen Mechanik. Wir stellen uns vor, es sei an einer Reihe von n gleichartigen Objekten eine Größe a gemessen und man habe dafür die Zahlenwerte $a_1, a_2, \ldots, a_n$ gefunden (etwa Gewichte von Menschen oder Lebensdauer von Glühlampen). Dann ist klar, was unter dem Mittelwert $\bar{a}$ von a zu verstehen ist:

$$\bar{a} = \frac{1}{n}(a_1 + a_2 \cdots + a_n).$$

Das nächstwichtige Kennzeichen einer solchen Meßreihe ist ihre *Streuung*. Wir suchen *eine* Zahl, welche für die Abweichung der Einzelmessungen vom Mittel kennzeichnend ist. Die einzelnen Abweichungen sind $a_1 - \bar{a}$, $a_2 - \bar{a}$, $\ldots$, $a_n - \bar{a}$. Der Mittelwert dieser einzelnen Abweichungen ist Null, denn so ist ja $\bar{a}$ gerade definiert. Man könnte nun das Mittel der absoluten Beträge von den Einzelabweichungen als Streuung definieren. Gegen eine solche Definition der Streuung wäre grundsätzlich nichts einzuwenden. Es hat sich jedoch immer wieder gezeigt, daß diese Definition für allgemeine Betrachtungen sehr unzweckmäßig ist. All die schönen Gesetzmäßigkeiten, welche man über die Streuung ableiten kann, gelten nur, wenn man diese definiert als „quadratische Streuung" s^2, wobei s^2 der Mittelwert der Quadrate der Einzelabweichungen ist. Also

$$s^2 = \frac{1}{n}\{(a_1 - \bar{a})^2 + (a_2 - \bar{a})^2 + \cdots (a_n - \bar{a})^2\} = \overline{(a - \bar{a})^2}.$$

Die Ausführung der Quadrate ergibt die wichtige Formel

$$s^2 = \overline{a^2} - \bar{a}^2 \tag{3.70}$$

(in Worten: a Quadrat im *Mittel* minus a im Mittel ins Quadrat). Oft bezeichnet man mit $(\varDelta a)$ die Abweichung der Einzelmessung vom Mittel. Dann haben wir also

$$\overline{(\varDelta a)^2} = \overline{a^2} - \bar{a}^2. \tag{3.70a}$$

b) Dichteschwankungen des idealen Gases. Als erste Anwendung betrachten wir die Dichteschwankung eines idealen Gases. N Moleküle des Gases seien im im Volumen V enthalten. Wir grenzen innerhalb V ein kleines Teilvolumen v ab und interessieren uns für die Zahl ν der Moleküle in diesem Teilvolumen. Dabei nehmen wir an, daß die Moleküle sich gänzlich unabhängig voneinander in V bewegen. Wir stellen uns vor, daß wir die Zahl ν sehr oft (in kurzen zeitlichen Intervallen) messen und dabei die Werte $\nu_1, \nu_2, \nu_3 \ldots$ erhalten. Natürlich ist zu erwarten, daß im Mittel

$$\bar{\nu} = N \cdot \frac{v}{V} \tag{3.71}$$

wird. Wie ist es aber mit der Streuung der Einzelwerte von ν? Wir erwarten, daß diese um so geringfügiger wird, je größer v ist. Um das exakt vor uns zu haben, müssen wir nach (3.70) $\overline{\nu^2}$ berechnen. Dazu brauchen wir die Wahrscheinlichkeit $w(\nu)$ dafür, daß bei einer Einzelmessung gerade ν Moleküle in v angetroffen werden. Wir bezeichnen noch

$$p = \frac{v}{V} \quad \text{und} \quad q = 1 - p = \frac{V - v}{V}. \tag{3.72}$$

Zur Berechnung von $w(\nu)$ denken wir uns die N Moleküle numeriert mit den Nummern $1, 2, \ldots, N$. Wir fragen zunächst nach der Wahrscheinlichkeit dafür, daß bei einer zufälligen Verteilung der N Moleküle gerade diejenigen mit den Nummern 1 bis ν in das Teilvolumen v fallen, die restlichen $N - \nu$ dagegen außerhalb, also in das Teilvolumen $V - v$. Diese Wahrscheinlichkeit ist gleich $p^\nu q^{N-\nu}$, denn p bzw. q sind ja die Wahrscheinlichkeiten dafür, daß ein einzelnes Molekül in v bzw. $V - v$ fällt. Wir suchen in $w(\nu)$ die Wahrscheinlichkeit dafür, daß ν beliebige Moleküle in v liegen. Es brauchen nicht gerade die ν ersten zu sein. $w(\nu)$ ist also viel größer als $p^\nu q^{N-\nu}$, und zwar um einen Faktor, welcher angibt, auf wieviel verschiedene Weisen ich aus den N Molekülen ν herausgreifen kann. In der elementaren Kombinatorik[1] wird gezeigt, daß das auf $\binom{N}{\nu} = \frac{N!}{\nu!\,(N-\nu)!}$ verschiedene Weisen geht. Damit haben wir

$$w(\nu) = \binom{N}{\nu} p^\nu q^{N-\nu}. \tag{3.73}$$

Zur Kontrolle: Die Wahrscheinlichkeit, irgendeine Anzahl in v zu finden, muß gleich 1 sein. In der Tat ist

$$\sum_{\nu=0}^{N} w(\nu) = \sum_{\nu=0}^{N} \binom{N}{\nu} \cdot p^\nu q^{N-\nu} = (p + q)^N. \tag{3.74}$$

Nach (3.72) ist aber $p + q = 1$.

Nunmehr können wir leicht

$$\bar{\nu} = \sum \nu\, w(\nu) \quad \text{und} \quad \overline{\nu^2} = \sum \nu^2 w(\nu)$$

berechnen. $\bar{\nu}$ erhalten wir gerade, wenn wir die in (3.74) stehende Identität nach p differenzieren und dann wieder mit p multiplizieren. Denn dadurch zaubern

[1] Um z. B. aus $N = 6$ Molekülen $\nu = 4$ herauszugreifen, wähle man zuerst ein Molekül aus. Das geht auf 6 verschiedene Weisen. Darauf kombiniere man jedes der 6 mit einem der fünf übrigen. Das gibt $6 \cdot 5$ Zweier-Kombinationen. Indem man jede von diesen wieder einem der vier restlichen kombiniert, erhält man $6 \cdot 5 \cdot 4$ Anordnungen von drei Molekülen und schließlich $6 \cdot 5 \cdot 4 \cdot 3$ Anordnungen von vier Molekülen. Dabei sind aber alle Permutationen der vier Moleküle innerhalb der Vierer-Gruppe mitgezählt. Daher müssen wir noch durch $4!$ dividieren und erhalten

$$\frac{6 \cdot 5 \cdot 4 \cdot 3}{4!} = \frac{6!}{4!\,(6-4)!}.$$

wir ja vor jeden Summanden den Faktor ν. Also wird

$$\bar{\nu} = p\frac{\partial}{\partial p}(p+q)^N = pN(p+q)^{N-1}.$$

Durch Wiederholung der gleichen Operation $p\frac{\partial}{\partial p}$ schaffen wir den Faktor ν noch einmal vor jeden Summanden, also wird

$$\overline{\nu^2} = p\frac{\partial}{\partial p}\{pN(p+q)^{N-1}\} = pN(p+q)^{N-1} + p^2N(N-1)(p+q)^{N-2}.$$

Jetzt erst setzen wir aus (3.72) für $p+q$ den Wert 1 ein. Dann wird

$$\bar{\nu} = pN, \qquad \overline{\nu^2} = pN + p^2N^2 - p^2N.$$

Für das Schwankungsquadrat folgt

$$\overline{\nu^2} - \bar{\nu}^2 = pN(1-p) = \bar{\nu}(1-p).$$

Es ist sehr beruhigend, daß die Schwankung für $p=1$ zu Null wird. Denn $p=1$ heißt ja $v=V$. In diesem Fall müssen wir aber bei jedem Versuch mit Sicherheit alle N Moleküle finden. Uns interessiert hauptsächlich der andere Grenzfall, daß nämlich v ungeheuer klein gegen V ist, daß also jetzt $p \ll 1$ ist. Dann wird einfach

$$\overline{\nu^2} - \bar{\nu}^2 = \bar{\nu}. \tag{3.75}$$

Das könnte zunächst enttäuschen, da wir ja vermuteten, daß die Streuung mit wachsendem $\bar{\nu}$ abnimmt! Tatsächlich richtet sich unser Gefühl aber gar nicht auf den Absolutwert der Streuung, sondern auf die prozentische oder relative Streuung, d. h. auf das Verhältnis der Abweichung zum Mittelwert. Dafür haben wir aber

$$\overline{\left(\frac{\nu-\bar{\nu}}{\bar{\nu}}\right)^2} = \frac{1}{\bar{\nu}}. \tag{3.75a}$$

Das Quadrat der mittleren relativen Streuung ist genau umgekehrt proportional der mittleren Teilchenzahl. In dieser Form läßt sich unser Resultat direkt auf die Dichteschwankungen anwenden. Mißt man die Dichte ϱ durch Bestimmung der in dem kleinen Teilvolumen v enthaltenen Masse, so würde man bei häufiger Wiederholung eine Schwankung $\Delta\varrho$ der Dichte beobachten, für welche ebenfalls $\sqrt{\overline{\left(\frac{\Delta\varrho}{\varrho}\right)^2}} = \frac{1}{\sqrt{\bar{\nu}}}$ gelten würde. Bei $\bar{\nu} = 10000$ würde also die relative Dichteschwankung noch $\frac{1}{\sqrt{\bar{\nu}}} = 1$ Prozent betragen, bei $\bar{\nu} = 10^6$ immerhin noch 1 Promille. Dieses Gesetz der quadratischen Streuung spielt in der Statistik eine große Rolle.

c) Energieschwankungen eines Gases der Temperatur T. Als weitere Anwendung nehmen wir die oben schon behandelte Energieschwankung eines auf der Temperatur T gehaltenen Gases wieder auf. Dazu schreiben wir unsere Gl. (3.59) für ein aus ν Molekülen bestehendes Gas in allgemeinerer Form, indem wir den Faktor $E^{\frac{3\nu}{2}-1}$ durch eine Funktion $g(E)$ ersetzen. Auf deren Gestalt wird es hier gar nicht ankommen. Dann wird also

$$w(E)\,dE = C e^{-\frac{E}{kT}} g(E)\,dE. \tag{3.76}$$

Der Durchschnittswert ist definiert durch

$$\bar{E} = \frac{\int E\,w(E)\,dE}{\int w(E)\,dE}.$$

Für ein durch (3.76) beschriebenes Gas wird also

$$\bar{E}(T) = \frac{\int E e^{-\frac{E}{kT}} g(E)\, dE}{\int e^{-\frac{E}{kT}} g(E)\, dE}. \tag{3.77}$$

Berechnen wir nun die spezifische Wärme $c_v = \frac{\partial \bar{E}}{\partial T}$, indem wir die rechte Seite von (3.77) nach T differenzieren, so kommt etwas höchst Merkwürdiges heraus: Wegen $\frac{\partial}{\partial T} e^{-\frac{E}{kT}} = \frac{1}{kT^2} E e^{-\frac{E}{kT}}$ liefert die Differentiation des Zählers von (3.77) $\frac{1}{kT^2}\overline{E^2}$, diejenige des Nenners $\frac{1}{kT^2}\bar{E}^2$, im ganzen wird also

$$c_v = \frac{1}{kT^2}\left(\overline{E^2} - \bar{E}^2\right).$$

Damit haben wir das Schwankungsquadrat der Energie gefunden. Für die relative Energieschwankung bekommen wir

$$\overline{\left(\frac{\Delta E}{\bar{E}}\right)^2} = \frac{c_v \cdot kT^2}{\bar{E}^2}.$$

Wenn wir annehmen, daß c_v von der Temperatur nicht mehr abhängt, so wäre $\bar{E} = c_v T$. Dann wird die Energieunschärfe

$$\overline{\left(\frac{\Delta E}{\bar{E}}\right)^2} = \frac{k}{c_v}. \tag{3.78}$$

Bei einem aus N Atomen bestehenden einatomigen Gas wäre $c_v = \frac{3}{2} N k$, die relative Energieschwankung also $\overline{\left(\frac{\Delta E}{\bar{E}}\right)^2} = \frac{1}{N} \cdot \frac{2}{3}$. Bis auf den für uns unwesentlichen Zahlenfaktor $\frac{2}{3}$ ist also wieder das Quadrat der relativen Unschärfe gleich dem Reziproken der Teilchenzahl.

5. Die barometrische Höhenformel.

Diese Formel soll die Abnahme des Luftdruckes mit der Höhe über dem Erdboden beschreiben. Die verschiedenen Methoden zu ihrer Ableitung beleuchten in eindrucksvoller Weise die verschiedenen physikalischen Gesichtspunkte.

Wir betrachten die in einem vertikalen Zylinder eingesperrte Luftsäule. Es herrsche thermisches Gleichgewicht, also überall gleiche Temperatur. Wir fragen nach der Druckabnahme mit der Höhe x über dem Erdboden, d. h. wir suchen eine Funktion $p = p(x)$. Wir verwenden nacheinander vier verschiedene Gesichtspunkte zu ihrer Bestimmung, nämlich die Mechanik, die Thermodynamik, die kinetische Gastheorie und die Diffusion.

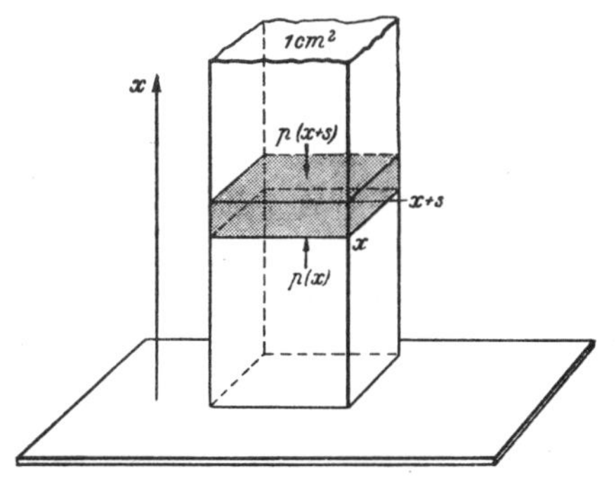

Fig. 78. Zur Ableitung der barometrischen Höhenformel.

a) Herleitung nach den Gesetzen der Mechanik. Wir greifen in Gedanken aus der Säule vom Querschnitt 1 cm² eine Schicht des Gases von der Dicke s heraus (Fig. 78). ϱ sei die Dichte des Gases. Diese Schicht erfährt seitens der Erde die Kraft $\varrho g \cdot s$. Warum fällt sie eigentlich nicht zu Boden? Nun, sie erfährt ja außer der Schwerkraft noch eine Kraft seitens der unter und über ihr befindlichen Gasmengen. Auf ihre untere Begrenzungsebene (an der Stelle x) wirkt die Kraft $p(x)$ nach oben, auf die obere Ebene (in der Höhe $x + s$) dagegen die Kraft $p(x + s)$ nach unten. Die Differenz dieser Drucke ist es, welche die Schicht trägt. Also

$$p(x) - p(x + s) = \varrho g \cdot s.$$

Geht man zum Limes $s \to 0$ über, so steht links $-\frac{\partial p}{\partial x} s$, also wird

$$\frac{dp}{dx} = -\varrho g. \tag{3.79}$$

Wenn ϱ als Funktion von p bekannt ist, so ist das eine Differentialgleichung für $p(x)$. Zur selben Gleichung gelangt man auch, wenn man sich klarmacht, daß der Druck an jeder Stelle gleich dem Gewicht der ganzen über dieser Stelle lastenden Gassäule (vom Querschnitt 1) ist. Bezeichnet man mit x' irgendeine Stelle oberhalb x, so muß also

$$p(x) = \int_x^\infty \varrho(x')\, g\, dx'$$

sein. Differenzieren dieser Gleichung nach x führt wieder auf (3.79). Speziell bei einem idealen Gas vom Molekulargewicht M sind nun p und ϱ verknüpft durch

$$p = \varrho \frac{RT}{M}.$$

Damit wird nach (3.79)

$$\frac{d \ln p}{dx} = -\frac{Mg}{RT},$$

also

$$p(x) = p_0 e^{-\frac{Mgx}{RT}}. \tag{3.80}$$

Darin ist p_0 der Druck am Boden bei $x = 0$.

Zunächst eine praktische Anwendung: In welcher Höhe $x = h$ ist der Druck auf $1/e$ des Wertes am Boden gesunken? Für diese Höhe muß $\frac{Mgh}{RT} = 1$ sein, also

$$h = \frac{RT}{M \cdot g}.$$

Mit rohen Zahlen ($g = 981\ \mathrm{cm/sec^2}$, $T = 300^\circ$ K, $R = 8{,}31 \cdot 10^7$ erg/° K Mol und $M = 29$ für Luft) erhalten wir

$$h = \frac{8{,}31 \cdot 10^7 \cdot 300}{29 \cdot 981} = 8{,}7 \cdot 10^5\ \mathrm{cm} = 8700\ \mathrm{m},$$

also etwa die Höhe des Gaurisankar.

Wenn wir im Exponenten von (3.80) Zähler und Nenner durch die Loschmidtsche Zahl dividieren, so steht im Zähler die Masse m des Einzelmoleküls, im Nenner die Boltzmannsche Konstante k:

$$p(x) = p_0 e^{-\frac{mgx}{kT}}. \tag{3.81}$$

Im Exponenten steht jetzt im Zähler die potentielle Energie mgx über dem Boden, im Nenner die thermische Energie kT. Diese Schreibweise fordert dazu heraus, zu sagen: Wegen der potentiellen Energie mgx „möchten" die Moleküle zu Boden sinken. Durch thermische Bewegungsenergie kT werden sie aber daran verhindert. Die beiden entgegengesetzten Tendenzen einigen sich auf den in (3.81) formulierten Kompromiß. Diese Auffassung wollen wir noch genauer präzisieren.

b) Höhenformel und kinetische Gastheorie. In der oben entwickelten Gastheorie haben wir angenommen, daß die Dichte des Gases innerhalb des ganzen Volumens V die gleiche sei. Demgegenüber haben wir jetzt die Komplikationen, daß die Dichte noch vom Ort abhängt. Dadurch erhebt sich die allgemeine Fragestellung: Wir grenzen im Ortsraum der x, y, z ein Volumenelement $dx\,dy\,dz$ ab und im Geschwindigkeitsraum der ξ, η, ζ ein Element $d\xi\,d\eta\,d\zeta$ und fragen nach der Zahl

$$f(x, y, z, \xi, \eta, \zeta)\,dx\,dy\,dz\,d\xi\,d\eta\,d\zeta \tag{3.82}$$

derjenigen Moleküle, welche sich im Raum $dx\,dy\,dz$ aufhalten und gleichzeitig eine im Intervall $d\xi\,d\eta\,d\zeta$ liegende Geschwindigkeit besitzen. Die Frage nach der stationären Verteilung läuft darauf hinaus, eine solche Funktion f der 6 Variabeln $x \ldots \zeta$ zu finden, welche sich trotz der Bewegung der einzelnen Moleküle und der auf sie wirkenden Kräfte nicht ändert. Zum Glück können wir im Fall der Höhenverteilung von vornherein annehmen, daß eine Abhängigkeit von y, z nicht existiert. Überdies wollen wir für den Augenblick auch die Abhängigkeit von η und ζ ignorieren, da diese Komponenten der Geschwindigkeit durch das Erdfeld nicht verändert werden. Wir beschränken damit unsere Betrachtung auf eine Funktion $f(x, \xi)$, deren Bedeutung wir nochmals in einer x-ξ-Ebene vor Augen führen (Fig. 79). Jeder Punkt in der Ebene soll ein Molekül repräsentieren, mit den durch die Koordinaten x und ξ gegebenen Werten von Höhe x und Geschwindigkeit ξ. $f(x, \xi)\,dx\,d\xi$ ist dann einfach die Zahl der Punkte im Volumenelement $dx\,d\xi$. Auch wenn keine Zusammenstöße zwischen den Molekülen stattfinden, ist diese Verteilung im allgemeinen nicht stationär. Denn im Schwerefeld ist ja

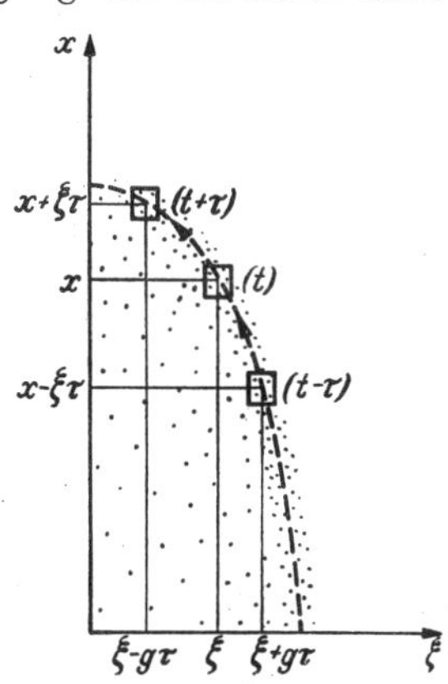

Fig. 79. Strömungsbild in der x-ξ-Ebene für den Fall eines konstanten Schwerefeldes in x-Richtung. Im stationären Zustand ist die Punktdichte längs der gestrichelt eingezeichneten Parabel konstant.

$$\frac{d\xi}{dt} = -g. \quad \text{Außerdem ist} \quad \frac{dx}{dt} = \xi. \tag{3.83}$$

Ein Punkt, welcher zur Zeit t an der Stelle ξ, x unseres Diagramms war, wird sich also zu der um die kleine Zeit τ späteren Zeit $t + \tau$ an der Stelle $\xi - g\tau$, $x + \xi\tau$ befinden. Diese Bewegung ist in der Figur durch einen Pfeil angedeutet. Nunmehr sehen wir: In unserem Intervall $dx\,d\xi$ werden sich zur Zeit $t + \tau$ diejenigen Moleküle befinden, welche zur Zeit t in einem bei $\xi + g\tau$, $x - \xi\tau$ liegenden Intervall lagen, wo ja die Verteilungsfunktion den Wert $f(x - \xi\tau, \xi + g\tau)$ besitzt. Außerdem erfährt die Fläche des von den Molekülen erfüllten Intervalls $dx\,d\xi$ bei dieser „Strömung" keine Änderung. Soll also die Punktdichte bei x, ξ zeitlich konstant sein, so muß

$$f(x - \xi\tau, \xi + g\tau) = f(x, \xi)$$

sein. Im Limes $\tau \to 0$ wird also

$$\frac{\partial f}{\partial \xi} g - \frac{\partial f}{\partial x} \xi = 0. \tag{3.84}$$

Zur Lösung dieser Gleichung beachten wir: Wenn für eine Funktion $\varphi(u, v)$ der beiden Variabeln die partielle Differentialgleichung $\partial\varphi/\partial u = \partial\varphi/\partial v$ gilt, so kann φ nur eine Funktion der einen Variabeln $u + v$ sein, es ist $\varphi = \varphi(u + v)$. (Vgl. die Überlegung auf S. 86.) Dies Resultat wenden wir auch auf (3.84) an, nachdem wir hier die Größe $u = gx$ und $v = \frac{1}{2}\xi^2$ als Variable eingeführt haben. Dann besagt (3.84), daß

$$f(x, \xi) = f(gx + \tfrac{1}{2}\xi^2)$$

eine Funktion der *einen* Variablen $gx + \frac{1}{2}\xi^2$ sein muß. Nun ist aber die Abhängigkeit von ξ bereits durch die Maxwellsche Formel bekannt. Somit erhalten wir

$$f(x, \xi) = C e^{-\frac{mgx + \frac{m}{2}\xi^2}{kT}}$$

Sieht man umgekehrt die barometrische Höheformel als bekannt an, so folgt aus unserer Überlegung die Maxwellsche Geschwindigkeitsverteilung. Gehen wir jetzt zurück zur allgemeinen Funktion (3.82), so haben wir als Verteilungsfunktion im Schwerefeld

$$f(x, \xi, \eta, \zeta)\, dx\, d\xi\, d\eta\, d\zeta = C e^{-\frac{mgx + \frac{m}{2}(\xi^2 + \eta^2 + \zeta^2)}{kT}} dx\, d\xi\, d\eta\, d\zeta. \tag{3.85}$$

Dies Resultat ist sehr einfach zu formulieren. Im Zähler des Exponenten steht einfach die Summe aus potentieller und kinetischer Energie an der Stelle des Intervalls $dx\, d\xi\, d\eta\, d\zeta$. Natürlich ist in (3.85) wieder die Höhenformel enthalten. Bei dieser ist nur nach der Dichteverteilung im Ortsraum gefragt. Die Zahl $n(x)dx$ der Moleküle in der Schicht dx (vom Querschnitt 1) überhaupt folgt aus (3.85) nach dem Schema

$$n(x)dx = dx \iiint_{-\infty}^{+\infty} f(x, \xi, \eta, \zeta)\, d\xi\, d\eta\, d\zeta$$

durch Summation (= Integration) über alle Geschwindigkeiten. Die wirkliche Ausführung dieser Integration können wir uns sparen, da man die Größe $e^{-\frac{mgx}{kT}}$ als Faktor vor das Integralzeichen setzen kann. Mit einer von x unabhängigen Größe n_0 wird also die Teilchendichte in der Höhe x

$$n(x) = n_0 e^{-\frac{mgx}{kT}}.$$

Das ist aber unser altes Resultat.

c) Höhenformel und Thermodynamik. Wir betrachten unsere mit Gas gefüllte Röhre vom Standpunkt der Thermodynamik. Eine überall gleiche Temperatur soll durch ein geeignetes Wärmebad dauernd konstant gehalten werden. Dann wird sich innerhalb der Röhre eine Druckverteilung einstellen, unten p_0 und in der Höhe h etwa ein Druck p_1. Wenn man jetzt unten Gas zuführt, so wird dadurch der Druck im ganzen Rohr ansteigen. Auf Kosten der Energie des Wärmebades wird ein Teil des Gases nach oben gebracht. Man könnte nun auf die Idee kommen, diese Tatsache zur Gewinnung mechanischer Arbeit auszunutzen, indem man in der Höhe h Gas entnimmt (etwa M Gramm), dieses in einem geeigneten Behälter an das eine Ende eines Seiles hängt. Das Seil läuft über eine Rolle und trägt am anderen Ende eine Gewicht von M Gramm. Jetzt kann man reversibel und ohne Anstrengung den Kasten mit dem Gas langsam herabsenken und gleichzeitig das Gewicht M um h cm anheben. Man kann also die gewonnene Arbeit $m \cdot g \cdot h$ wirklich als angehobenes Gewicht vorzeigen. Jetzt stopft man das Gas unten wieder in den Zylinder hinein, schiebt in den unten befindlichen Kasten ein neues Gewicht, während man das im anderen Kasten heraufgeschobene Gewicht seitwärts auf ein in der Höhe h angeordnetes Regal schiebt. Damit wäre das Perpetuum mobile zweiter Art fertig, denn nach dem beschriebenen Umlauf ist ja nichts weiter passiert, als daß die Arbeit $m \cdot g \cdot h$ gewonnen und dem Wärmereservoir eine Wärmemenge vom gleichen Betrag entzogen wäre. In Wirklichkeit darf aber bei einem isothermen reversiblen Kreisprozeß keine Arbeit gewonnen werden. Zur Lösung dieses Widerspruchs müssen wir die Vorgänge der Gasentnahme (bei $x = h$) und des Hineinstopfens (bei $x = 0$) genauer überlegen. Zur Entnahme des Mols beim Druck p_1 führen wir einen mit einem Stempel verschlossenen Zylinder von der Seite her an das Steigrohr heran und öffnen dann in diesem ein Ventil, so daß der Druck p_1 jetzt auf den Stempel wirkt. Jetzt ziehen wir den Stempel langsam heraus, bis wir ein Mol vom Volumen V_1 abgezapft haben. Dabei gewinnen wir die Arbeit $p_1 V_1$. Nunmehr senken wir in der vorher beschriebenen Weise den abgesperrten Hilfszylinder zu Boden und gewinnen die Arbeit Mgh. Bis dahin haben wir also $p_1 V_1 + Mgh$ gewonnen. Jetzt kommt die entscheidende Aufgabe, das Gas wieder ins Steigrohr, wo ja der Druck p_0 herrscht, hineinzubringen. Dazu müssen wir das in unserem Hilfszylinder befindliche Gas erst einmal auf den Druck p_0 isotherm komprimieren. Dazu ist die Arbeit

$$\int_{V_0}^{V_1} p\,dV = RT \int_{V_0}^{V_1} \frac{dV}{V} = RT \ln \frac{V_1}{V_0} = RT \ln \frac{p_0}{p_1}$$

aufzuwenden. Erst nachdem das geschehen ist, können wir das Mol unten gegen den Druck p_0 wieder in das Steigrohr hineindrücken. Der Vorgang ist die einfache Umkehrung der oben geschilderten Entnahme und erfordert die Arbeit $p_0 V_0$. Die im ganzen gewonnene Arbeit wird nun

$$p_1 V_1 + Mgh - RT \ln \frac{p_0}{p_1} - p_0 V_0 .$$

Setzt man diese gleich 0 und beachtet noch, daß $p_1 V_1 = p_0 V_0 = RT$ ist, so erhält man

$$\ln \frac{p_1}{p_0} = -\frac{Mgh}{RT} \quad \text{oder} \quad p_1 = p_0 e^{-\frac{Mgh}{RT}},$$

also genau die alte Höhenformel. Die vom zweiten Hauptsatz geforderte Gleichheit von Hubarbeit Mgh und Kompressionsarbeit $RT \ln p_0/p_1$ ist in der Tat identisch mit dem alten Resultat.

d) Höhenformel und Diffusion. Der Gegenstand dieser Betrachtungsweise ist nicht eigentlich die Höhenverteilung in einem Gase, sondern diejenige in einer kolloidalen Suspension oder in einer Lösung von größeren (organischen) Molekülen. Solche Lösungen oder Suspensionen folgen nämlich ebenfalls unserer Höhenformel. Ist m die Masse eines einzelnen Teilchens der Suspension oder eines Moleküls, so gilt für die Teilchendichte nach wie vor

$$n(x) = n_0 e^{-\frac{mgx}{kT}} . \tag{3.86}$$

Wenn m sehr groß gegen die Masse eines Luftmoleküls ist, so schrumpft die Höhe unserer ,,Teilchenatmosphäre'' entsprechend zusammen, von der Gaurisankarhöhe bei Luft bis auf einige mm oder cm bei Kolloiden. Die Gültigkeit von (3.86) auch in diesem Fall folgt aus der Tatsache, daß der osmotische Druck einer Suspension mit n Teilchen im cm^3 durch das Gasgesetz $p = nkT$ gegeben wird. Allerdings steht im Exponenten nicht genau die Schwerebeschleunigung g, sondern die kleinere Größe $g' = g\left(1 - \frac{\varrho_0}{\varrho}\right)$, wobei ϱ_0 die Dichte des Lösungsmittels und ϱ diejenige der suspendierten Teilchen bedeuten. [Bedeutet m die Masse des Teilchens und m_0 diejenige der verdrängten Wassermenge, so ist ja der Auftrieb durch $(m - m_0) g = m g \cdot \left(1 - \frac{m_0}{m}\right)$ gegeben.] Wir wollen nun den Mechanismus, welcher zur Verteilung (3.86) führt, im Anschluß an eine Untersuchung von Einstein mit Hilfe zweier neuer Begriffe, der *Diffusion* D und der *Beweglichkeit* B, beschreiben. Diese sind folgendermaßen *definiert*: Wenn die Konzentration n einer Lösung vom Ort, etwa von x, abhängt, so werden sich die Konzentrationsunterschiede durch Diffusion auszugleichen suchen. Und zwar werden durch eine senkrecht zur x-Achse angeordnete Fläche von f cm² in einer Zeit dt um so mehr Teilchen hindurchdiffundieren, je größer das Gefälle dn/dx ist. Es ist in der Regel diesem Gefälle proportional. Dann ist also die in dt durch f hindurchtretende Teilchenzahl:

$$D \cdot \frac{dn}{dx} dt \cdot f.$$

Das ist die Definition von D.

Wenn jetzt auf ein Teilchen von außen her eine Kraft K (etwa die Schwerkraft oder — bei geladenen Teilchen — eine elektrische Kraft) wirkt, so wird das Teilchen sich in Richtung der Kraft durch das Lösungsmittel hindurchbewegen, unter Überwindung einer Reibung, die wir als proportional zur Geschwindigkeit v des Teilchens annehmen wollen. Diese Reibung wird gerade durch die Kraft K überwunden. Also erreicht das Teilchen unter der Wirkung von K die Geschwindigkeit

$$v = BK,$$

mit der als „Beweglichkeit“ bezeichneten Proportionalitätskonstanten B.

Nunmehr betrachten wir wieder unsere durch $n(x)$ gekennzeichnete Verteilung von kolloidalen Teilchen. Da n nach oben hin abnimmt, erwarten wir erstens einen nach oben gerichteten Diffusionsstrom von $-D\frac{dn}{dx}$ Teilchen pro sec und cm². Diesem entgegengerichtet ist ein durch die Beweglichkeit ermöglichter Strom. Auf jedes Teilchen wirkt ja die Kraft $K = m \cdot g'$ nach unten. Danach müßten in einer Sekunde durch 1 cm² alle diejenigen Teilchen hindurchtreten, welche in einem Zylinder von der Grundfläche 1 und der Höhe v liegen. Das sind aber $n \cdot v = n \cdot B m g'$ Teilchen. Im Gleichgewicht müssen sich aber beide Ströme gerade kompensieren, es muß also gelten

$$-D\frac{dn}{dx} = n B m g'$$

oder (3.87)

$$-\frac{d \ln n}{dx} = \frac{m g' B}{D}.$$

Andererseits wissen wir aus der Thermodynamik, daß $-\frac{d \ln n}{dx} = \frac{m g'}{kT}$ sein muß. Der skizzierte Mechanismus führt also nur dann zum richtigen Gleichgewicht, wenn zwischen Diffusion und Beweglichkeit der allgemeine Zusammenhang

(3.88) $$D = BkT$$

besteht. Diese allgemeine und von allen speziellen Eigenschaften der Suspension unabhängige Verknüpfung erscheint zunächst sehr überraschend. Sie wurde von Einstein entdeckt. Sie gehört zu den Grundlagen der Lehre von Lösungen und Suspensionen. Sie wird verständlich, wenn man sich die Wechselwirkung zwischen einem Teilchen und dem umgebenden Lösungsmittel etwas genauer veranschaulicht. Diese besteht nämlich aus den vielen unregelmäßigen Stößen, welche die Teilchen seitens der Lösung erfahren und welche bewirken, daß die Teilchen in der unregelmäßigsten Weise um jeweils sehr kleine

Strecken hin und her gestoßen werden. Je häufiger diese Stöße erfolgen, um so mehr wird sowohl die Beweglichkeit wie auch die Diffusion behindert. An Hand eines einfachen Modells werden wir im nächsten Abschnitt diesen Zusammenhang genauer übersehen.

6. Diffusion und Brownsche Bewegung.

Gegeben sei ein langes horizontales, mit Wasser gefülltes Rohr vom Querschnitt 1. Die x-Achse verlaufe in der Längsrichtung des Rohres. Nun denken wir uns eine dünne, bei $x = 0$ liegende Schicht des Wassers durch eine wäßrige Lösung mit im ganzen N gelösten (oder auch suspendierten) Teilchen ersetzt. Diese Teilchen werden dann nach beiden Seiten auseinanderlaufen, so daß sie sich im Laufe der Zeit über immer längere Rohrabschnitte verteilen. Wir können diesen Vorgang von zwei ganz verschiedenen Gesichtspunkten aus betrachten, welche durch die Worte Diffusion und Brownsche Bewegung gekennzeichnet sind.

a) Diffusion. Wir interessieren uns für die Verteilung der N Teilchen über das Rohr zu irgendeiner Zeit t nach Beginn des Versuchs. Das heißt: Wir suchen die Konzentration $n(x, t)$ an der Stelle x zur Zeit t. Nach Voraussetzung muß natürlich für alle Werte von t

$$\int_{-\infty}^{+\infty} n(x, t)\, dx = N$$

sein. Diese Aufgabe haben wir — wenn auch mit anderer Bezeichnung — bereits oben bei der Wärmeleitung erledigt (S. 97). Wir betrachten zwei benachbarte Querschnitte (bei x und bei $x + b$) unserer Wassersäule und fragen nach der zeitlichen Änderung der Anzahl der zwischen diesen Querschnitten befindlichen Teilchen, während der Zeit dt also nach der Differenz

$$\{n(x, t + dt) - n(x, t)\}\, b.$$

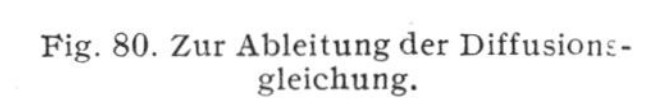

Fig. 80. Zur Ableitung der Diffusionsgleichung.

Bezeichnen wir andererseits mit $j(x)$ die Teilchenstromdichte an der Stelle x (Zahl der sekundlich durch den Querschnitt 1 hindurchtretenden Teilchen), so muß diese Änderung gleich dem Überschuß $\{j(x) - j(x + b)\}\, dt$ sein (Fig. 80). Damit wird

$$\frac{n(x, t + dt) - n(x, t)}{dt} = -\frac{j(x + b) - j(x)}{b}.$$

Im Limes $dt \to 0$ und $b \to 0$ also $\frac{\partial n}{\partial t} = -\frac{\partial j}{\partial x}$. Nun ist der Diffusionskoeffizient D in (3.87) definiert durch $j = -D \cdot \frac{\partial n}{\partial x}$ ist. Damit haben wir

$$\frac{\partial n}{\partial t} = D \frac{\partial^2 n}{\partial x^2}. \tag{3.89}$$

Das ist genau die Wärmeleitungsgleichung (3.6). Wir können also für unsern Fall die Lösung (3.14), welche dort ausführlich diskutiert wurde, direkt übernehmen:

$$n(x, t) = \frac{N_0}{\sqrt{4\pi D t}}\, e^{-\frac{x^2}{4Dt}}. \tag{3.90}$$

Aus (3.70) folgt als die für uns jetzt wichtige Größe das mittlere Verschiebungsquadrat zur Zeit t. Wir denken zur Zeit t den Ort x von jedem Teilchen gemessen.

Wegen der Symmetrie der Anordnung ist dann natürlich der Mittelwert $\bar{x}$ über alle Verschiebungen 0. Berechnen wir dagegen aus

$$\overline{x^2} = \frac{1}{N_0} \int_{-\infty}^{+\infty} x^2 \, n(x,t) \, dx$$

den Mittelwert der Quadrate von x, so liefert uns (3.90) für das mittlere Verschiebungsquadrat

$$\overline{x^2} = 2Dt. \tag{3.91}$$

b) Brownsche Bewegung. Nunmehr gehen wir zur Betrachtung eines einzelnen der N Teilchen über und versuchen, dessen Bewegung während einer Zeit t zu beschreiben. Wenn es gelingt, diese im Ultramikroskop sichtbar zu machen, so erhält man das Bild einer höchst unregelmäßigen Zitterbewegung, welche zunächst jedem Versuch einer gesetzmäßigen Beschreibung spottet. Man sieht die sogenannte „Brownsche Bewegung", welche durch die regellosen Stöße seitens Wärmebewegung aufrechterhalten wird. Es ist aber doch gelungen, in dieser Bewegung eine experimentell scharfe Gesetzmäßigkeit zu entdecken. Man messe dazu die x-Koordinate des Teilchens zu den Zeiten $0, t, 2t, 3t$ usw. (t ist eine fest gewählte Zeit). Die erhaltenen Werte seien x_0, x_1, x_2, x_3. Daraus bilde man die in den einzelnen Zeitintervallen erfolgten Verschiebungen

$$x_1 - x_0, \quad x_2 - x_1, \quad x_3 - x_2 \ldots$$

usw., quadriere alle diese Verschiebungen und bilde das Mittel $\overline{x^2} = \overline{(x_{\nu+1} - x_\nu)^2}$. Wiederholt man die gleiche Messung für andere Werte des Intervalles t, so besagt die angezeigte Gesetzmäßigkeit, daß *$\overline{x^2}$ proportional zu t ist.* Nennen wir den Proportionalitätsfaktor $2D$, so können wir unsere obige Gl. (3.91) direkt lesen als mittleres Verschiebungsquadrat eines einzelnen Teilchens in der Zeit t. Beachten Sie die Änderung der Betrachtungsweise! Die Konstante D war ursprünglich definiert durch (3.87), nämlich den Teilchenstrom $j = -D \cdot \frac{dn}{dx}$. Diese Definition ist nur sinnvoll, wenn n ungeheuer groß ist, so daß es einen Sinn hat, von einer Teilchendichte zu reden. Jetzt aber haben wir nur ein einziges Teilchen betrachtet und für sein Verschiebungsquadrat den Wert (3.91) gefunden. Wir können also D auch messen durch die Analyse der Brownschen Bewegung dieses einen Teilchens! Diese Bewegung ist in der Tat der Vorgang, welcher der Diffusion zugrunde liegt. Jedes der N Teilchen führt unabhängig von den übrigen seine Brownsche Bewegung aus mit dem Ergebnis, daß alle Teilchen zusammen in ihrer Dichteverteilung durch die Differentialgleichung (3.89) beschrieben werden können, durch welche, wenn man diesen Ursprung außer acht läßt, ein streng kausales Verhalten vorgetäuscht wird. Die in (3.90) errechnete Funktion $n(x,t)$ hat aber auch im Fall der Brownschen Bewegung ihre Bedeutung. Es ist nämlich

$$\frac{n(x,t)}{N_0} dx = \frac{1}{\sqrt{4\pi D t}} e^{-\frac{x^2}{4Dt}} dx$$

die Wahrscheinlichkeit dafür, daß das Teilchen, welches bei $x = 0$ startete, sich zur Zeit t zwischen x und $x + dx$ befindet.

c) Ein schematisches Modell. Zum Schluß betrachten wir noch ein stark schematisiertes eindimensionales Modell für die Brownsche Bewegung: Ein Massenpunkt soll sich entlang einer Geraden mit der Geschwinigkeit v_0 bewegen.

Jedesmal nach τ sec soll er seine Bewegungsrichtung entweder umkehren oder im gleichen Sinne fortsetzen[1]. Die Entscheidung darüber, welche dieser beiden Alternativen eintritt, soll in jedem Fall rein zufällig sein („Kopf-oder-Adler-Spiel" beim Werfen einer Münze). Nach einer Zeit von $t = n\tau$ sec hat der Massenpunkt dann die Strecke

$$s = v_0 \tau(\varepsilon_1 + \varepsilon_2 \cdots + \varepsilon_n), \qquad \varepsilon_j = +1 \text{ oder } = -1$$

zurückgelegt. Jede der Zahlen ε_j kann dabei $+1$ oder -1 bedeuten. Wiederholt man diesen Versuch viele Male, so ist im Mittel offenbar $\bar{s} = 0$. Dagegen erhalten wir für

$$s^2 = v_0^2 \tau^2 (\varepsilon_1^2 + \cdots + \varepsilon_n^2 + 2\varepsilon_1 \varepsilon_2 + \cdots).$$

Hier sind alle $\varepsilon_j^2 = 1$. Bei der Mittelung über viele Versuche ergeben die gemischten Produkte $\varepsilon_i \varepsilon_k$ Null, so daß wir erhalten

$$\overline{s^2} = v_0^2 \tau^2 n = v_0^2 \tau t.$$

Soll unser Modell wirklich eine Brownsche Bewegung beschreiben, so müßte $\overline{s^2} = 2Dt$ sein. Also wäre die Diffusionskonstante $D = \frac{1}{2} v_0^2 \tau$. Soll die Bewegung thermischer Natur sein, so muß nach dem Gleichverteilungssatz für die eindimensionale Bewegung $\frac{m}{2} v^2 = \frac{1}{2} kT$ gelten. Somit hätten wir

$$D = kT \cdot \frac{\tau}{2m}.$$

Man könnte die Überlegung noch verfeinern durch Berechnung der Wahrscheinlichkeit $w(s)\,ds$ dafür, daß das Teilchen einen zwischen s und $s + ds$ liegenden Weg zurückgelegt hat. Das wird auf S. 160 durchgeführt mit dem Resultat

$$w(s) = \frac{1}{\sqrt{2\pi v_0^2 \tau t}} e^{-\frac{s^2}{2 v_0^2 \tau t}}.$$

Auch die *Beweglichkeit* könnten wir an unserem Modell studieren, wenn wir jetzt noch eine nach rechts gerichtete Kraft K auf den Massenpunkt wirken lassen. Während der Zeit τ von einem Zusammenstoß bis zum nächsten gilt dann

$$m\dot{v} = K \quad \text{oder} \quad v = v_0 + \frac{K}{m} t. \qquad (0 < t < \tau)$$

Zu der bald nach rechts und bald nach links gerichteten thermischen Geschwindigkeit v_0 tritt also noch $\frac{K}{m} t$ in Richtung von K hinzu. $\frac{K}{m}\tau$ sei klein gegen v_0, so daß es sich nur um eine schwache Drift der im übrigen ungestörten Brownschen Bewegung in Richtung von K handelt. Wir nehmen ausdrücklich an, daß am Beginn eines *jeden* der τ-Intervalle die Bewegung wieder mit v_0 beginnt. Diese Annahme ist ein schematischer Ersatz für die Forderung, daß durch die Stöße für eine Konstanz der thermischen Energie ($\frac{1}{2} m v_0^2 = \frac{1}{2} kT$) gesorgt wird. Für das Zeitmittel (viele τ-Intervalle) der Geschwindigkeit erhalten wir

$$\bar{v} = \bar{v}_0 + \frac{1}{\tau} \int_0^\tau \frac{K}{m} t\,dt = \bar{v}_0 + \frac{K}{2m} \tau.$$

[1] Anstatt mit der Stoßzeit τ könnte man auch die folgende Überlegung mit der freien Weglänge $l = v_0 \tau$ durchführen. Bei manchen Anwendungen ist l zweckmäßiger, weil bei Temperaturänderung l eher konstant bleibt als τ.

$\bar{v}_0$ ist aber gleich 0, weil v_0 ebensooft positiv wie negativ ist. Also bleibt $\bar{v} = K\tau/2m$. Andererseits ist die Beweglichkeit B definiert durch $\bar{v} = BK$. Unser Modell liefert also

$$B = \frac{\tau}{2m}.$$

Die Einsteinsche Beziehung $D = BkT$ ist tatsächlich erfüllt. Trotz seiner starren Schematisierung gibt das einfache Modell einen guten Einblick in den dieser wichtigen Relation zugrunde liegenden Mechanismus.

IV. Mathematische Erinnerungen und Beispiele.

A. Aus der Analysis.

1. Kurvendiskussionen.

Bei den Anwendungen der Mathematik in der Physik ist es oft von entscheidender Bedeutung, daß man in der Lage ist, sich vom Verlauf formelmäßig dargestellter Funktionen eine Vorstellung zu verschaffen, ohne daß man sich eine „Wertetabelle" herstellt und ohne daß man nach dem eingelernten Schema durch Nullsetzen des Differentialquotienten die Extremwerte ausrechnet. Dieses „Erschauen" des Funktionsverlaufes sollte man ausgiebig üben. Besonders wichtig ist die Beschreibung des Verhaltens der Funktion „in der Nähe" besonderer Punkte. Die Funktion wird dem Betrachter erst dadurch lebendig, daß man sie nicht als Rezept zur Berechnung einzelner Werte ansieht, sondern im Geiste mit den Fingerspitzen ihrem ganzen Verlauf nachspürt. Ein paar ganz einfache Beispiele mögen diese Art der „Kurvendiskussion" erläutern.

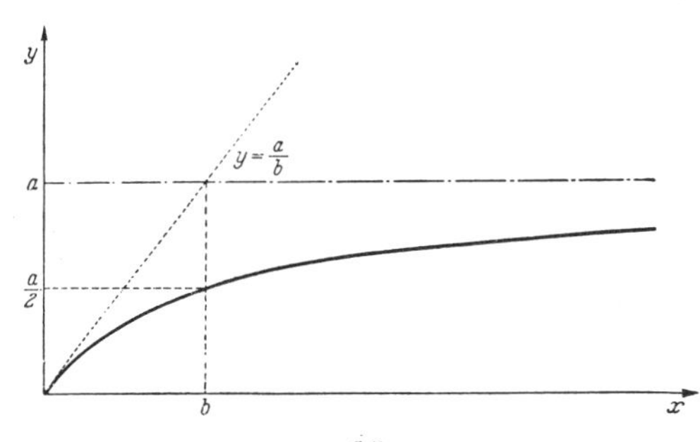

Fig. 81. Die Funktion $y = \frac{ax}{b+x}$ (———). Die Tangente im Nullpunkt ist die Gerade $y = \frac{a}{b}x$ (--------), die Asymptote für große x die Gerade $y = a$ (—·—·—).

Wie verläuft die Kurve $y = \frac{ax}{b+x}$? Anstatt irgendeinen Punkt zu berechnen, betrachten wir das Verhalten für $x \gg b$ und $|x| \ll b$. Für $x \gg b$ spielt das b im Nenner eine untergeordnete Rolle, wir erhalten $y \approx a$ für $x \gg b$. Umgekehrt wird $y = \frac{a}{b}x$ für $x \ll b$. Wir tragen also die Strecke a auf der y-Achse ab und b auf der x-Achse und zeichnen laut Fig. 81 die Geraden $y = \frac{a}{b}x$ und $y = a$. Unsere gesuchte Kurve ist durch die Forderung, daß sie für kleine x mit der ersten und für große mit der zweiten zusammenfallen muß, schon weitgehend festgelegt, wenn man noch den *einen* Punkt $y = a/2$ für $x = b$ wirklich ausrechnet. Setzen Sie selbst diese Diskussion für negative x fort, vor allem das Verhalten in der „Umgebung" von $x = -b$. Was wird aus der Kurve, wenn b selbst sehr klein wird? Offenbar ist dann „fast" immer $y = a$. Aber gerade auf dieses „fast" kommt es an! Will man noch die Güte der Approximation durch die beiden Grenzgeraden unserer Figur abschätzen, so beachte man, daß für $x \gg b$ gilt

$$\frac{1}{b+x} = \frac{1}{x}\,\frac{1}{1+\frac{b}{x}} \approx \frac{1}{x}\left(1-\frac{b}{x}\right), \quad \text{also} \quad y(x) \approx a\left(1-\frac{b}{x}\right),$$

für $|x| \ll b$ dagegen

$$\frac{1}{b+x} \approx \frac{1}{b}\left(1-\frac{x}{b}\right), \quad \text{also} \quad y \approx \frac{a}{b}\,x\left(1-\frac{x}{b}\right).$$

b/x für $x \gg b$ und x/b für $|x| \ll b$ geben also direkt die relativen Abweichungen der richtigen Kurve von den beiden Geraden an.

Diskutieren Sie selbst den Verlauf von

$$y = x + \frac{1}{x}, \qquad y = \frac{x^2-1}{x^2-x-2}\,; \qquad y = 3 + 2x + x^2.$$

Die letzte Kurve wird besonders einfach, wenn man sie in der Form schreibt:

$$y - 2 = (1+x)^2.$$

Bezieht man diese Kurve auf die Koordinaten

$$y' = y - 2; \qquad x' = x + 1,$$

so hat man die einfache Parabel

$$y' = x'^2.$$

Wir haben den Ursprung des Koordinatensystems in den Punkt $\xi = -1$, $\eta = 2$ verschoben (Fig. 82).

Eine solche Verschiebung des Koordinatenursprungs ist auch sehr wirksam bei der Diskussion der Kurve 3. Grades

$$y = x^3 + a x^2 + b x + c,$$

indem man zunächst $x = x' + \xi$ setzt und ξ so bestimmt, daß der Faktor von x'^2 gleich Null wird. Dann setze man $y = y' + \eta$ und bestimme η so, daß für $x' = 0$ auch $y' = 0$ wird. Dann hat unsere Kurve die Gestalt

$$y' = x'^3 + Bx'$$

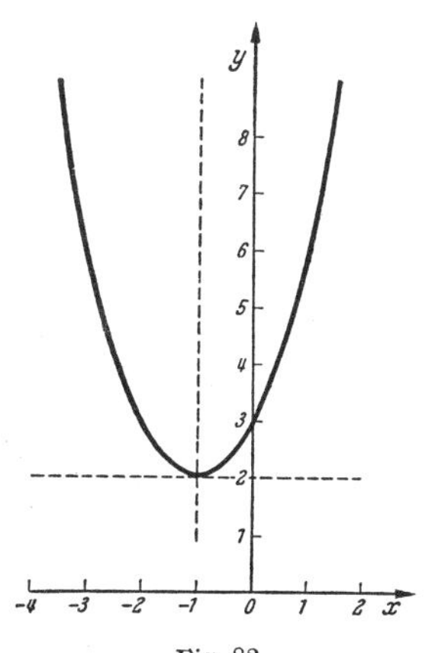

Fig. 82. Verlauf von $y(x) = 3 + 2x + x^2$.

mit der einen Konstanten B, welche die Neigung in der Nähe von $x' = 0$ bestimmt! Wie sieht nun die Kurve $y'(x')$ aus? Diskutieren Sie sie für einige Zahlenwerte für a, b, c selbst durch!

Eine in der Physik wichtige Kurvendiskussion ergibt sich aus der van der Waalsschen Gleichung

$$\left(p + \frac{a}{V^2}\right)(V - b) = RT$$

für reale Gase. Wir fragen hier speziell nach dem Verlauf der Funktion

$$p(V, T) = \frac{RT}{V-b} - \frac{a}{V^2}.$$

Indem wir T festgehalten denken, beschränken wir uns zunächst auf die Diskussion einer Isothermen im p-V-Diagramm. Sowohl für sehr große Werte von V wie auch für V nahe gleich b überwiegt jedenfalls der erste Summand $\frac{RT}{V-b}$. Für den Verlauf dazwischen fragen wir zweckmäßig nach etwa vorhandenen Maxima oder Minima von p, also nach den Nullstellen von

$$\frac{\partial p}{\partial V} = -\frac{RT}{(V-b)^2} + \frac{2a}{V^3} = \frac{2a}{(V-b)^2}\left[\frac{(V-b)^2}{V^3} - \frac{RT}{2a}\right].$$

Man hat also den Verlauf der Funktion $\frac{(V-b)^2}{V^3}$ anzusehen und festzustellen, ob und wo sie den Wert $RT/2a$ erreicht. *Führen Sie die Überlegung* (aber nur qualitativ!) *selbst durch.* Sie erhalten dadurch ohne weitere Rechnung bereits einen guten Überblick über den Verlauf der van-der-Waals-Isothermen für verschiedene T.

2. Die Funktionen e^x, $\sin x$.

Die Funktion $y(x) = e^x$ kann man dadurch definieren, daß $y(0) = 1$ und $dy/dx = y$ ist, daß die Funktion also mit ihrem Differentialquotienten übereinstimmt. Daraus folgt bereits qualitativ ihr Verlauf. Das durch $dy/dx = y$

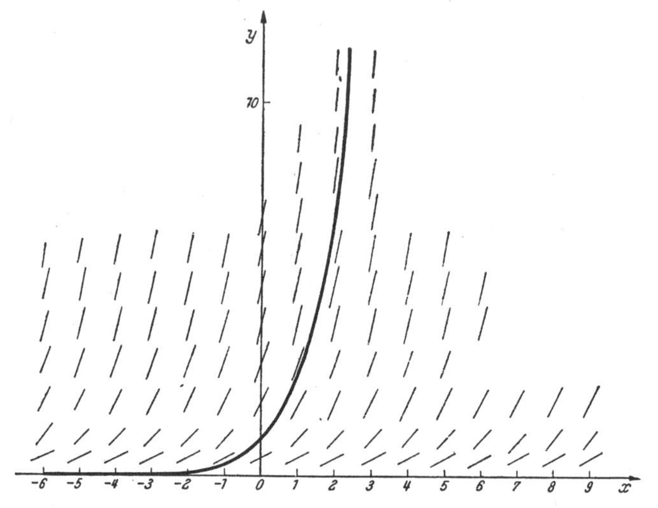

Fig. 83. Das durch $dy/dx = y$ gegebene Richtungsfeld und die Kurve $y = e^x$.

gegebene Richtungsfeld (Fig. 83) gibt die Steigung $\frac{1}{2}$ für $y = \frac{1}{2}$, Steigung 1 für $y = 1$, Steigung 2 für $y = 2$ usw. Damit hat man, ausgehend vom Punkt $x = 0$, $y = 1$, bereits im groben den Verlauf. Aus der Definition folgt bereits für das Verhalten in der „Nähe" von $x = 0$

$$e^x \approx 1 + x \quad \text{für} \quad x \ll 1. \tag{4.1}$$

Das ist eine der wichtigsten Formeln der ganzen Physik. Ich erlebe es immer wieder, daß Studenten, welche ihre Mathematik ganz brav gelernt haben, eine Zahl wie $e^{0,000003} - 1$ nicht berechnen konnten, weil sie keine zehnstellige Logarithmentafel zur Hand hatten.

Zur Herleitung der Potenzreihe für e^x beachten wir zunächst: Wenn eine Funktion $f(x)$ sich in eine Potenzreihe

$$f(x) = a_0 + a_1 x + a_2 x^2 + \cdots \tag{4.2}$$

entwickeln läßt, so ist

$$\left(\frac{d^n f(x)}{dx^n}\right)_{x=0} = n!\, a_n. \tag{4.3}$$

Bis auf den Faktor $n!$ ist also a_n gleich dem Wert der n-ten Ableitung an der Stelle Null. Nach Definition sind aber alle Ableitungen von e^x wieder e^x, also $\left(\frac{d^n e^x}{dx^n}\right)_{x=0} = 1$. Daher ist $n!\, a_n = 1$ für alle n, also

$$e^x = 1 + x + \frac{x^2}{2!} + \frac{x^3}{3!} + \cdots = \sum_{n=0}^{\infty} \frac{x^n}{n!}. \tag{4.4}$$

Daraus ergibt sich der Zahlenwert von e zu

(4.5) $$e = \sum_{n=0}^{\infty} \frac{1}{n!} = 2.718\ldots$$

Eine andere Darstellung der Funktion e^x lautet

(4.6) $$e^x = \lim_{n\to\infty} \left(1 + \frac{x}{n}\right)^n.$$

In der Tat ergibt diese Formel den Wert 1 für x gleich Null, während der Differentialquotient (zunächst für endliches n) $\left(1 + \frac{x}{n}\right)^{n-1} = \left(1 + \frac{x}{n}\right)^n \Big/ \left(1 + \frac{x}{n}\right)$ wird. Dieser geht aber für $n \to \infty$ in $\lim\limits_{n\to\infty} \left(1 + \frac{x}{n}\right)^n$, also wieder in die ursprüngliche Funktion, über.

Rechnen Sie selbst die Zahl $\left(1 + \frac{1}{n}\right)^n$ für $n = 10$, $n = 100$, $n = 1000$ mit der Logarithmentafel aus und überzeugen Sie sich, daß sie sich wirklich einem Grenzwert nähert!

Die Definition der Funktion e^x als Lösung der Differentialgleichung $dy/dx = y$ entspricht ihrer fundamentalen Bedeutung. Man entnimmt daraus, daß die allgemeine Lösung der Differentialgleichung

(4.7) $$\frac{dy}{dx} = \alpha y$$

lauten muß $y = Ce^{\alpha x}$ mit der Integrationskonstanten C, welche den Wert von y für $x = 0$ festlegt. Eine solche Gleichung tritt immer auf, wenn die Zunahme oder Abnahme einer physikalischen Größe dieser Größe selbst proportional ist. Beispiele dafür sind:

Absorption von Licht beim Durchgang durch ein absorbierendes Medium. x sei der zurückgelegte Weg, $I(x)$ die Intensität an der Stelle x, $\beta I\,dx$ die Abnahme von I auf dem kleinen Weg dx (klein heißt hier: es soll $\beta\,dx \ll 1$ sein). Dann wird

(4.8) $$dI = -\beta I\,dx, \quad \text{also} \quad \frac{dI}{dx} = -\beta I, \qquad I = I_0 e^{-\beta x}.$$

Radioaktiver Zerfall. N sei die Zahl der radioaktiven Atome zur Zeit t. Die Wahrscheinlichkeit, daß ein Atom in der sehr kurzen Zeit dt zerfällt, sei $\alpha\,dt$. Dann ist $N\alpha\,dt$ die Zahl der in dt zerfallenen Atome, also $dN = -N\alpha\,dt$ oder

(4.9) $$\frac{dN}{dt} = -\alpha N \quad \text{und} \quad N(t) = N_0 e^{-\alpha t}.$$

Berechnen Sie daraus selbst die mittlere Lebensdauer. Dazu denken Sie sich für jedes einzelne der N_0 Atome die Zeit bis zum Zerfall gemessen und aus allen so gemessenen Zeiten das arithmetische Mittel gebildet.

Entladung eines Kondensators über einen Ohmschen Widerstand. K sei die Kapazität des über den Widerstand R geschlossenen Kondensators, Q_0 seine anfängliche Ladung. Wie groß ist $Q(t)$ zu einer späteren Zeit t? An den Enden von R liegt die Spannung $V = Q/K$, also fließt in ihm der Strom $I = V/R = Q/RK$. In der Zeit dt fließt die Elektrizitätsmenge $I\,dt$ von der einen Kondensatorbelegung zur anderen, um diesen Betrag muß somit Q abnehmen, also wird

(4.9a) $$\frac{dQ}{dt} = -\frac{Q}{RK}$$

und

(4.9b) $$Q = Q_0 e^{-\frac{t}{RK}}.$$

Nach der Zeit $\tau = RK$ ist die Ladung auf $1/e$ ihres Anfangswertes gesunken.

Diskutieren Sie die Funktion e^{-x^2}. Sie ist symmetrisch zur y-Achse, gleich 1 für $x = 0$, gleich $1/e$ für $x = 1$, verläuft in der Nähe von $x = 0$ wie $1 - x^2$ und hat Wendepunkte bei $x = \frac{1}{\sqrt{2}}$. Häufig gebraucht wird die unter ihr liegende Fläche $I = \int\limits_{-\infty}^{+\infty} e^{-x^2}\,dx$. Dies Integral ist elementar nicht direkt auszuwerten, wohl aber das Flächenintegral

$$I^2 = \int\limits_{-\infty}^{+\infty} e^{-x^2}\,dx \int\limits_{-\infty}^{+\infty} e^{-y^2}\,dy = \iint\limits_{-\infty}^{+\infty} e^{-(x^2+y^2)}\,dx\,dy$$

erstreckt über die ganze x-y-Ebene. Mit $x^2 + y^2 = r^2$ wird die zwischen den Kreisen r und $r + dr$ liegende Fläche gleich $2\pi r dr$, also

$$I^2 = \int\limits_0^\infty e^{-r^2}\, 2\pi r\, dr = \pi \int\limits_0^\infty e^{-r^2}\, d(r^2) = \pi .$$

Damit haben wir

$$\int\limits_{-\infty}^{+\infty} e^{-x^2}\,dx = \sqrt{\pi}. \tag{4.10}$$

Daraus folgt

$$\int\limits_{-\infty}^{+\infty} e^{-hx^2}\,dx = \frac{1}{\sqrt{h}} \int\limits_{-\infty}^{+\infty} e^{-y^2}\,dy = \sqrt{\frac{\pi}{h}}.$$

Durch fortgesetztes Differenzieren dieser Gleichung nach h kann man daraus auch die Integrale $\int\limits_{-\infty}^{+\infty} x^2 e^{-x^2}\,dx$, $\int\limits_{-\infty}^{+\infty} x^4 e^{-x^2}\,dx$ usw. gewinnen. Die Funktion e^{-x^2} tritt insbesondere als Gaußsche „Fehlerkurve" auf. Ist

$$w(x)\,dx = \mathrm{Const} \cdot e^{-\frac{(x-x_0)^2}{2s^2}}\,dx \tag{4.11}$$

die Wahrscheinlichkeit dafür, daß ein Meßwert im Intervall x bis $x + dx$ liegt, so ist offenbar der Mittelwert von x gleich x_0. Die „Streuung" (vgl. dazu oben S. 134f.) wird gemessen durch das Mittel des Quadrats $(x - x_0)^2$ der Abweichung vom Mittel. Man erhält

$$\overline{(x-x_0)^2} = \frac{\int (x-x_0)^2\, w(x)\,dx}{\int w(x)\,dx} = \frac{\int (x-x_0)^2\, e^{-\frac{(x-x_0)^2}{2s^2}}\,dx}{\int e^{-\frac{(x-x_0)^2}{2s^2}}\,dx}. \tag{4.12}$$

Mit den neuen Integrationsvariabeln $y = \frac{x - x_0}{\sqrt{2}\,s}$ wird

$$\overline{(x-x_0)^2} = s^2 \cdot 2\,\frac{\int y^2 e^{-y^2}\,dy}{\int e^{-y^2}\,dy} = s^2 \cdot \frac{2 \cdot \frac{\sqrt{\pi}}{2}}{\sqrt{\pi}} = s^2.$$

s^2 in (4.11) gibt also direkt die quadratische Streuung an.

Cosinus und Sinus werden am einfachsten definiert als x- und y-Koordinaten der Punkte des Einheitskreises (Fig. 84), nämlich

$$x = \cos\varphi, \qquad y = \sin\varphi.$$

Geht man auf dem Einheitskreis von P aus unter Vergrößerung von φ um $d\varphi$ zu einem Nachbarpunkt P' über, so hat man $dx = -y\,d\varphi$, $dy = x\,d\varphi$ für die

Änderung der Koordinaten von P. Daraus folgen die Differentialquotienten

(4.13) $$\frac{d(\cos\varphi)}{d\varphi} = -\sin\varphi, \quad \frac{d(\sin\varphi)}{d\varphi} = \cos\varphi,$$

sowie die wichtigen zweiten Differentialquotienten

(4.14) $$\frac{d^2\cos x}{dx^2} = -\cos x, \quad \frac{d^2\sin x}{dx^2} = -\sin x.$$

„Sinus und Cosinus stellen sich beide beim zweimaligen Differenzieren bis auf das Vorzeichen wieder her." Die Differentialgleichung

(4.15) $$\frac{d^2 y}{dx^2} + \alpha^2 y = 0$$

wird also gelöst durch

(4.15a) $y = A\cos\alpha x + B\sin\alpha x$,

wo A und B zwei willkürliche Konstanten bedeuten. Das ist auch bereits die allgemeine Lösung der Gleichung $y'' + \alpha^2 y = 0$, da ja A und B stets so gewählt werden können, daß y und y' für $x = 0$ die vorgegebenen Werte $y(0)$ und $y'(0)$ haben.

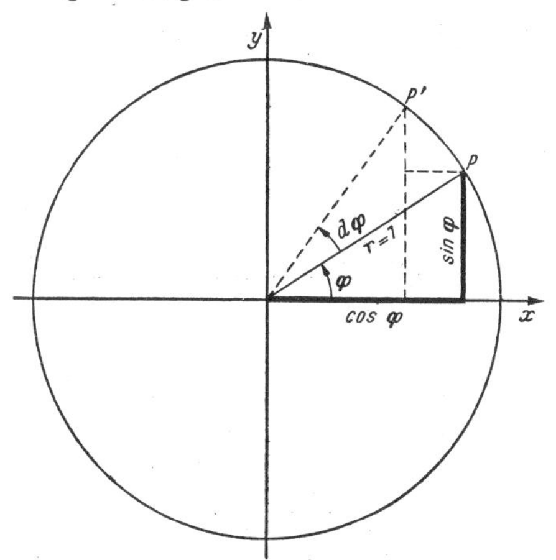

Fig. 84. Zur Definition der Funktionen $\cos\varphi$ und $\sin\varphi$.

Mit (4.13) sind auch alle höheren Ableitungen von $\cos x$ und $\sin x$ bekannt, nach (4.3) also auch die Koeffizienten der zugehörigen Reihenentwicklungen. Sie finden auf diese Weise leicht die Reihen

(4.16) $$\cos x = 1 - \frac{x^2}{2!} + \frac{x^4}{4!} - \cdots$$
$$\sin x = x - \frac{x^3}{3!} + \frac{x^5}{5!} - \cdots$$

3. Komplexe Zahlen.

Die Zahl i ist dadurch definiert, daß $i^2 = -1$ ist. Einer komplexen Zahl $Z = x + iy$ (x und y sind reell) pflegt man einen Punkt in einer x-iy-Ebene (der komplexen Zahlenebene) zuzuordnen. Man rechnet mit i wie mit einer gewöhnlichen Zahl. Sobald i^2 auftaucht, setzt man dafür -1. So ist z. B. $i^3 = -i$, $i^4 = 1$ usw., ferner

$$(x + iy)^2 = x^2 - y^2 + 2ixy.$$

Für das Reziproke von Z hat man

$$\frac{1}{Z} = \frac{1}{x + iy} = \frac{x - iy}{(x + iy)(x - iy)} = \frac{x - iy}{x^2 + y^2}.$$

Bei all diesen algebraischen Operationen erhält man immer wieder eine Zahl der Form $A + iB$, d. h. eine in der komplexen Zahlenebene liegende Zahl. Addition zweier komplexer Zahlen Z und Z' ist gleichbedeutend mit der vektormäßigen Addition der vom Ursprung nach Z und Z' führenden Vektoren:

$$(x + iy) + (x' + iy) = x + x' + i(y + y').$$

Ersetzt man in irgendeiner Funktion $f(a, b, c, i)$, welche außer von i noch von reellen Zahlen a, b, c abhängt, i durch $-i$, so erhält man die konjugiert komplexe Funktion

(4.17) $$f^*(i, a, b, c) = f(-i, a, b, c).$$

Da $(-i)^2 = i^2 = -1$ ist, so muß, wenn $f = A + iB$ ist, $f^* = A - iB$ sein, d. h. f^* geht aus f durch Spiegelung an der x-Achse hervor (Fig. 85). Also ist $f + f^*$ sicher reell, ebenso ist $f - f^*$ sicher rein imaginär. Durch die Identität

$$f = \tfrac{1}{2}(f + f^*) + \tfrac{1}{2}(f - f^*) \tag{4.18}$$

haben wir also die Zerlegung einer beliebigen komplexen Größe f in Real- und Imaginärteil geleistet.

Eine systematische Behandlung des Verhaltens von Funktionen in der komplexen Ebene ist Gegenstand der Funktionentheorie. Einige Teilergebnisse dieser Theorie sind für die Physik unentbehrlich, obwohl man billigerweise

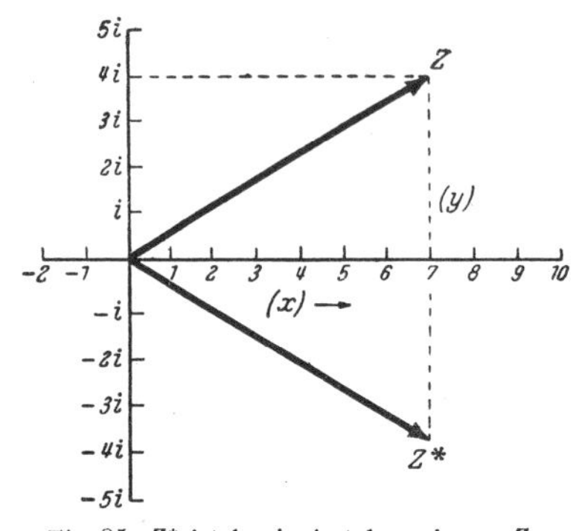

Fig. 85. Z^* ist konjugiert komplex zu Z. (Spiegelung an der reellen Achse.)

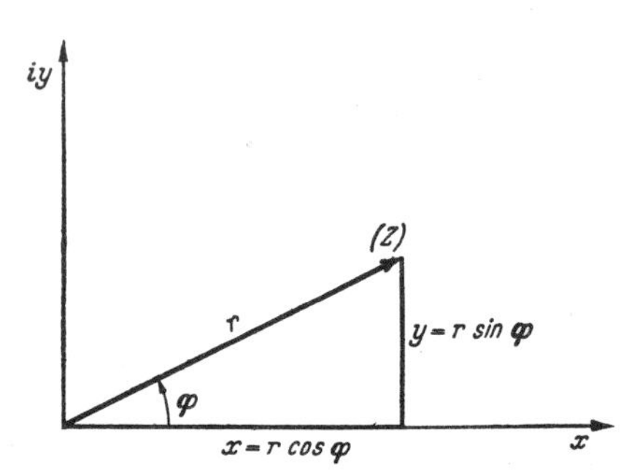

Fig. 86. Polarkoordinaten in der komplexen Ebene. $Z = x + iy = re^{i\varphi}$.

nicht von jedem Physiker eine vollständige Beherrschung dieser herrlichen Theorie fordern kann. Eine der praktisch wichtigsten Formeln ist das **Moivre**sche Theorem:

$$e^{ix} = \cos x + i \sin x. \tag{4.19}$$

Man erhält es am einfachsten aus der Potenzreihe für e^{ix}:

$$\begin{aligned} e^{ix} &= 1 + \frac{ix}{1!} + \frac{(ix)^2}{2!} + \frac{(ix)^3}{3!} + \cdots \\ &= 1 - \frac{x^2}{2!} + \frac{x^4}{4!} \cdots \\ &\quad + i\left(\frac{x}{1!} - \frac{x^3}{3!} + \frac{x^5}{5!} - \cdots\right) \end{aligned}$$

und Berücksichtigung der Reihen (4.16).

Aus dem Theorem folgt unmittelbar

$$\cos x = \frac{e^{ix} + e^{-ix}}{2}, \qquad i \sin x = \frac{e^{ix} - e^{-ix}}{2}. \tag{4.20}$$

Die erste bedeutsame Konsequenz dieses Theorems ist die Darstellung einer komplexen Zahl Z durch Polarkoordinaten in der x-y-Ebene:

$$Z = x + iy = r(\cos\varphi + i \sin\varphi) = re^{i\varphi}. \tag{4.21}$$

Bei dieser Schreibweise wird die Multiplikation von zwei Zahlen $Z = re^{i\varphi}$, $Z' = r'e^{i\varphi'}$ besonders durchsichtig:

$$ZZ' = rr'e^{i(\varphi + \varphi')}. \tag{4.22}$$

Wie man sieht, werden bei der Multiplikation die Beträge r und r' multipliziert, die Argumente φ und φ' dagegen addiert.

Eine primitive Anwendung ist die Herleitung der elementaren trigonometrischen Formeln, mit welchen man sich in der Schule so plagen muß. Zum Beispiel ist

$$e^{i(\alpha+\beta)} = \cos(\alpha+\beta) + i\sin(\alpha+\beta)$$

gleich $e^{i\alpha}e^{i\beta}$, also auch gleich

$$(\cos\alpha + i\sin\alpha)(\cos\beta + i\sin\beta) = \cos\alpha\cos\beta - \sin\alpha\sin\beta + \\ + i(\sin\alpha\cos\beta + \cos\alpha\sin\beta),$$

woraus man die alten Schulformeln abliest:

$$\cos(\alpha+\beta) = \cos\alpha\cos\beta - \sin\alpha\sin\beta,$$
$$\sin(\alpha+\beta) = \sin\alpha\cos\beta + \cos\alpha\sin\beta.$$

Setzt man $\alpha + \beta = u$ und $\alpha - \beta = v$, so folgt daraus z. B.

$$\cos u + \cos v = 2\cos\frac{u+v}{2}\cos\frac{u-v}{2}.$$

Man kann diese Formel auch direkt gewinnen durch die Bemerkung, daß

$$e^{iu} = e^{i\frac{u+v}{2}} \cdot e^{i\frac{u-v}{2}}$$

ist.

Komplexe Zahlen werden in der Praxis häufig zur Beschreibung von Schwingungsvorgängen benutzt. Ist C eine beliebige komplexe Zahl, so geht die Zahl

(4.23) $$Z(t) = Ce^{i\omega t}$$

aus C durch Drehung um den Winkel $\varphi = \omega t$ hervor. $Z(t)$ beschreibt also eine Bewegung auf dem Kreis vom Radius $|C|$ mit der Winkelgeschwindigkeit ω. Je nachdem, ob man für C die Darstellung

$$C = A + iB \quad \text{oder} \quad C = C_0 e^{i\gamma}$$

wählt, erhält man für $Z(t)$ die Zerlegung

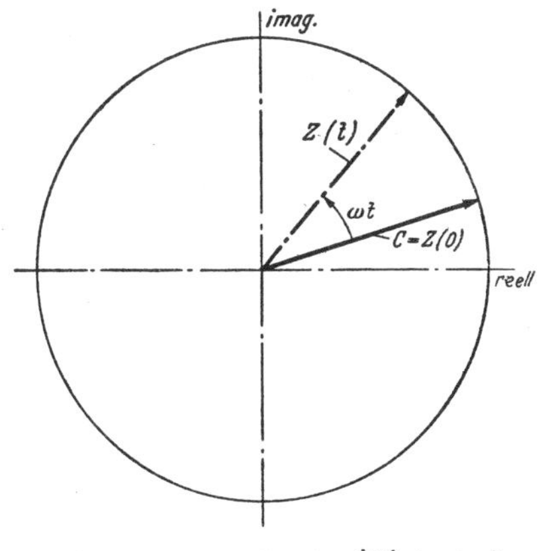

Fig. 87. Die durch $Z = C \cdot e^{i\omega t}$ beschriebene Bewegung in der komplexen Ebene.

$$Z(t) = A\cos\omega t - B\sin\omega t + i(A\sin\omega t + B\cos\omega t)$$

oder

(4.24) $$Z(t) = C_0[\cos(\omega t + \gamma) + i\sin(\omega t + \gamma)].$$

Sowohl der Realteil wie auch der Imaginärteil von Z (das sind die Projektionen von Z auf die x- bzw. y-Achse) stellen harmonische Schwingungen dar. In der Tat ist (4.23) eine Lösung der Schwingungsgleichung

(4.25) $$\frac{d^2Z}{dt^2} + \omega^2 Z = 0,$$

welche sich im Komplexen oft einfacher behandeln läßt als im Reellen. Setzt man hier nämlich versuchsweise als Lösung die Exponentialfunktion

(4.25a) $$Z = e^{\alpha t}$$

ein, so geht die Differentialgleichung in eine algebraische Gleichung für α, nämlich

(4.28b) $$\alpha^2 + \omega^2 = 0$$

über, welche die beiden Lösungen

(4.25c) $$\alpha = +i\omega \quad \text{und} \quad \alpha = -i\omega$$

besitzt. Die allgemeine Lösung lautet mit zwei komplexen Zahlen C und D also

(4.25d) $$Z(t) = Ce^{i\omega t} + De^{-i\omega t}.$$

Soll die Lösung reell sein, so sind die Zahlen C und D nicht mehr frei wählbar, vielmehr muß dann $Z = Z^*$ sein, d. h.

$$Ce^{i\omega t} + De^{-i\omega t} = C^* e^{-i\omega t} + D^* e^{+i\omega t},$$

es muß also $D = C^*$ sein (D konjugiert komplex zu C). Mit

$$C = C_0 e^{i\gamma}$$

haben wir so als allgemeinste reelle Lösung

(4.25e) $$Z(t) = C_0[e^{i(\omega t+\gamma)} + e^{-i(\omega t+\gamma)}] = 2C_0 \cos(\omega t + \gamma)$$

mit den *zwei* Integrationskonstanten C_0 (Amplitude) und γ (Phase).

4. Drehung eines ebenen Koordinatensystems, Coriolis- und Zentrifugalkraft.

Es sei P ein Punkt in der x-y-Ebene mit den Koordinaten x, y. Nun drehen wir das Koordinatensystem um den Winkel α. Gesucht sind die Koordinaten x', y' von P in bezug auf das neue Koordinatensystem (Fig. 88). Fasse ich die beiden Ebenen als komplexe Zahlenebenen auf und kennzeichne die Lage von P in ihnen durch die Zahlen

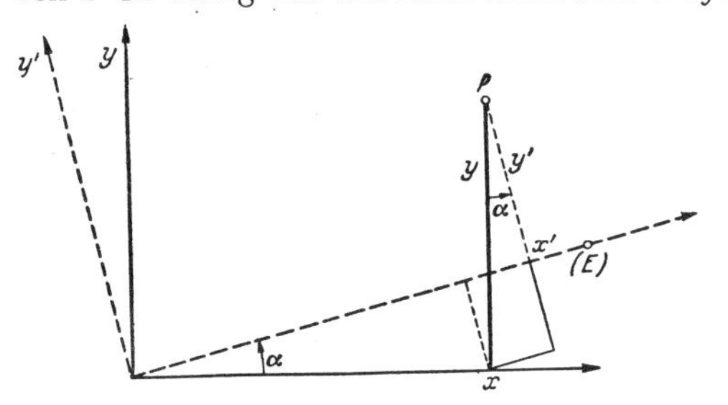

Fig. 88. Drehung des Koordinatensystems.

$$Z = x + iy$$

und

$$Z' = x' + iy',$$

so haben Z und Z' den gleichen Betrag, nur das Argument von Z' ist um den Winkel α kleiner als dasjenige von Z. Daraus folgt sogleich

(4.26) $$Z' = Ze^{-i\alpha}, \quad x' + iy' = (x + iy)(\cos\alpha - i\sin\alpha).$$

Es gelten also die beiden reellen Gleichungen

(4.27) $$x' = x\cos\alpha + y\sin\alpha, \quad y' = -x\sin\alpha + y\cos\alpha.$$

Wie man sieht, läßt sich diese Drehung im Komplexen viel einfacher beschreiben als im Reellen. Eine lehrreiche Anwendung dieser Betrachtung bietet die Ableitung der *Coriolis*- und der *Zentrifugalkraft.*

Wir stellen uns unter P einen wirklichen Massenpunkt vor, der sich unter der Wirkung einer gegebenen Kraft mit den Komponenten K_x und K_y in der x-y-Ebene nach den Newtonschen Gleichungen

$$m\ddot{x} = K_x,$$
$$m\ddot{y} = K_y$$

bewegen möge. Unter Einführung von $Z = x + iy$ und der komplexen „Kraft" $K = K_x + iK_y$ können wir diese beiden Gleichungen auch in die eine komplexe Gleichung

(4.28) $$m\ddot{z} = K$$

zusammenfassen. Nun setzen wir einen Beobachter auf eine Drehscheibe, welche mit der Winkelgeschwindigkeit ω rotiert, und beauftragen ihn, die Bewegung von P in seinem Koordinatensystem zu beschreiben. Setzen wir in Fig. 88 $\alpha = \omega t$, so stellen die x'-y'-Achsen ein mit der Drehscheibe fest verbundenes Koordinatensystem dar. Die Verknüpfung zwischen Z und Z' lautet jetzt also

$$Z = Z' e^{i\omega t}; \quad \text{somit} \quad \dot{Z} = \dot{Z}' e^{i\omega t} + Z' i\omega e^{i\omega t}$$

und

$$\ddot{Z} = \ddot{Z}' e^{i\omega t} + 2m\dot{Z}' i\omega e^{i\omega t} - mZ' \omega^2 e^{i\omega t}.$$

Setzen wir das in $m\ddot{Z} = K$ ein, multiplizieren mit $e^{-i\omega t}$ und beachten, daß $K' = Ke^{-i\omega t}$ die Komponenten von K im gestrichenen System bedeuten, so erhalten wir

$$m\ddot{Z}' = K' - 2mi\dot{Z}'\omega + mZ'\omega^2.$$

Der rotierende Beobachter muß danach zu dem Schluß kommen, daß außer der Kraft K' noch zwei weitere Kräfte auf P wirken. Gehen wir zur reellen Schreibweise zurück $(Z' = x' + iy')$, so haben wir auf der Drehscheibe die Bewegungsgleichungen

$$(4.29) \quad m\ddot{x}' = K'_x + 2m\dot{y}'\omega + mx'\omega^2, \qquad m\ddot{y}' = K'_y - 2m\dot{x}'\omega + my'\omega^2.$$

Der letzte Summand ist die nach außen gerichtete Zentrifugalkraft vom Betrage $mr\omega^2$.

Die andere Zusatzkraft heißt Corioliskraft. Sie steht senkrecht auf der Geschwindigkeit. Faßt man $\vec{\omega}$ als einen in die z-Richtung weisenden Vektor auf, so kann man die Corioliskraft $\mathfrak{C}$ auch beschreiben als $\mathfrak{C} = -2m[\vec{\omega}, \mathfrak{v}]$. Um ihre Wirkung an einem drastischen Fall zu erkennen, stellen wir uns einen Jäger vor, der genau auf dem Nordpol der Erde steht und einen in der Ferne sichtbaren Eisbären schießen will. Wenn er beim Schuß gerade auf den Bären zu hält und seine Kugel nicht zu schnell fliegt, so wird er vorbeischießen, weil durch die Erddrehung der Bär während der Flugzeit der Kugel aus der Schußlinie herausgedreht wurde. Wenn aber der Jäger nichts von der Erddrehung weiß, so muß er angesichts seines Mißerfolgs zu dem Schluß kommen, daß irgendeine Kraft am Werke ist, welche seine Flintenkugel aus ihrer geradlinigen Bahn ablenkt. Diese Kraft ist gerade die Corioliskraft.

5. Weitere Kurvendiskussion.

In der x-y-Ebene soll die Kurve

$$Ax^2 + 2Bxy + Cy^2 = 1$$

diskutiert werden. Zu diesem Zweck führen wir Polarkoordinaten φ, r durch

$$x = r\cos\varphi \quad \text{und} \quad y = r\sin\varphi$$

ein. In ihnen lautet die Gleichung

$$A\cos^2\varphi + 2B\cos\varphi\sin\varphi + C\sin^2\varphi = \frac{1}{r^2}.$$

Dieser Zusammenhang zwischen r und φ wird viel durchsichtiger, wenn wir mittels

$$\sin 2\varphi = 2\sin\varphi\cos\varphi; \quad \begin{aligned} \cos^2\varphi &= \tfrac{1}{2}(1 + \cos 2\varphi), \\ \sin^2\varphi &= \tfrac{1}{2}(1 - \cos 2\varphi) \end{aligned}$$

zum doppelten Winkel φ übergehen. Dann erhält man

$$\frac{1}{r^2} = \frac{A+C}{2} + \frac{A-C}{2}\cos 2\varphi + B\sin 2\varphi.$$

Jetzt führen wir noch den Winkel η und eine neue Konstante b ein durch

$$\frac{A-C}{2} = b\cos 2\eta \qquad b = \sqrt{\left(\frac{A-C}{2}\right)^2 + B^2}.$$
$$B = b\sin 2\eta$$

Mit den Zahlen $a = \frac{A+C}{2}$, sowie b und η wird also

$$\frac{1}{r^2} = a + b\cos 2(\varphi - \eta).$$

Diskutieren Sie selbst den durch diese Gleichung gegebenen Zusammenhang zwischen r und φ, indem Sie $1/r^2$ als Funktion von φ auftragen. Für positive a

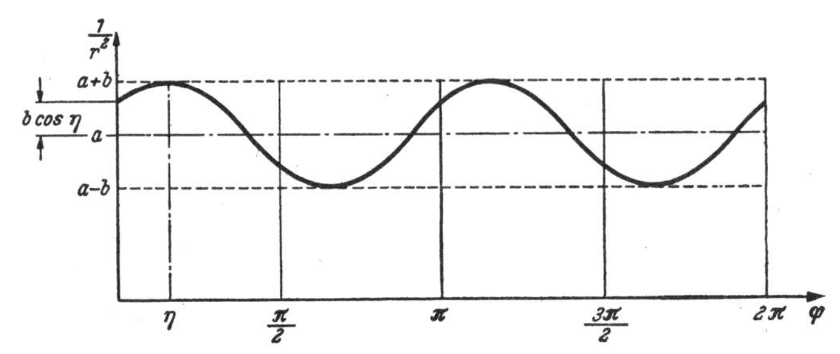

Fig. 89. Zur Diskussion der Kurve $Ax^2 + 2Bxy + Cy^2 = 1$.

und $b < a$ wird $1/r^2$ für alle φ endlich und positiv. Wir haben eine Ellipse mit den Halbachsen $r_1 = \frac{1}{\sqrt{a+b}}$, $r_2 = \frac{1}{\sqrt{a-b}}$. Für $b > a$ dagegen existiert für gewisse Bereiche von φ kein reeller Wert für r. Das gibt natürlich Hyperbeln.

Wir betrachten nun *einige andere Kurven*. Wie verlaufen die Kurven $y = \sin^2 x$, $\sin^4 x$? Bitte dazu keine Punkte berechnen, sondern unmittelbar aus dem Anblick der Kurve $\sin x$ heraus die neuen Kurven qualitativ zeichnen.

Wie verläuft die Kurve $y = \sin x/x$, insbesondere in der Nähe von $x = 0$? Hier gibt $x = 0$ zunächst den sinnlosen Wert $0/0$. Bitte gewöhnen Sie sich daran, in solchen Fällen nach dem Verhalten in der *Nähe* von $x = 0$, d. h. für kleine Werte von x, zu fragen. Für kleine Werte von x gilt doch

$$\sin x \approx x - \frac{x^3}{3!},$$

also wird für kleine x

$$\frac{\sin x}{x} \approx 1 - \frac{x^2}{6}.$$

Das ist eine nach unten geöffnete Parabel mit dem Scheitel in $x = 0$; $y = 1$. Im übrigen hat natürlich $\sin x/x$ die gleichen Nullstellen $x = n\pi$ wie $\sin x$. Für $x > \pi$ erhalten wir also eine Sinuskurve mit nach außen abnehmender Amplitude.

Wir berechnen noch das für manche Zwecke wichtige Integral

$$I = \int_0^\infty \frac{\sin x}{x}\, dx.$$

Das gelingt auf dem Umweg über ein Doppelintegral. Es ist doch $\frac{1}{x} = \int_0^\infty e^{-\alpha x}\, d\alpha$. Also wird I auch

$$I = \int_0^\infty d\alpha \int_0^\infty e^{-\alpha x} \sin x\, dx.$$

Setzt man hier
$$\sin x = \frac{1}{2i}(e^{ix} - e^{-ix}),$$
so bereitet die Integration keine Schwierigkeit mehr. Man erhält
$$I = \int_0^\infty \frac{d\alpha}{1+\alpha^2} = [\operatorname{arc\,tg} \alpha]_0^\infty = \frac{\pi}{2}.$$
Da $\sin x/x$ eine gerade Funktion ist, hat man auch
$$\int_{-\infty}^{+\infty} \frac{\sin x}{x}\, d x = \pi.$$
Daraus ergibt sich eine merkwürdige andere Formel. Betrachtet man die Identität
$$\frac{d}{dx}\,\frac{\sin^2 x}{x} = \frac{2\sin x \cos x}{x} - \frac{\sin^2 x}{x^2}$$
und integriert diese Gleichung von $-\infty$ bis $+\infty$, so resultiert (wegen $2\sin x \cos x = \sin 2x$), daß auch
$$\int_{-\infty}^{+\infty} \left(\frac{\sin x}{x}\right)^2 d x = \pi$$
ist.

Die *Schwebungskurve.* Zwei Töne von den nahe benachbarten Frequenzen ω_1 und ω_2 werden überlagert. Wie sieht die Amplitude des resultierenden Tones
$$s(t) = \cos \omega_1 t + \cos \omega_2 t$$
als Funktion von t aus? Zur einfachsten Diskussion beziehen wir uns auf die mittlere Frequenz $\omega = \frac{\omega_1 + \omega_2}{2}$, führen wir noch die „Verstimmung" $\eta = \frac{\omega_1 - \omega_2}{2}$

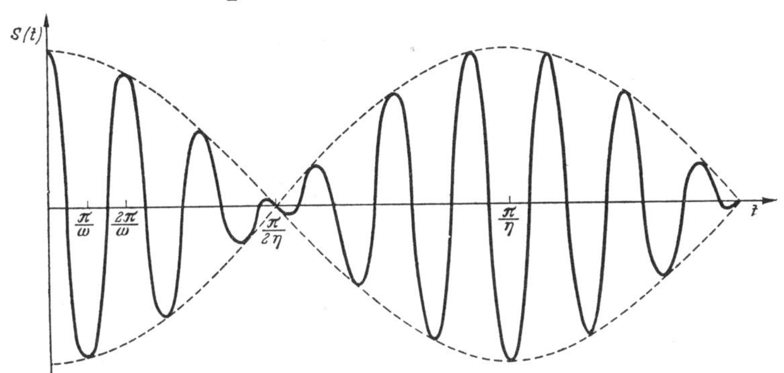

Fig. 90. Die Schwebungskurve.

ein, so wird $\omega_1 = \omega + \eta$ und $\omega_2 = \omega - \eta$. Gehen wir weiterhin zur komplexen Schreibweise über, so wird also
$$s(t) = \text{Realteil von } \{e^{i(\omega+\eta)t} + e^{i(\omega-\eta)t}\}$$
$$= \text{Realteil von } \{e^{i\omega t}(e^{i\eta t} + e^{-i\eta t})\},$$
also
$$s(t) = 2\cos \eta t \cos \omega t.$$

Damit haben wir das Phänomen der Schwebung formelmäßig vor uns. Nach Voraussetzung ist ja $\eta \ll \omega$. Also können wir $s(t)$ auffassen als eine Kurve $2\cos\omega t$, deren Amplitude jedoch mit der Frequenz η moduliert ist (Fig. 90). Man hört tatsächlich den einen Ton ω, jedoch mit dem bekannten an- und abschwellenden Intensitätsverlauf. *Untersuchen Sie selbst,* in welcher Weise die $s(t)$-Kurve durch das Minimum bei $t = \pi/2\eta$ hindurchläuft.

6. Näherungen für $n!$ und $\binom{N}{n}$. Die Stirlingsche Formel.

In der Statistik spielt die Größe

$$n! = 1 \cdot 2 \cdot 3 \cdots n \tag{4.30}$$

eine große Rolle. Insbesondere interessiert ein Näherungsausdruck von $n!$ für große Werte von n. Man gewinnt ihn am einfachsten, indem man den Logarithmus betrachtet:

$$\lg n! = \lg 1 + \lg 2 + \cdots \lg n.$$

In Fig. 91 ist über x als Abszisse die Kurve $y = \lg x$ aufgetragen. Für den gezeichneten Fall $n = 6$ ist danach $\lg 6!$ gleich der Fläche unter der Treppe. Diese Fläche besteht aus der Fläche unter der Kurve $\lg x$ und den aufgesetzten drei-

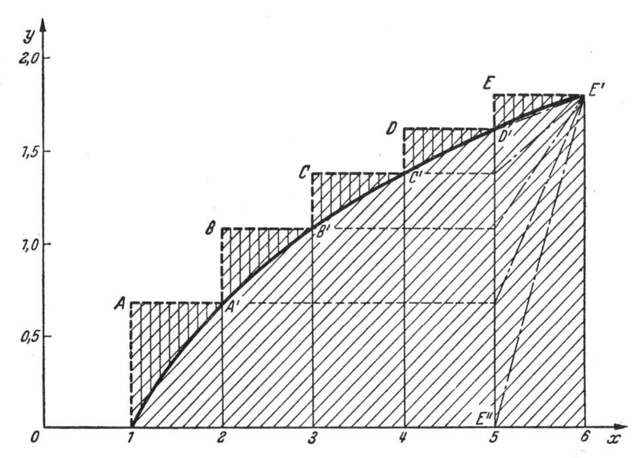

Fig. 91. Zur Ableitung der Stirlingschen Formel.

eckigen Flächenstücken. Wenn wir näherungsweise diese Flächenstücke als richtige Dreiecke auffassen dürfen, so ergibt sich für die Summe ihrer Flächen einfach $\frac{1}{2} \lg n$, denn die Grundlinien der Dreiecke sind alle gleich 1, die Summe ihrer Höhen aber gleich $\lg n$. Danach hätten wir

$$\lg n! \cong \int_1^n \lg x\, dx + \tfrac{1}{2} \lg n = n \lg n - n + 1 + \tfrac{1}{2} \lg n$$

oder

$$n! \cong n^n e^{-n} \sqrt{n} \cdot e. \tag{4.31}$$

Offenbar ist dieser Ausdruck etwas zu groß, und zwar um die Fläche derjenigen „Linsen", welche von der lg-Kurve und dem geknickten Linienzug $1—A'—B'—C'—D'—E'$ begrenzt wird. Man könnte auch diese noch abschätzen und so die Näherung verbessern.

Statt dessen betrachten wir eine ganz andere Methode zur Abschätzung. Wir gehen aus von der Gleichung

$$n! = \int_0^\infty e^{-z} \cdot z^n\, dz, \tag{4.32}$$

deren Richtigkeit man durch fortgesetzte partielle Integration leicht bestätigt. Der Verlauf des Integranden $e^{-z} z^n$ als Funktion von z wurde bei der Diskussion der Maxwellschen Geschwindigkeitsverteilung auf S. 127 bereits ausführlich diskutiert. Er hat bei großen Werten von n ein sehr steiles Maximum bei $z = n$.

Es liegt daher nahe, $z - n = \zeta$ als neue Integrationsvariable einzuführen, in der Erwartung, daß die Umgebung von $\zeta = 0$ den entscheidenden Beitrag zum Wert des Integrals liefern wird. Mit $z = n + \zeta$ wird zunächst

$$n! = e^{-n} n^n \int_{-n}^{\infty} e^{-\zeta} \left(1 + \frac{\zeta}{n}\right)^n d\zeta .$$

Der Logarithmus des jetzt noch verbleibenden Integranden ist

$$-\zeta + n \lg\left(1 + \frac{\zeta}{n}\right) = -\zeta + n\left(\frac{\zeta}{n} - \frac{1}{2}\frac{\zeta^2}{n^2} + \cdots\right) = -\frac{\zeta^2}{2n} + \cdots .$$

Der Integrand ist nur in der Umgebung von $\zeta = 0$ wesentlich von Null verschieden. (Wir unterlassen hier bewußt eine strengere Formulierung dieses Satzes, was für eine schärfere Fassung unserer Näherung unerläßlich wäre.) Wenn wir unsere Reihe mit dem ersten Glied abbrechen, haben wir

$$\int_{-n}^{+\infty} e^{-\zeta}\left(1 + \frac{\zeta}{n}\right)^n d\zeta \approx \int_{-\infty}^{+\infty} e^{-\frac{\zeta^2}{2n}} d\zeta = \sqrt{2\pi n}$$

und damit die Stirlingsche Formel

$$n! \approx e^{-n} \cdot n^n \cdot \sqrt{2\pi n}. \tag{4.33}$$

Gegenüber unserer (schlechteren) geometrischen Abschätzung ist $e = 2{,}718$ ersetzt durch $\sqrt{2\pi} = 2{,}507$.

Eine Anwendung der Stirlingschen Formel besteht in einer Abschätzung der Binomialkoeffizienten

$$\binom{N}{n} = \frac{N!}{n!\,(N-n)!} \tag{4.34}$$

für große Werte von N und n. Aus der Identität

$$(1+1)^N = \sum_{n=0}^{N} \binom{N}{n} = 2^N \tag{4.35}$$

kennt man auf jeden Fall die Summe aller $\binom{N}{n}$. Mit der Stirlingschen Formel wird nun

$$\frac{N!}{n!\,(N-n)!} = \frac{N^N \cdot \sqrt{2\pi N}}{n^n (N-n)^{N-n}\, 2\pi \sqrt{n\,(N-n)}} .$$

Wir setzen hier $n = \frac{N}{2} + \nu$, also $N - n = \frac{N}{2} - \nu$, und erhalten durch einfaches Einsetzen

$$\frac{N!}{\left(\frac{N}{2}+\nu\right)!\left(\frac{N}{2}-\nu\right)!} = \frac{1}{\sqrt{2\pi N}} \cdot 2^N \frac{1}{\left(1+\frac{2\nu}{N}\right)^{\frac{N}{2}+\nu}\left(1-\frac{2\nu}{N}\right)^{\frac{N}{2}-\nu}\frac{1}{2}\sqrt{1-\left(\frac{2\nu}{N}\right)^2}} .$$

Für kleine ν/N wird nun z. B.

$$\begin{aligned}\lg\left\{\left(1+\frac{2\nu}{N}\right)^{\frac{N}{2}+\nu}\right\} \approx \left(\frac{N}{2}+\nu\right)\left(\frac{2\nu}{N} - \frac{1}{2}\left(\frac{2\nu}{N}\right)^2\cdots\right) &= \nu + \frac{2\nu^2}{N} - \frac{\nu^2}{N}\cdots \\ &= \nu + \frac{\nu^2}{N} .\end{aligned}$$

Auf diese Weise resultiert schließlich

$$\binom{N}{n} \approx \frac{2^N}{\sqrt{2\pi N}} \cdot 2 \cdot e^{-\frac{2\nu^2}{N}} = \frac{2^N}{\sqrt{\pi}} \sqrt{\frac{2}{N}}\, e^{-\frac{2\nu^2}{N}}; \quad \nu = n - \frac{N}{2}, \tag{4.36}$$

für den Verlauf von $\binom{N}{n}$ in der Umgebung des bei $n = \frac{1}{2} N$ liegenden Maximums. Wie zu verlangen war, gilt für unsere Näherung mit $\binom{N}{n} = F(\nu)$

$$\int_{-\infty}^{+\infty} F(\nu)\, d\nu = 2^N.$$

Schließlich noch eine einfache statistische Anwendung. Gegeben sei ein großer Sack mit gleich vielen roten und weißen Kugeln. Sie greifen willkürlich N Kugeln heraus und fragen nach der Wahrscheinlichkeit $W(n)$ dafür, daß unter diesen N gerade n rote Kugeln sind. Dann ist, wie oben auf S. 135 begründet wurde,

$$W(n) = \frac{1}{2^N} \binom{N}{n}. \tag{4.37}$$

Für nicht zu kleine N beträgt also die Wahrscheinlichkeit $W(\nu)$ dafür, daß n um ν von $\frac{1}{2} N$ abweicht[1]:

$$W(\nu) = \frac{\sqrt{2}}{\sqrt{\pi N}}\, e^{-\frac{2\nu^2}{N}}. \tag{4.38}$$

Für die quadratische Streuung haben wir also

$$\overline{\nu^2} = \int_{-\infty}^{+\infty} \nu^2\, W(\nu)\, d\nu = \frac{N}{4}. \tag{4.39}$$

Für das Quadrat des Verhältnisses der Abweichung vom Durchschnittswert zu diesem Durchschnittswert $\frac{1}{2} N$ selbst, d. h. also für die relative Streuung, haben wir damit wieder die alte Grundformel der Statistik

$$\overline{\left(\frac{\nu}{N/2}\right)^2} = \frac{1}{N}.$$

Die relative Streuung $\frac{\sqrt{\overline{\nu^2}}}{N/2}$ ist gleich $\frac{1}{\sqrt{N}}$.

B. Aus der Vektorrechnung.

1. Vektoralgebra.

Unter einem Vektor versteht man eine gerichtete Größe, wie wir am Beispiel Kraft, Geschwindigkeit usw. gesehen haben. Wir kennzeichnen ihn durch deutsche Buchstaben ($\mathfrak{K}$, $\mathfrak{A}$, $\mathfrak{v}$ usw.) oder auch durch einen quer über den Buchstaben gesetzten Pfeil ($\vec{K}$, $\vec{A}$, $\vec{v}$, ...). Zur quantitativen Beschreibung eines Vektors $\mathfrak{A}$ braucht man drei Zahlenangaben, z. B. seine Komponenten A_x, A_y, A_z. Der Betrag oder die Länge eines Vektors $\mathfrak{A}$ kennzeichnet man durch $|\mathfrak{A}|$ oder auch A. Es gilt

$$A = |\mathfrak{A}| = \sqrt{A_x^2 + A_y^2 + A_z^2}. \tag{4.40}$$

Gleichheit zweier Vektoren bedeutet Übereinstimmung in allen drei Zahlenangaben. Schreibt man z. B. $\mathfrak{A} = \mathfrak{B}$, so meint man damit die *drei* Gleichungen

$$\begin{aligned} A_x &= B_x, \\ A_y &= B_y, \\ A_z &= B_z. \end{aligned} \tag{4.41}$$

[1] Das Spiel mit den Kugeln läßt sich unmittelbar auf unser Diffusionsmodell (S. 144) übertragen. Rot bedeutet etwa einen Schritt nach rechts, Weiß einen nach links. Mit $s = 2 v_0 \tau \cdot \nu$ erhalten Sie direkt die dort angegebene Formel für $w(s)\, ds$.

Man hat folgende Rechenregeln mit Vektoren verabredet:

1. *Addition.* Den Vektor $\mathfrak{A} + \mathfrak{B}$ erhält man durch Anfügen von $\mathfrak{B}$ an das Ende von $\mathfrak{A}$. Er weist dann vom Anfang des $\mathfrak{A}$-Vektors zum Ende von $\mathfrak{B}$. Die Komponenten von $\mathfrak{A} + \mathfrak{B}$ sind

$$A_x + B_x, \quad A_y + B_y, \quad A_z + B_z. \tag{4.42}$$

2. *Multiplikation mit einer Zahl a* gibt einen Vektor der gleichen Richtung vom a-fachen Betrage. Die Komponenten von $a\mathfrak{B}$ sind

$$a B_x, \quad a B_y, \quad a B_z. \tag{4.43}$$

3. *Skalare Multiplikation zweier Vektoren.* Wir bezeichnen das Skalarprodukt mit $(\mathfrak{A}, \mathfrak{B})$. Es wurde bereits auf S. 24 eingeführt als

$$(\mathfrak{A}, \mathfrak{B}) = |\mathfrak{A}| \cdot |\mathfrak{B}| \cdot \cos(\mathfrak{A}, \mathfrak{B}). \tag{4.44}$$

In Komponentendarstellung wird

$$(\mathfrak{A}, \mathfrak{B}) = A_x B_x + A_y B_y + A_z B_z. \tag{4.45}$$

Wenn A und B ungleich Null ist, so ist $(\mathfrak{A}, \mathfrak{B})$ nur dann gleich Null, wenn die beiden Vektoren aufeinander senkrecht stehen. Eine einfache Anwendung bildet die Frage nach der Lage der durch die Gleichung

$$A x + B y + C z = D$$

gegebenen Ebene im Raume. Dividieren wir die Gleichung durch $\sqrt{A^2 + B^2 + C^2}$ und bezeichnen mit $\mathfrak{e}$ den Einheitsvektor mit den Komponenten

$$\mathfrak{e}_x = \frac{A}{\sqrt{A^2 + B^2 + C^2}}, \quad \mathfrak{e}_y = \frac{B}{\sqrt{A^2 + B^2 + C^2}}, \quad \mathfrak{e}_z = \frac{C}{\sqrt{A^2 + B^2 + C^2}},$$

so lautet die vorgelegte Gleichung

$$(\mathfrak{e}, \mathfrak{r}) = \frac{D}{\sqrt{A^2 + B^2 + C^2}}.$$

Vom Vektor $\mathfrak{r}$ wird also verlangt, daß seine Projektion auf die gegebene Richtung $\mathfrak{e}$ den festen Wert $\frac{D}{\sqrt{A^2 + B^2 + C^2}}$ besitzt. Sein Endpunkt liegt also auf derjenigen Ebene, die man erhält, wenn man vom Ursprung aus in der Richtung $\mathfrak{e}$ die Strecke $\frac{D}{\sqrt{A^2 + B^2 + C^2}}$ abträgt und an dieser Stelle die zu $\mathfrak{e}$ senkrechte Ebene zeichnet.

4. *Das Vektorprodukt* $[\mathfrak{A}, \mathfrak{B}]$ ist ein Vektor, welcher auf dem von $\mathfrak{A}$ und $\mathfrak{B}$ aufgespannten Parallelogramm im Rechtsschraubensinn senkrecht steht (Drehung von $\mathfrak{A}$ nach $\mathfrak{B}$ und gleichzeitiges Vorschieben in Richtung $[\mathfrak{A}, \mathfrak{B}]$ soll eine Rechtsschraube sein) und dessen Länge gleich der Fläche dieses Parallelogramms ist (Fig. 92). Die Komponenten des Vektorproduktes sind

$$\begin{aligned} [\mathfrak{A}, \mathfrak{B}]_x &= A_y B_z - A_z B_y, \\ [\mathfrak{A}, \mathfrak{B}]_y &= A_z B_x - A_x B_z, \\ [\mathfrak{A}, \mathfrak{B}]_z &= A_x B_y - A_y B_x. \end{aligned} \tag{4.46}$$

In der Punktmechanik ist uns bereits das Vektorprodukt in den Gleichungen (S. 29) für den Drehimpuls begegnet. Dort war

$$m[\mathfrak{r}, \mathfrak{v}] = \mathfrak{J}$$

der Drehimpuls des Massenpunktes, welcher sich an der Stelle $\mathfrak{r} = (x, y, z)$ mit der Geschwindigkeit $\mathfrak{v} = (v_x, v_y, v_z)$ bewegt. Ein weiteres geläufiges Beispiel lautet: Drehmoment = Kraft × Hebelarm, in Formeln

$$\mathfrak{D} = [\mathfrak{r}, \mathfrak{K}].$$

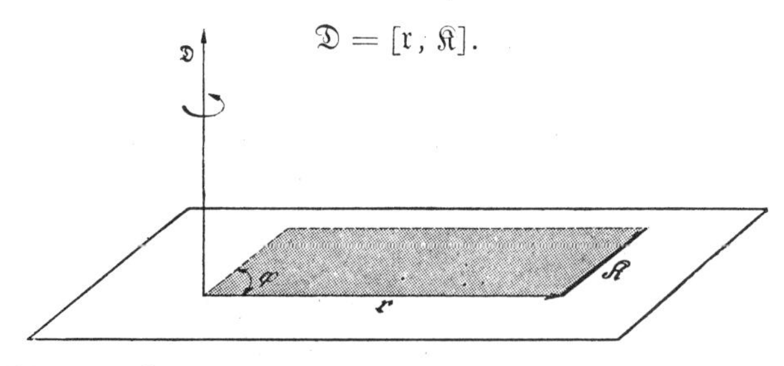

Fig. 92. Erläuterung des Vektorprodukts am Beispiel des Drehmoments. Es ist $\mathfrak{D} = [\mathfrak{r}, \mathfrak{K}]$.

Aus der Definition folgt, daß das Vektorprodukt von zwei parallelen Vektoren Null ist. Ferner ist das Vektorprodukt antikommutativ:

$$[\mathfrak{A}, \mathfrak{B}] = -[\mathfrak{B}, \mathfrak{A}]. \tag{4.47}$$

5. *Das Spatprodukt*

$$(\mathfrak{A}, [\mathfrak{B}, \mathfrak{C}]) = \begin{vmatrix} A_x & A_y & A_z \\ B_x & B_y & B_z \\ C_x & C_y & C_z \end{vmatrix} \tag{4.48}$$

ist das Volumen des von den drei Vektoren $\mathfrak{A}$, $\mathfrak{B}$, $\mathfrak{C}$ aufgespannten Parallelepipeds. Es gilt

$$(\mathfrak{A}, [\mathfrak{B}, \mathfrak{C}]) = (\mathfrak{B}, [\mathfrak{C}, \mathfrak{A}]) = (\mathfrak{C}, [\mathfrak{A}, \mathfrak{B}]). \tag{4.49}$$

Wir notieren weiterhin die Rechenregel:

$$[\mathfrak{A}, [\mathfrak{B}, \mathfrak{C}]] = \mathfrak{B}(\mathfrak{A}, \mathfrak{C}) - \mathfrak{C}(\mathfrak{A}, \mathfrak{B}). \tag{4.50}$$

Sind die drei Komponenten A_x, A_y, A_z eines Vektors $\mathfrak{A}$ Funktionen der Zeit, so verstehen wir unter $\dot{\mathfrak{A}}$ oder $d\mathfrak{A}/dt$ einen Vektor mit den Komponenten

$$\dot{A}_x = \frac{dA_x}{dt}, \quad \dot{A}_y = \frac{dA_y}{dt}, \quad \dot{A}_z = \frac{dA_z}{dt}. \tag{4.51}$$

2. Vektoranalysis.

Von einem *Vektorfeld* reden wir, wenn jedem Punkt x, y, z des Raumes ein Vektor $\mathfrak{A}$ zugeordnet ist. Es wird dadurch beschrieben, daß man die drei Komponenten von $\mathfrak{A}$ als Funktion des Ortes angibt. Beispiel eines Vektorfeldes war die oben (S. 27) angegebene Zentralkraft $\mathfrak{K} = K(r)\,\frac{\mathfrak{r}}{r}$, deren x-Komponente, ohne Eleganz hingeschrieben, lautet:

$$K_x(x, y, z) = K\left(\sqrt{x^2 + y^2 + z^2}\right) \frac{x}{\sqrt{x^2 + y^2 + z^2}}.$$

Am Vektorfeld sind speziell zwei Begriffsbildungen für die Physik von entscheidender Bedeutung, nämlich das *Linienintegral* und der *Fluß*.

Ist in dem betrachteten Raum außer dem Vektorfeld noch eine von einem Punkt P_1 zu einem anderen Punkt P_2 führende Kurve C gegeben, so nennen wir $\int\limits_C (\mathfrak{A}, d\mathfrak{r})$ das von P_1 auf dem Weg C nach P_2 erstreckte *Linienintegral*. Es entsteht durch Summation der Skalarprodukte von $\mathfrak{A}$ mit den Linienelementen $d\mathfrak{r}$, in welche man sich die Kurve C zerlegt denken kann. Oben (Teil I) begegnete uns die bei der räumlichen Bewegung eines Massenpunktes aufzuwendende Arbeit als erstes (und wichtigstes) Beispiel eines Linienintegrals.

Der *Fluß eines Vektorfeldes* durch eine gegebene Fläche hat seinen Namen von einem hydrodynamischen Bilde. Deuten wir das Vektorfeld als das Abbild der Strömung einer Flüssigkeit, wobei der Vektor $\mathfrak{A}$ die Strömungsgeschwindigkeit an jeder Stelle angibt, so können wir nach dem in der Zeiteinheit durch ein gegebenes Flächenelement df hindurchtretenden Flüssigkeitsvolumen fragen. Wir kennzeichnen die räumliche Orientierung von df durch Angabe eines Einheitsvektors $\mathfrak{n}$, welcher auf df senkrecht steht. Man nennt ihn die Flächennormale. Man muß dabei willkürlich eine Seite von df als die „positive" Seite vor der anderen auszeichnen. Dann ist der Fluß von $\mathfrak{A}$ durch df gegeben durch (Fig. 93)

$$(\mathfrak{A}, \mathfrak{n})\, df = |\mathfrak{A}| \cos\varphi\, df = A_n\, df. \tag{4.52}$$

Denn in der Zeit dt schiebt sich dasjenige Volumen durch df hindurch, welches vorher in dem Parallelepiped der Grundfläche df und der Höhe

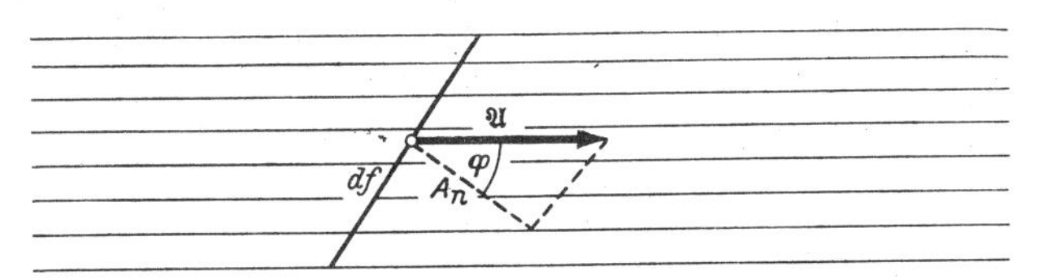

Fig. 93. Zur Berechnung des Flusses von $\mathfrak{A}$ durch die Fläche df.

$|\mathfrak{A}|\, dt \cos(\mathfrak{n}, \mathfrak{A})$ enthalten war. Für den Fluß von $\mathfrak{A}$ durch eine endliche Fläche F haben wir also ein Integral über die einzelnen Elemente df der ganzen Fläche F zu bilden:

$$\iint_F (\mathfrak{A}, \mathfrak{n})\, df = \text{Gesamtfluß des Vektors } \mathfrak{A} \text{ durch die Fläche } F. \tag{4.53}$$

Die Divergenz. Sind die Vektorkomponenten von $\mathfrak{A}$ als differenzierbare Funktionen des Ortes gegeben, so gilt für den Fluß von $\mathfrak{A}$, welcher aus einem abgegrenzten Volumen V durch dessen Oberfläche F heraustritt, der Satz von Gauß:

$$\iint_F (\mathfrak{A}, \mathfrak{n})\, df = \iiint_V \left(\frac{\partial A_x}{\partial x} + \frac{\partial A_y}{\partial y} + \frac{\partial A_z}{\partial z}\right) dV. \tag{4.54}$$

Den rechts auftretenden Integranden nennt man die *Divergenz des Vektors* $\mathfrak{A}$.

$$\operatorname{div} \mathfrak{A} = \frac{\partial A_x}{\partial x} + \frac{\partial A_y}{\partial y} + \frac{\partial A_z}{\partial z}. \tag{4.55}$$

Zum Beweis von (4.54) betrachte man zunächst einen sehr kleinen, nach den Koordinaten orientierten Quader von den Kantenlängen a, b und c und an diesem speziell denjenigen Fluß, welcher durch die beiden senkrecht zur x-Achse orientierten Flächen von der Größe bc hindurchtritt. Von diesen liegt die eine bei $x + a$ und liefert einen austretenden Fluß $A_x(x + a, y, z) \cdot bc$ (lies: A_x an der Stelle $x + a$ usw.). Davon ist abzuziehen der durch die andere Fläche eintretende Fluß $A_x(x, y, z)\, bc$, die Differenz beider ergibt $\frac{\partial A_x}{\partial x} abc$. (Entsprechend verfahre man mit den verbleibenden Flächenpaaren ca und ab, welche die Beiträge von A_y und A_z liefern.)

Die mit (4.55) gleichbedeutende, aber von der Koordinatenschreibweise unabhängige Definition der Divergenz lautet:

$$\operatorname{div}\mathfrak{A} = \lim_{V\to 0} \frac{1}{V} \iint\limits_F A_n\, df, \tag{4.56}$$

welche die Divergenz als Ergiebigkeit der Strömung an einer hervorgehobenen Stelle unmittelbar erkennen läßt.

Der Gradient. Ist $U(x, y, z)$ eine gewöhnliche Funktion des Ortes, so kann man deren Verlauf der Anschauung näherbringen durch Angabe der Flächen, auf denen U konstante Werte hat, nach Art der aus Landkarten geläufigen Höhenlinien. Wir nennen eine durch die Gleichung

$$U(x, y, z) = a \tag{4.57}$$

(a eine Konstante) hervorgehobene Fläche eine Niveaufläche. Wir zeichnen nun an einer Stelle dieser Niveaufläche einen kleinen Vektor $\delta\mathfrak{r}$ mit den Komponenten δx, δy, δz und fragen nach der Bedingung dafür, daß dieser Vektor in der Niveaufläche liege. Genauer gesagt, soll er in der Tangentialebene liegen, welche die Niveaufläche in dem hervorgehobenen Punkt berührt. Diese Bedingung bedeutet, daß U an der Stelle $x + \delta x$, $y + \delta y$, $z + \delta z$ ebenfalls den Wert a hat, daß also

$$U(x + \delta x, y + \delta y, z + \delta z) - U(x, y, z) = 0$$

ist. Im Limes $\delta x \to 0$, $\delta y \to 0$, $\delta z \to 0$ also

$$\frac{\partial U}{\partial x}\delta x + \frac{\partial U}{\partial y}\delta y + \frac{\partial U}{\partial z}\delta z = 0. \tag{4.58}$$

Das ist aber das Skalarprodukt aus dem Vektor $\delta\mathfrak{r}$ und dem Vektor mit den Komponenten $\frac{\partial U}{\partial x}$, $\frac{\partial U}{\partial y}$, $\frac{\partial U}{\partial z}$, den wir als „Gradienten" von U bezeichnen.

$$\operatorname{grad} U = \left(\frac{\partial U}{\partial x}, \frac{\partial U}{\partial y}, \frac{\partial U}{\partial z}\right). \tag{4.59}$$

Die Gleichung (4.58) besagt nun: Der Vektor $\operatorname{grad} U$ steht senkrecht auf allen Vektoren $\delta\mathfrak{r}$, welche in der Tangentialebene liegen, d. h. aber, er steht senkrecht auf der Fläche $U = \text{const}$. Der Betrag von $\operatorname{grad} U$ ist um so größer, je dichter die Niveauflächen aufeinanderfolgen. Schreitet man um einen beliebigen kleinen Vektor $d\mathfrak{r}$ fort (welcher nicht mehr in der Tangentialebene zu liegen braucht), so ist damit eine Änderung von U verknüpft, um

$$dU = U(x + dx, x + dy, z + dz) - U(x, y, z) = \frac{\partial U}{\partial x}dx + \frac{\partial U}{\partial y}dy + \frac{\partial U}{\partial z}dz,$$

also

$$dU = (d\mathfrak{r}, \operatorname{grad} U). \tag{4.60}$$

Hat speziell $d\mathfrak{r}$ den Betrag ds und die Richtung von $\operatorname{grad} U$, also senkrecht auf der Niveaufläche, so ist das Skalarprodukt gleich dem Produkt der Beträge, also

$$|\operatorname{grad} U| = \frac{dU}{ds}. \tag{4.61}$$

Schreitet man, von einem bestimmten P_0 ausgehend, senkrecht zu den Flächen $U = \text{const}$ im Sinne wachsender U fort, so bewegt man sich auf einer Orthogonaltrajektorie. Mißt man auf ihr den von P_0 aus zurückgelegten Weg s, so kann man zu jedem Wert von s, d. h. für jede Stelle des Weges, den dort gültigen

Wert von U notieren. So wird U eine Funktion der einen Variabeln s. Ihr Differentialquotient nach s gibt nach (4.61') den Betrag des Gradienten an der betrachteten Stelle. Aus (4.60) folgt weiter unmittelbar: Bildet man mit dem durch $\operatorname{grad} U = \mathfrak{A}$ erklärten Vektorfeld das Linienintegral von P_1 nach P_2 über irgendeine Kurve C, so gilt

$$\int_{P_1}^{P_2} (\mathfrak{A}, d\mathfrak{r}) = \int_{P_1}^{P_2} (\operatorname{grad} U, d\mathfrak{r}) = U(P_2) - U(P_1). \tag{4.62}$$

Es ist vom Wege unabhängig. Ist insbesondere der Integrationsweg geschlossen, fallen also die Punkte P_1 und P_2 zusammen, so ist

$$\oint (\mathfrak{A}, d\mathfrak{r}) = 0 \tag{4.63}$$

für jeden geschlossenen Integrationsweg. Ist umgekehrt ein Vektorfeld $\mathfrak{A}$ gegeben, welches der Bedingung (4.63) genügt, so kann man ihm durch (4.62) eine Funktion U des Ortes x, y, z durch

$$U(x_1, y_1, z_1) - U(x_0, y_0, z_0) = \int_{(x_0, y_0, z_0)}^{(x_1, y_1, z_1)} (\mathfrak{A}, d\mathfrak{r})$$

zuordnen, wenn man den Wert von U an der einen Stelle x_0, y_0, z_0 willkürlich festsetzt. Dann ist $\mathfrak{A}$ der Gradient von U. Die analytische Bedingung dafür, daß $\mathfrak{A}$ als $\operatorname{grad} U$ dargestellt werden kann, folgt aus (4.59). Wegen der Vertauschbarkeit der Reihenfolge bei partiellen Differentiationen ist $\frac{\partial}{\partial y}\left(\frac{\partial U}{\partial z}\right) = \frac{\partial}{\partial z}\left(\frac{\partial U}{\partial y}\right)$. Für $\mathfrak{A} = \operatorname{grad} U$ muß daher gelten:

$$\frac{\partial A_z}{\partial y} - \frac{\partial A_y}{\partial z} = 0, \quad \frac{\partial A_x}{\partial z} - \frac{\partial A_z}{\partial x} = 0, \quad \frac{\partial A}{\partial x} - \frac{\partial A_x}{\partial y} = 0. \tag{4.64}$$

Sind (4.63) bzw. (4.64) erfüllt, so heißt das Vektorfeld wirbelfrei.

Rotation. Zur Abrundung sei noch der Satz von Stokes angegeben. Wir definieren zu einem Vektorfeld $\mathfrak{A}$ den Vektor

$$\operatorname{rot} \mathfrak{A} = \left(\frac{\partial A_z}{\partial y} - \frac{\partial A_y}{\partial z}, \frac{\partial A_x}{\partial z} - \frac{\partial A_z}{\partial x}, \frac{\partial A_y}{\partial x} - \frac{\partial A_x}{\partial y}\right). \tag{4.65}$$

Wir erkannten eben $\operatorname{rot} \mathfrak{A} = 0$ als Bedingung dafür, daß jedes Integral $\oint (\mathfrak{A}, d\mathfrak{r})$ über eine geschlossene Kurve verschwindet. Der Satz von Stokes verschärft diesen Zusammenhang durch folgende Behauptung: Gegeben sei irgendeine geschlossene Kurve C mit Umlaufsinn. Wir legen in diese Kurve irgendeine Fläche F, deren Rand gerade von C gebildet wird (Fig. 94). Wir ordnen jedem Element dieser Fläche diejenige Normalenrichtung zu, welche mit dem Umlaufsinn von C zusammen eine Rechtsschraube ergibt. Dann gilt nach Stokes

$$\oint_C (\mathfrak{A}, d\mathfrak{r}) = \iint_F (\operatorname{rot} \mathfrak{A})_n \, df. \tag{4.66}$$

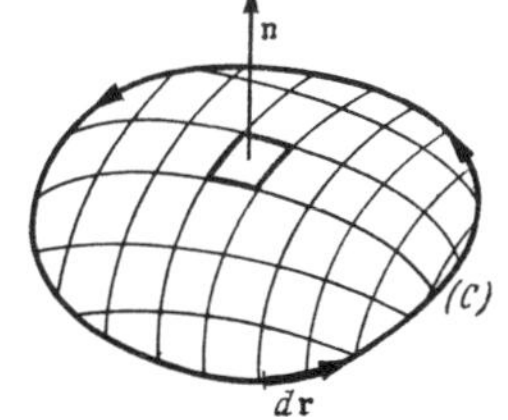

Fig. 94. Zum Satz von Stokes.

Wir wollen hier auf einen eigentlichen Beweis dieses Satzes verzichten, da er vom Ziel dieses Buches zu weit abführen würde. Man kann ihn plausibel machen, wenn man als Kurve C zunächst ein kleines in der x-y-Ebene liegendes Rechteck mit den Kanten δx und δy betrachtet und die Komponenten von $\mathfrak{A}$ nach den Potenzen von δx und δy entwickelt.

Zusammenfassend sei bemerkt: Als charakteristische Eigenschaften eines Vektorfeldes haben wir einen Skalar und einen Vektor eingeführt, nämlich

die Quellstärke $\operatorname{div} \mathfrak{A}$ und die Wirbelung $\operatorname{rot} \mathfrak{A}$.

Sie sind aufs innigste verknüpft mit den fundamentalen Begriffen des „Linienintegrals“ und „Flusses“, indem

$$\iint \mathfrak{A}_n\, df = \iiint \operatorname{div}\mathfrak{A} \cdot dV \quad \text{und} \quad \oint (\mathfrak{A}, d\mathfrak{r}) = \iint (\operatorname{rot}\mathfrak{A})_n\, df$$

ist. Große Teile der Elektrodynamik und der Hydrodynamik bestehen geradezu in einer fortgesetzten Anwendung dieser beiden Sätze.

3. Vektoren und Tensoren in der Algebra.

Es ist oft von Vorteil, eine Folge von n Zahlen $x_1, x_2, \ldots, x_n$ einen „Vektor“ im n-dimensionalen Raum zu nennen. Man kann diesen Raum in rein algebraischer Weise folgendermaßen aufbauen: Wir führen n „Basisvektoren“

$$\mathfrak{e}_1, \mathfrak{e}_2, \ldots, \mathfrak{e}_n$$

ein, welche orthogonal und normiert sein sollen. Darunter verstehen wir die Festsetzung, daß für die Skalarprodukte gilt:

$$(\mathfrak{e}_j, \mathfrak{e}_k) = \delta_{ik} = \begin{Bmatrix} 1 & \text{für } j = k \\ 0 & \text{für } j \neq k \end{Bmatrix}. \tag{4.75}$$

Der ganze n-dimensionale Raum wird nun gebildet von allen möglichen Linearkombinationen der $\mathfrak{e}_j$, also

$$\mathfrak{x} = x_1 \mathfrak{e}_1 + \cdots x_i \mathfrak{e}_i \cdots + x_n \mathfrak{e}_n = \sum_j x_j \mathfrak{e}_j. \tag{476}$$

Damit folgt für das Skalarprodukt zweier Vektoren $\mathfrak{x}$ und $\mathfrak{y}$:

$$(\mathfrak{x}, \mathfrak{y}) = \left(\sum_i x_i \mathfrak{e}_i\right)\left(\sum_k y_k \mathfrak{e}_k\right) = \sum_{i,k} x_i y_k (\mathfrak{e}_i, \mathfrak{e}_k).$$

Also nach (4.75):

$$(\mathfrak{x}, \mathfrak{y}) = \sum_{i=1}^{n} x_i y_i. \tag{4.77}$$

$\sum_i x_i^2$ heißt die „Norm“ oder der „Betrag“ von $\mathfrak{x}$.

Neben den Vektoren benutzt man „Tensoren“ oder „lineare Operatoren“ B. Einen Operator B können wir ansehen als eine Vorschrift, welche aus einem gegebenen Vektor $\mathfrak{x}$ einen anderen Vektor $\mathfrak{y}$ macht (oder jedem $\mathfrak{x}$ ein $\mathfrak{y}$ zuordnet), in symbolischer Schreibweise

$$B\mathfrak{x} = \mathfrak{y} \tag{4.78}$$

(B angewandt auf $\mathfrak{x}$ ist gleich $\mathfrak{y}$).

Linear nennen wir B dann, wenn mit beliebigen Konstanten α und β gilt:

$$B(\alpha\mathfrak{x} + \beta\mathfrak{y}) = \alpha B\mathfrak{x} + \beta B\mathfrak{y}. \tag{4.79}$$

Ein linearer Operator ist also völlig erklärt, wenn man angeben kann, wie er auf die n Basisvektoren wirkt. Diese Wirkung ist zu beschreiben durch n^2 Zahlen B_{jk}, indem wir B erklären durch

$$B\mathfrak{e}_j = \sum_{k=1}^{n} B_{kj} \mathfrak{e}_k. \tag{4.80}$$

Dann hat man für einen beliebigen Vektor $\mathfrak{x}$

$$B\mathfrak{x} = \sum_{k,j=1}^{n} x_j (B_{kj} \mathfrak{e}_k) = \sum_{k=1}^{n} \left(\sum_{j=1}^{n} B_{kj} x_j\right) \mathfrak{e}_k. \tag{4.81}$$

Die symbolische Gleichung $B\mathfrak{x} = \mathfrak{y}$ gestattet also die Schreibweise

$$\sum_{j=1}^{n} B_{kj} x_j = y_k \tag{4.82}$$

für die Komponenten y_k des durch B aus $\mathfrak{x}$ erzeugten Vektors. Man nennt die Gesamtheit der n^2 Zahlen B_{ik} eine *Matrix*. Den Vektor $y_k = \sum B_{kj} x_j$ kann man dann als Produkt von B mit $\mathfrak{x}$ definieren. Weiterhin definiert man als Produkt zweier Matrizen A und B die neue Matrix

$$(4.83)\qquad (A\,B)_{ik} = \sum_{\lambda=1}^{n} A_{i\lambda} B_{\lambda k}.$$

Diese Festsetzung ist deswegen zweckmäßig, weil das Nacheinander-Anwenden der Operatoren B und A beschrieben werden kann als Wirkung des einen Operators $A\,B$, denn es ist doch z. B. die j-Komponente von $A\,(B\,\mathfrak{x})$:

$$\sum_k A_{jk} (B\,\mathfrak{x})_k = \sum_k A_{jk} \sum_l B_{kl} x_l = \sum_l \left(\sum_k A_{jk} B_{kl}\right) x_l.$$

Aus einer Matrix B entsteht die „transponierte" oder „adjungierte" Matrix B^+ durch Vertauschen der Indizes j, k. Es ist also definiert

$$(4.84)\qquad (B^+)_{ik} = B_{ki}.$$

Daraus folgt für die transponierte Matrix eines Produktes

$$(4.84\text{a})\qquad (A\,B)^+ = B^+ A^+.$$

Für ein Skalarprodukt von $\mathfrak{y}$ mit $B\mathfrak{x}$ gilt ferner stets

$$(4.85)\qquad (\mathfrak{y}, B\,\mathfrak{x}) = (B^+ \mathfrak{y}, \mathfrak{x})$$

(Herüberwälzen des Operators B von einem Faktor auf den anderen).

Die allgemeine orthogonale Transformation des „Koordinatensystems": Wenn wir statt der Basisvektoren $\mathfrak{e}_1 \ldots \mathfrak{e}_n$ andere Basisvektoren $\mathfrak{e}'_1 \ldots \mathfrak{e}'_n$ einführen, so können wir einen Vektor $\mathfrak{x}$ auch durch seine Komponenten x'_i nach den neuen Basisvektoren beschreiben, so daß also gilt:

$$\mathfrak{x} = \sum_{k=1}^{n} x_k \mathfrak{e}_k = \sum_{k=1}^{n} x'_k \mathfrak{e}'_k.$$

Wenn auch die gestrichenen $\mathfrak{e}'_j$ orthogonal und normiert sind, also die Gl. (4.75) befriedigen, so können wir durch skalare Multiplikation mit $\mathfrak{e}_l$ (oder auch einem $\mathfrak{e}'_l$) sofort die Transformation der Koordinaten angeben:

$$(4.86)\qquad x_l = \sum_k (\mathfrak{e}_l, \mathfrak{e}'_k)\, x'_k \quad \text{und} \quad x'_l = \sum_k (\mathfrak{e}'_l, \mathfrak{e}_k)\, x_k.$$

Man nennt die Matrix α mit den Komponenten $\alpha_{lk} = (\mathfrak{e}'_l, \mathfrak{e}_k)$, welche nach dem Schema

$$(4.87)\qquad x'_l = \sum_k \alpha_{ik} x_k \quad \text{oder} \quad \mathfrak{x}' = \alpha\,\mathfrak{x}$$

den Übergang zu den neuen Koordinaten vermittelt, eine *orthogonale Matrix*. Man kann sie auch dadurch charakterisieren, daß für jedes Skalarprodukt gilt:

$$(4.88)\qquad (\alpha\,\mathfrak{x}, \alpha\,\mathfrak{y}) = (\mathfrak{x}, \mathfrak{y}).$$

Nach (4.86) ist die Auflösung von $\mathfrak{x}' = \alpha\,\mathfrak{x}$ nach $\mathfrak{x}$ gegeben durch $\mathfrak{x} = \alpha^+ \mathfrak{x}'$. Wendet man also auf beide Seiten von $\mathfrak{x}' = \alpha\,\mathfrak{x}$ die Matrix α^+ an, so gelangt man zu der Forderung

$$(4.89)\qquad \alpha^+ \alpha = 1 \quad \text{oder} \quad \alpha^+ = \alpha^{-1}$$

als Bedingung für die *Orthogonalität*. Diese ist wegen (4.85) auch aus (4.88) abzuleiten.

Die Gl. (4.89) ist identisch mit

(4.89a) $$\sum_i \alpha_{ik}\,\alpha_{il} = \delta_{kl} \quad \text{und} \quad \sum_j \alpha_{kj}\,\alpha_{lj} = \delta_{kl}.$$

Sowohl die Zeilen wie auch die Kolonnen von α stehen paarweise senkrecht aufeinander. Das steht ja bereits in unserer ersten Schreibweise, nämlich in

$$\alpha = \begin{pmatrix} (\mathfrak{e}_1'\,\mathfrak{e}_1) & (\mathfrak{e}_1'\,\mathfrak{e}_2) & (\mathfrak{e}_1'\,\mathfrak{e}_3) \\ (\mathfrak{e}_2'\,\mathfrak{e}_1) & (\mathfrak{e}_2'\,\mathfrak{e}_2) & (\mathfrak{e}_2'\,\mathfrak{e}_3) \\ (\mathfrak{e}_3'\,\mathfrak{e}_1) & (\mathfrak{e}_3'\,\mathfrak{e}_2) & (\mathfrak{e}_3'\,\mathfrak{e}_3) \end{pmatrix}.$$

Denn hier stehen ja in der ersten Zeile die Komponenten von $\mathfrak{e}_1'$ in bezug auf das ursprüngliche Koordinatensystem, in der ersten Kolonne dagegen die Komponenten von $\mathfrak{e}_1$ in bezug auf das gestrichene Koordinatensystem.

Die Transformation von Tensoren. Wenn im Sinne von (4.78) der Operator B den Vektor $\mathfrak{x}$ in $\mathfrak{y}$ überführt und andererseits bei der Drehung $\mathfrak{x}$ in $\mathfrak{x}'$ und $\mathfrak{y}$ in $\mathfrak{y}'$ übergeht, so soll bei dieser Drehung B in ein solches B' transformiert werden, welches $\mathfrak{x}'$ in $\mathfrak{y}'$ überführt. Es soll also gelten

$$B'\,\mathfrak{x}' = \mathfrak{y}'.$$

Nun folgt aus $B\,\mathfrak{x} = \mathfrak{y}$ durch Anwendung von α auf beide Seiten aus (4.87) und (4.89)

$$\alpha B \alpha^+\,\mathfrak{x}' = \mathfrak{y}'.$$

Mithin lautet die transformierte Matrix

(4.90) $$B' = \alpha B \alpha^+.$$

Als *invariant* bezeichnen wir solche Größen oder Relationen, welche sich bei einer Drehung nicht ändern. Wir nennen B *symmetrisch*, wenn $B = B^+$, *antisymmetrisch* dagegen, wenn $B = -B^+$. Man kann jedes B aufspalten in einen symmetrischen und einen antisymmetrischen Summanden nach dem Schema

$$B = \tfrac{1}{2}(B + B^+) + \tfrac{1}{2}(B - B^+)$$

oder

$$B_{ik} = \tfrac{1}{2}(B_{ik} + B_{ki}) + \tfrac{1}{2}(B_{ik} - B_{ki}).$$

Nun folgt aus (4.90), daß die *Eigenschaft symmetrisch oder antisymmetrisch zu sein, invariant ist.* Denn aus (4.90) folgt [beachte (4.84a)]

$$B'^+ = (\alpha B \alpha^+)^+ = \alpha B^+ \alpha^+.$$

Wenn also $B^+ = B$ ist, so ist auch $B'^+ = B'$ usw.

Die antisymmetrischen Tensoren treten in der elementaren Vektorrechnung des dreidimensionalen Raumes bereits häufig auf, etwa als Vektorprodukt oder Drehgeschwindigkeit. Tatsächlich ist das Vektorprodukt

$$p_{ik} = x_i y_k - x_k y_i$$

ein antisymmetrischer Tensor. Nur im dreidimensionalen Raum ist es möglich, dem p_{ik} einen Vektor P_i zuzuordnen durch die Vorschrift [vgl. mit (4.46)]

$$P_1 = p_{23}, \quad P_2 = p_{31}, \quad P_3 = p_{12}.$$

Bilden wir aus p_{ik} und einem dritten Vektor z_l den Vektor $\sum_k p_{ik} z_k$, so erhalten wir dafür allgemein

$$\sum_k (x_i y_k - x_k y_i) z_k = x_i \Big(\sum_k y_k z_k\Big) - y_i \Big(\sum_k x_k z_k\Big).$$

Für $n = 3$ ist diese Gleichung offenbar identisch mit

$$[\mathfrak{z}, [\mathfrak{x}, \mathfrak{y}]] = \mathfrak{x}(\mathfrak{y}, \mathfrak{z}) - \mathfrak{y}(\mathfrak{x}, \mathfrak{z}).$$

Die Drehgeschwindigkeit erhalten wir aus unserer allgemeinen Transformation $x'_i = \alpha_{ik} x_k$ durch Spezialisierung auf eine infinitesimale Drehung, bei welcher α_{ik} von der Einheit δ_{ik} nur unendlich wenig verschieden ist. Setzen wir

$$\alpha_{ik} = \delta_{ik} + \varepsilon_{ik},$$

so verlangt die Orthogonalität von α

$$\sum_i (\delta_{ik} + \varepsilon_{ik})(\delta_{il} + \varepsilon_{il}) = \delta_{kl}.$$

Bei Beschränkung auf die in den ε_{ik} linearen Glieder ergibt sich daraus

$$\varepsilon_{kl} + \varepsilon_{lk} = 0.$$

Die ε_{ik} bilden also einen antisymmetrischen Tensor, durch welchen die infinitesimale Drehung $x'_i = \alpha_{ik} x_i$ die Gestalt erhält:

$$x'_i - x_i = \sum_{k=1}^{n} \varepsilon_{ik} x_k.$$

Speziell im dreidimensionalen Raum kann man jetzt die Bezeichnung wechseln, indem man etwa

$$\varepsilon_{23} = -\omega_1 dt, \qquad \varepsilon_{31} = -\omega_2 dt, \qquad \varepsilon_{12} = -\omega_3 dt$$

setzt. Dann hat man z. B.

$$x'_1 - x_1 = dx_1 = dt(\omega_2 x_3 - \omega_3 x_2)$$

oder unter Einführung des Vektors $\mathfrak{w}$ mit den Komponenten $\omega_1, \omega_2, \omega_3$

$$\dot{\mathfrak{x}} = [\mathfrak{w}, \mathfrak{x}].$$

Das ist aber die übliche Definition des „Vektors" $\mathfrak{w}$ der Drehgeschwindigkeit.

Symmetrische Matrizen (oder Tensoren) sind dadurch *ausgezeichnet, daß alle Eigenwerte reell sind.* Unter einem Eigenvektor $\mathfrak{x}$ des Tensors A versteht man einen solchen Vektor, welcher durch Anwendung von A nicht in seiner Richtung, sondern höchstens in seinem Betrag geändert wird, für den also mit einer Zahl λ gilt:

(4.91) $$A\,\mathfrak{x} = \lambda \cdot \mathfrak{x}.$$

In Koordinaten ausgeschrieben

(4.91a) $$\sum_k A_{ik} x_k = \lambda x_i, \qquad i = 1, 2, \ldots, n.$$

λ heißt der zu $\mathfrak{x}$ gehörige Eigenwert von A. Die in den $x_1 \ldots x_n$ linearen homogenen n Gleichungen (4.91a) haben nur dann eine von Null verschiedene Lösung, wenn die Determinante verschwindet, d. h. wenn

(4.92) $$\begin{vmatrix} A_{11} - \lambda & A_{12} & A_{1n} \\ \vdots & \vdots & \vdots \\ \ldots & \ldots & A_{nn} - \lambda \end{vmatrix} = 0$$

erfüllt ist. Aus der Symmetrie von A folgt, daß alle Eigenwerte reell sind, daß also die Gleichung n-ten Grades (4.92) nur reelle Lösungen hat. Man beweist das so: Sollten etwa die x_i komplexe Zahlen sein, so multipliziere man die Gl. (4.91a) mit x_i^* und summiere über alle i. Dann ist sowohl $\sum_i x_i^* x_i$ wie auch $\sum_{ik} x_i^* A_{ik} x_k$, und damit auch λ, sicher reell. Denn das konjugiert Komplexe der letzten Summe ist nach Vertauschen der Summationsindizes i und k mit der $\sum$ selbst identisch.

Angenommen, ich hätte durch Lösen der Säkulargleichung (4.92) einen Eigenwert $\lambda = A_1$ von A und den zugehörigen Eigenvektor $\mathfrak{x}$ bestimmt, so daß

$$A\,\mathfrak{x} = A_1\,\mathfrak{x}$$

ist! Jetzt sei $\mathfrak{y}$ irgendein zu $\mathfrak{x}$ senkrechter Vektor, für welchen also $(\mathfrak{x}, \mathfrak{y}) = 0$ ist. *Dann steht auch* $A\,\mathfrak{y}$ *senkrecht auf* $\mathfrak{x}$. Denn aus $A = A^+$ folgt doch, daß

$$(\mathfrak{x}, A\,\mathfrak{y}) = (A\,\mathfrak{x}, \mathfrak{y}) = A_1(\mathfrak{x}, \mathfrak{y}) = 0$$

ist. Anwendung von A auf einen Vektor des zu $\mathfrak{x}$ senkrechten Unterraumes führt also stets wieder auf einen Vektor dieses Unterraumes. Also muß in diesem Unterraum mindestens ein Vektor $\mathfrak{y}$ existieren, von der Art, daß

$$A\,\mathfrak{y} = A_2 \cdot \mathfrak{y}$$

mit einem neuen Eigenwert A_2 ist. So fahre ich fort, indem ich innerhalb des zu $\mathfrak{x}$ senkrechten Unterraumes alle diejenigen Vektoren $\mathfrak{z}$ betrachte, welche auch noch senkrecht auf $\mathfrak{y}$ stehen, für die also $(\mathfrak{y}, \mathfrak{z}) = 0$ ist, und unter diesen einen Eigenvektor $\mathfrak{z}$ aufsuche:

$$A\,\mathfrak{z} = A_3 \cdot \mathfrak{z}.$$

So kann man fortfahren, bis der ganze Raum erschöpft ist. Man hat dann schließlich n Eigenwerte $A_1, A_2, \ldots, A_n$ von A mit den Eigenvektoren $\mathfrak{x}^{(1)}, \mathfrak{x}^{(2)}, \ldots, \mathfrak{x}^{(n)}$, welche alle aufeinander senkrecht stehen:

$$(\mathfrak{x}^{(j)}, \mathfrak{x}^{(k)}) = 0 \quad \text{für} \quad j \neq k.$$

Nunmehr können wir die Richtungen

$$\mathfrak{e}_1, \mathfrak{e}_2, \ldots$$

dieser Eigenvektoren als Basisvektoren unseres Koordinatensystems wählen. In diesem Koordinatensystem gilt dann

$$A\,\mathfrak{e}_j = A_j \ldots \mathfrak{e}_j.$$

Die Matrix A hat in ihm die Gestalt

$$\begin{pmatrix} A_1 & 0 & 0 & 0 & 0 \\ 0 & A_2 & 0 & 0 & 0 \\ 0 & 0 & A_3 & 0 & 0 \\ & & & \ddots & \\ 0 & 0 & 0 & \ldots & A_n \end{pmatrix}.$$

Jeder symmetrische Tensor läßt sich durch eine Drehung des Koordinatensystems auf Diagonalform bringen.

Wenn einige der Eigenwerte $A_1 \ldots A_n$ unter sich gleich sind, so liegen die Richtungen der Hauptachsen nicht eindeutig fest, da ja aus $A\,\mathfrak{x} = A'\,\mathfrak{x}$ und $A\,\mathfrak{y} = A'\,\mathfrak{y}$ folgt, daß auch jedes $\alpha\,\mathfrak{x} + \beta\,\mathfrak{y}$ Eigenvektor zu A' ist.

Beispiele von Hauptachsentransformationen finden sich in diesem Buche bei der Behandlung des Trägheitstensors (Teil I) und der Schwingungen (Teil II).

Sachverzeichnis.